AF360859

BIBLIOTHÈQUE SCIENTIFIQUE INTERNATIONALE

Publiée sous la direction de M. Ém. ALGLAVE

Volumes in-8, cartonnés à l'anglaise, à . . . . 6, 9 et 12 francs

CENT DEUX VOLUMES PARUS

DERNIERS VOLUMES PUBLIÉS :

Les lois naturelles, réflexions d'un biologiste sur les sciences, par F. Le Dantec, chargé du cours d'embryologie générale à la Sorbonne. 1 vol. in-8 avec gravures . . . . 6 fr.

Les exercices physiques et le développement intellectuel, par A. Mosso, professeur à l'Université de Turin. 1 vol. in-8 . . . . 6 fr.

Histoire de l'habillement et de la parure, par L. Bourdeau. 1 vol. in-8 . . 6 fr.

Les bases scientifiques de l'éducation physique, par G. Demeny. 2e édition. 1 vol. in-8, avec 198 gravures . . . . 6 fr.

Mécanisme et éducation des mouvements, par le même. 2e édition. 1 vol. in-8, avec 568 gravures dans le texte . . . . 9 fr.

L'eau dans l'alimentation, par F. Malméjac, docteur en pharmacie, pharmacien de l'armée. 1 vol. in-8, avec gravures . . . . 6 fr.

La géologie générale, par Stanislas Meunier, professeur au Muséum d'histoire naturelle. 1 vol. in-8, avec gravures . . . . 6 fr.

Les maladies de l'orientation et de l'équilibre, par J. Grasset, professeur à la Faculté de médecine de Montpellier, associé de l'Académie de médecine. 1 vol. in-8, avec gravures . . . . 6 fr.

Les débuts de l'art, par E. Grosse, professeur à l'Université de Fribourg-en-Brisgau. Traduit de l'allemand par J. Dirr, introduction de M. Léon Marillier. 1 vol. in-8, avec 32 gravures dans le texte et 3 planches hors texte . . . 6 fr.

La nature tropicale, par J. Costantin, professeur au Muséum d'histoire naturelle. 1 vol. in-8, avec 166 gravures . . . . 6 fr.

Les végétaux et les milieux cosmiques *(adaptation, évolution)*, par le même. 1 vol. in-8, avec 171 gravures . . . . 6 fr.

La géologie expérimentale, par Stanislas Meunier, professeur au Muséum d'histoire naturelle. 2e édition. 1 vol. in-8, avec 56 gravures . . . . . . 6 fr.

L'audition et ses organes, par le Dr Gellé, membre de la Société de biologie. 1 vol. in-8, avec 70 gravures . . . . 6 fr.

L'évolution individuelle et l'hérédité, par F. Le Dantec, chargé du cours d'embryologie générale à la Sorbonne. 1 vol. in-8 . . . . 6 fr.

Formation de la nation française, par G. de Mortillet. 2e édition. 1 vol. in-8, avec 150 gravures et 18 cartes . . . . 6 fr.

DE LA MÊME COLLECTION :

PHILOSOPHIE SCIENTIFIQUE

Les maladies de l'orientation et de l'équilibre, par le Dr Grasset, professeur de clinique médicale à l'Université de Montpellier, associé national de l'Académie de médecine. 1 vol. in-8, avec gravures . . . . 6 fr.

L'audition et ses organes, par le Dr Gellé, membre de la Société de biologie. 1 vol. in-8, avec 70 gravures dans le texte . . . . 6 fr.

Les organes de la parole et leur emploi pour la formation des sons du langage, par H. de Meyer, professeur à l'Université de Zurich; traduit de l'allemand, précédé d'une introduction sur l'*Enseignement de la parole aux sourds-muets*, par M. O. Claveau, inspecteur général des établissements de bienfaisance. 1 vol. in-8, avec 51 gravures dans le texte . . . . 6 fr.

L'évolution régressive en biologie et en sociologie, par MM. Demoor, Massart et Vandervelde, professeurs à l'Université de Bruxelles. 1 vol. in-8, avec 84 gravures dans le texte . . . . 6 fr.

L'esprit et le corps, considérés au point de vue de leurs relations, suivi d'une étude sur les *Erreurs généralement répandues au sujet de l'esprit*, par Alex. Bain, professeur à l'Université d'Aberdeen (Écosse). 1 vol. in-8. 6e édition . . . 6 fr.

Les illusions des sens et de l'esprit. par James Sully. 1 vol. in-8, 3ᵉ édit. 6 fr.

Le magnétisme animal, par MM. Alfred Binet. directeur du laboratoire de psychologie physiologique de la Sorbonne, et Ch. Féré, médecin de Bicêtre. 1 vol. in-8, 4ᵉ édit. . . . . 6 fr.

Les altérations de la personnalité, par Alfred Binet. directeur du laboratoire de psychologie physiologique de la Sorbonne. 1 vol. in-8, avec fig. 2ᵉ éd. 6 fr.

Le cerveau et ses fonctions. par le Dʳ J. Luys. 1 vol. in-8, avec gravures, 7ᵉ édit. . . . . 6 fr.

Le cerveau et la pensée chez l'homme et chez les animaux, par Charlton Bastian, professeur à l'Université de Londres, 2 vol. in-8, avec 184 gravures, 2ᵉ édit. . . . . 12 fr.

Théorie scientifique de la sensibilité, par Léon Dumont. 1 vol. in-8, 4ᵉ édit. 6 fr.

Le crime et la folie, par H. Maudsley, professeur à l'Université de Londres. 1 vol. in-8, 7ᵉ édit. . . . . 6 fr.

PHYSIQUE

Les glaciers et les transformations de l'eau, par J. Tyndall, professeur de chimie à l'Institution royale de Londres; suivi d'une étude sur le même sujet, par Helmholtz, professeur à l'Université de Berlin. 1 vol. in-8, avec 27 gravures dans le texte et 8 planches hors texte, 6ᵉ édit. . . . . 6 fr.

La conservation de l'énergie, par Balfour Stewart. professeur de physique au collège Owen de Manchester (Angleterre); suivi d'une étude sur la *Nature de la force,* par P. de Saint-Robert (de Turin). 1 vol. in-8, 6ᵉ édit. . . . . . 6 fr.

La matière et la physique moderne, par Stallo; précédé d'une préface par Ch. Friedel, de l'Institut, professeur à la Faculté des sciences de Paris. 1 vol. in-8. 3ᵉ édit. . . . . 6 fr.

CHIMIE

La synthèse chimique, par M. Berthelot. membre de l'Institut, professeur de chimie organique au Collège de France. 1 vol. in-8, 9ᵉ édit. . . . . . . 6 fr.

La théorie atomique, par Ad. Wurtz. membre de l'Institut, professeur à la Faculté des sciences et à la Faculté de médecine de Paris. Précédé d'une introduction sur *la Vie et les travaux* de l'auteur, par Ch. Friedel, de l'Institut. 1 vol. in-8. 9ᵉ édit. . . . . 6 fr.

Les Fermentations, par P. Schutzenberger, membre de l'Institut. professeur de chimie au Collège de France. 1 vol. in-8, avec 28 grav., 6ᵉ édit. refondue. 6 fr.

Microbes, ferments et moisissures, par le Dʳ L. Trouessart. 1 vol. in-8, avec 107 gravures dans le texte, 2ᵉ édit. . . . . 6 fr.

La révolution chimique Lavoisier. par M. Berthelot. 1 vol. in-8, illustré. 2ᵉ édit. . . . . 6 fr.

La photographie et la photochimie, par G.-H. Niewenglowski, préparateur à la Faculté des sciences de Paris, directeur du journal *La Photographie.* 1 vol. in-8, avec 128 gravures dans le texte et une planche en phototypie hors texte. 6 fr.

L'eau dans l'alimentation. par le Dʳ F. Malméjac. pharmacien de l'armée, docteur en pharmacie. Préface de M. Schlagdenhauffen, directeur honoraire de l'École supérieure de pharmacie de Nancy. 1 vol. in-8, avec gravures . . . . . 6 fr.

ASTRONOMIE — MÉCANIQUE

Les étoiles. *Notions d'astronomie sidérale.* par le Père A. Secchi. directeur de l'Observatoire du Collège romain. 2 vol. in-8, avec 68 gravures dans le texte et 16 planches en noir et en couleurs, 3ᵉ édit. . . . . 12 fr.

Histoire de la machine à vapeur, de la locomotive et des bateaux à vapeur, par R. Thurston. professeur de mécanique à l'Institut technique de Hoboken, près New-York; revue, annotée et augmentée d'une Introduction, par M. Hirsch, ingénieur en chef des ponts et chaussées, professeur de machines à vapeur à l'École des ponts et chaussées de Paris. 2 vol. in-8, avec 160 gravures dans le texte et 16 planches à part, 3ᵉ édit. . . . . 12 fr.

Les aurores polaires. par A. Angot, météorologiste titulaire au Bureau météorologique de France. 1 vol. in-8, avec 15 gravures dans le texte et hors texte. 6 fr.

BIBLIOTHÈQUE
SCIENTIFIQUE INTERNATIONALE

PUBLIÉE SOUS LA DIRECTION

De M. Émile ALGLAVE

AUTRES OUVRAGES DE M. F. LE DANTEC

LIBRAIRIE FÉLIX ALCAN

Bibliothèque scientifique internationale.

Théorie nouvelle de la vie. 3e édition. 1 vol. in-8° cart. à l'anglaise. 6 fr.

Évolution individuelle et Hérédité. 1 vol. in-8° cart. à l'anglaise . . 6 fr.

Bibliothèque de Philosophie contemporaine.

Le Déterminisme biologique et la personnalité consciente. 2e édition.
1 vol. in-16 . . . . 2 50

L'Individualité et l'erreur individualiste. 1 vol. in-16 . . . . 2 50

Lamarckiens et Darwiniens. 2e édition. 1 vol. in-16. . . . . 2 50

L'Unité dans l'Etre vivant. 1 vol. in-8°. 7 50

Les limites du connaissable. 2e édition. 1 vol. in-8°. 3 75

Traité de Biologie. 1 vol. gr. in-8° avec 104 gravures dans le texte . 15 fr.

LIBRAIRIE MASSON ET GAUTHIER VILLARS

Encyclopédie des aide mémoire.

La matière vivante. 1 vol. in-16.

La Bactéridie charbonneuse. 1 vol. in-16.

La Forme spécifique. 1 vol. in-16.

Les Sporozoaires. (En collaboration avec L. BÉRARD). 1 vol. in-16.

LIBRAIRIE C. NAUD

Collection scientia.

La Sexualité. 1 vol. in-8°.

LIBRAIRIE ARMAND COLIN

Le Conflit. *Entretiens philosophiques.* 3e édition. 1 vol. in-18.

LES
LOIS NATURELLES

RÉFLEXIONS D'UN BIOLOGISTE

SUR

LES SCIENCES

PAR

FÉLIX LE DANTEC

Chargé du cours d'Embryologie générale à la Sorbonne.

AVEC FIGURES DANS LE TEXTE

PARIS

FÉLIX ALCAN, ÉDITEUR

ANCIENNE LIBRAIRIE GERMER BAILLIÈRE ET Cie

108, BOULEVARD SAINT-GERMAIN, 108

1904

A MON AMI PIERRE DELBET

En souvenir de nos longues et pour moi si fructueuses discussions.

INTRODUCTION

SCIENCE ET HYPOTHÈSES

Memento quia pulvis es.
Souviens-toi que tu es dans la nature.

Dans un drame justement apprécié, M. François de Curel a montré à ceux qui ne s'en étaient pas encore aperçus, que nous avons fait de la Science la nouvelle Idole. Il est dans la nature de l'homme de peupler l'univers d'abstractions auxquelles il donne, tôt ou tard, et d'une manière plus ou moins déguisée, la personnalité et la figure humaines, car il lui est particulièrement facile de parler, dans son langage humain, de ce qui a quelque chose d'humain. L'amour, le dévouement sont des sentiments que nous éprouvons pour des êtres de notre espèce, et quand nous ressentons quelque chose de semblable à l'égard d'une abstraction, nous ne sommes pas loin de la personnifier. A ceux qui parlent d'amour de la Science, de dévouement à la Science, les adorateurs d'autres divinités répondent en annonçant la faillite de la Science : ils espèrent grandir leur propre Dieu de l'abaissement de Celui du voisin, comme autrefois les Juifs, dans leurs combats contre les Amalécites, faisaient les affaires de Jéhovah.

Et il faut avouer que, contre certains adorateurs de la Science, M. Brunetière a raison. Beaucoup espèrent en effet que la Science leur donnera l'*explication* du monde.

entendant par *explication*, la satisfaction de ce *besoin de comprendre,* que l'on peut appeler également *sentiment religieux* et qui représente, dans nos consciences modernes, le reste atavique de la croyance à l'absolu. Ceux-là sont ordinairement les plus ardents antagonistes des amis de la tradition ; du moins ils se l'imaginent, mais en réalité, ils en sont les plus fidèles alliés, par cela même qu'ils croient posséder en eux un principe capable de connaître, capable de répondre aux *questions* que résolvaient en se jouant les anciennes cosmogonies. Car ce qu'il y a d'important, *ce sont ces questions mêmes,* et non la manière dont on y répondait ; c'est dans l'énoncé même des questions d'*origine,* de *but,* de *causes premières,* qu'est l'affirmation de la survivance en nous des erreurs de nos ancêtres ; ces questions se posent en nous aujourd'hui parce que nos ancêtres ont cru les avoir résolues, et si la Science (avec une majuscule) a jamais promis d'y répondre, nous devons proclamer la faillite de la Science.

Que de choses différentes on entend sous un vocable unique ! Le malacologiste oublie l'heure de son repas pour achever de compter les stries d'une coquille nouvelle rapportée de loin par un voyageur ; il est dévoué à la science, il aime la science plus que tout, il ne conçoit pas de plus grande joie que de décrire un échantillon d'une espèce inconnue. L'astronome passe ses nuits à observer les astres et se considère comme payé de ses peines s'il a ajouté quelques unités au catalogue des étoiles. Tel physicien a consacré son existence à mesurer des coefficients de dilatation ou de compressibilité, etc., etc. Ce sont là des *sciences spéciales ;* ceux qui s'y adonnent se proposent uniquement de faire ce qu'ils font, aussi bien qu'il est possible, et les résultats obtenus par ces travailleurs consciencieux et méritants s'entassent dans les traités de zoologie et de botanique ou dans l'annuaire du bureau des longitudes. Et à mesure que les découvertes s'accumu-

lent, le domaine de chaque spécialiste se rétrécit de plus
en plus ; chacun se cantonne dans un champ d'investigations de plus en plus restreint et y acquiert une compé-
tence de plus en plus grande. Il y avait des entomolo-
gistes du temps de Latreille ; aujourd'hui il y a des savants
qui s'occupent d'hyménoptères, ou qui limitent même leurs
investigations à un groupe choisi parmi les coléoptères.
Tous se déclarent fervents adorateurs de la science et le
sont en effet, mais pour chacun d'eux la science se compose principalement du petit domaine dans lequel il
exerce son activité.

En affirmant qu' « *il n'y a de science que du général* »
les philosophes mettent, de gaieté de cœur, au ban du
royaume scientifique, tous ces spécialistes consciencieux.
qui leur répondent d'ailleurs en traitant la philosophie de
pur bavardage. Ainsi, même parmi les adorateurs de la
nouvelle Idole on ne s'entend pas ; il n'y a pas une
science, il y a des sciences, comme il y avait autrefois
des dieux. Toutes les abstractions sont dangereuses ; il
serait plus prudent de parler de *savants* sans leur attribuer une divinité commune.

Il n'est pas indifférent à l'homme de connaître tous les
éléments du monde qu'il habite ; l'œuvre des spécialistes
qui dressent des catalogues est assez utile en elle-même
pour qu'on ne leur demande pas de sortir de leur sphère
d'activité et de discuter les questions générales qui, pour
quelques-uns, constituent la Science. Ces spécialistes
s'adonnent à ce qu'on appelle les *sciences descriptives* et.
en réalité, si l'on y réfléchit bien attentivement. on arrive
à cette conviction qu'il n'y a pas d'autre science ! Seulement, outre les résultats acquis par les chercheurs, il y a
la langue dans laquelle on les rapporte, dans laquelle
surtout on les *résume* quand on peut, et c'est souvent à la
construction de cette langue que l'on réserve le nom de
science proprement dite.

Parmi les sciences descriptives, il y en a qui s'occupent d'étudier les diverses étapes d'un même phénomène; ces sciences sont particulièrement utiles à l'homme parce qu'elles lui permettent, dans certains cas, de prévoir l'avenir et, par suite, de le diriger dans le sens qui lui est le plus utile. Cela n'est possible d'ailleurs qu'à cause de l'ordre fatal des choses de la nature, ordre fatal constaté par l'homme depuis longtemps et dont il rend compte dans la formule : « les mêmes causes produisent les mêmes effets. » Une fois qu'on a étudié les étapes d'un phénomène, on est assuré que, si l'on reproduit *exactement* les conditions initiales du phénomène, les étapes ultérieures se suivront de la même manière que la première fois. Si donc on a catalogué d'avance les descriptions précises, étape par étape, d'un grand nombre de phénomènes différents, on sera outillé pour *prévoir* la marche de n'importe lequel de ces phénomènes pourvu que l'on sache en reproduire les conditions initiales. Mais il faudra pour cela consulter le catalogue; on sera *doctus cum libro!* car il est impossible à la mémoire la mieux organisée de retenir le nombre immense des données expérimentales accumulées. De là la nécessité de condenser, chaque fois qu'on le peut, dans une formule simple, une grande quantité de résultats. Une telle formule présentera un autre avantage; s'appliquant à la description d'un phénomène dans un grand nombre de cas qui diffèrent par la valeur des données initiales, elle permettra de prévoir les étapes du même phénomène, même lorsqu'il s'agira de données initiales nouvelles, non étudiées expérimentalement. Là est le maximum de la puissance humaine : prévoir le devenir d'un phénomène non encore étudié, uniquement d'après des résultats obtenus dans d'autres conditions. Lorsqu'on est arrivé à une telle formule on dit qu'on a trouvé la *loi du phénomène*. On fait ensuite pour les lois particulières ce qu'on a fait d'abord pour des ensembles d'expériences ; on s'efforce de condenser en un petit nombre de formules faciles à retenir un grand nombre de lois particulières ; on a alors ce qu'on appelle des *lois générales*.

La connaissance de ces lois générales, en même temps qu'elle soulage la mémoire des hommes, leur permet de faire varier autant qu'il leur plaît les conditions initiales de phénomènes dont ils prévoient cependant le devenir, leur permet, en un mot, de construire des machines dans un but précis.

C'est à l'importance de ces généralisations que fait allusion l'aphorisme : « Il n'y a de science que du général », aphorisme qui trouve sa traduction dans le postulatum de Kant : « Il n'y a de science proprement dite dans les sciences physiques que ce qui s'y trouve de mathématique, » puisque la langue mathématique est précisément la langue des généralisations.

Une fois la machine construite, l'homme peut dire qu'il l'a construite dans tel but précis ; c'est là le langage des causes finales ; mais il est évident que nous y avons été conduits secondairement par la considération du déterminisme naturel : « les mêmes effets *succèdent* aux mêmes causes. » Le langage des causes finales est un langage à posteriori ; au point de vue où nous nous sommes placés de la recherche par l'homme de la plus grande facilité pour prévoir des parties de l'avenir, ce langage eût été stérile. Il plaît cependant à beaucoup de gens, mais cela tient à ce que le langage des causes finales n'est pas un langage descriptif ; c'est un langage explicatif.

.[*].

Et en effet, nous l'avons déjà vu précédemment, ce que la plupart des gens demandent à la science, c'est la satisfaction de leur sentiment religieux, *l'explication du monde !*

C'est la réponse à tous les *pourquoi* que nous nous posons encore parce que nos ancêtres ont cru, dans leur ignorance, qu'ils savaient le pourquoi de tout. Les seules choses que l'homme puisse faire, ce sont des constatations. Ces constatations sont d'ailleurs d'une extrême importance puisque, grâce à la constatation première du déterminisme naturel, l'accumulation des constatations ultérieures permet à l'homme de prévoir une partie de l'avenir et de construire des machines qui décuplent sa puissance. La science la plus honnête est celle qui se borne à raconter les faits dont l'homme peut se servir sans en donner aucune explication ; la science est purement descriptive.

Mais, dans l'état actuel des choses, une science qui se bornerait à ce rôle, si fécond malgré tout, de description pure, serait encore extrêmement morcelée ; en particulier, ce qui est très gênant pour nous hommes, le langage dans lequel nous serions obligés de raconter les faits d'ordre différent manquerait d'uniformité ; il y aurait une limite aux généralisations possibles. On vient à bout de cette difficulté en faisant des hypothèses, mais immédiatement se présente un grand danger qui tient à l'existence de notre sentiment religieux ; car ces hypothèses, qui, en bonne logique, ne devraient avoir d'autre but que de permettre, autant que possible, l'unification du langage descriptif, notre besoin d'explication des choses en fait des hypothèses explicatives.

Et, à vrai dire, les premières hypothèses que l'homme ait faites ont eu un but uniquement explicatif ; ce sont les hypothèses théologiques. Elles ont été suggérées à l'homme par la constatation des nombreux cas où, sans étude préalable et seulement par suite de l'expérience ancestrale ou de l'éducation normale de son espèce, il savait prévoir une partie de l'avenir ; il a naturellement appliqué à la narration de ces cas le langage finaliste et il a dit : « J'étends le bras vers cette pomme pour la saisir et la porter à ma bouche. » Il a cru, parlant ainsi, qu'il y avait en lui un principe capable de prévoir, et il a imaginé, sur le même modèle, une ou plusieurs *providences* par lesquelles il a expliqué l'activité universelle. Il a naturellement accolé à chacune de ces providences une *volonté* du modèle de la sienne ; il a peuplé le monde de mécanismes *humains*, invisibles à l'homme, et il a donné pour *raison* à l'activité du monde le fonctionnement de ces mécanismes prévoyants. A vrai dire, ce n'était pas là une explication et cela ne faisait que changer le mode de narration des choses ; au lieu de dire : « je constate que telle chose est, » on disait « je crois qu'il y a quelqu'un qui veut que telle chose soit » ; et cela revenait au même, avec, seulement en plus, une hypothèse qui exprimait, sous une forme anthropomorphique, l'impossibilité pour les hommes de connaître les raisons de l'activité du monde, de répondre, en d'autres termes, à une question qu'ils n'avaient pu se poser qu'après avoir cru la résoudre.

Ce qu'il y a eu de particulier dans ce système théologique anthropomorphique, c'est que les hommes ont cru qu'il contenait réellement une explication définitive des choses ; du moins ils ont attribué à des êtres invisibles et plus puissants, le pouvoir de répondre aux questions métaphysiques qu'ils se posaient, et ils se sont résignés à ne comprendre, eux hommes terrestres, que ce que leur permettaient de comprendre ces dieux chargés de la direction du monde.

Il est évident que cette explication théologique avait uniquement pour résultat de satisfaire le besoin de comprendre, ou si l'on veut, le sentiment religieux de l'homme ; elle ne lui faisait pas faire un pas dans la voie de la connaissance du monde extérieur ; au contraire, elle devait lui enlever à tout jamais l'espoir de prévoir quoi que ce soit de l'activité universelle ; car, si nous sommes incapables de deviner ce que voudra un de nos semblables quand nous le voyons, à plus forte raison devons-nous ignorer ce que décidera dans sa toute puissance un génie supérieur et invisible.

L'acquisition progressive de la croyance au déterminisme aurait dû faire renoncer à l'hypothèse théologique ; du moment que l'homme pouvait prévoir certains phénomènes, il était inutile de supposer une volonté étrangère à la sienne et dirigeant l'activité du monde, puisque cette volonté ne se manifestait plus par le caractère le plus frappant de la volonté des êtres vivants, celui d'être impénétrable à tout individu autre que son propriétaire.

Mais on n'abandonne pas ainsi une croyance longtemps acceptée. Si chacun de nous ne peut prévoir ce que voudra son voisin, du moins peut-il prévoir comment fonctionnera une machine fabriquée par son voisin quand il aura étudié cette machine ; le propre des machines est précisément de fonctionner d'une manière prévue ; aussi, au dieu directeur de l'activité universelle, substitua-t-on un dieu constructeur du monde, et à partir de ce moment, le but de l'homme fut d'étudier, par tous les moyens qui sont à sa disposition, quelle structure Dieu a choisie pour le monde que nous habitons.

Dès lors, l'hypothèse théologique se trouvait frappée de stérilité, car, de dire que l'on cherche à connaître la structure du monde, ou la structure que Dieu a donnée au monde, c'est absolument la même chose. Il y eut cependant encore longtemps des phénomènes qui semblèrent échapper au déterminisme et l'on y vit la continuation de l'influence de la volonté du constructeur. Aujourd'hui il n'y en a plus, et la croyance au déterminisme le plus rigoureux est établie définitivement chez tous les hommes de science, ce qui n'empêche pas que beaucoup d'entre eux conservent l'hypothèse théologique pour satisfaire leur sentiment religieux. Mais cette hypothèse n'intervient aucunement dans les recherches relatives à la physique et à la chimie ; elle modifie seulement le langage et n'a plus aucune importance en ce qui concerne les sciences dites exactes.

Il n'en est pas de même pour l'étude des êtres vivants et de l'homme en particulier. Car si l'homme a imaginé naguère, pour expliquer l'activité extérieure, des êtres invisibles *semblables à lui* et plus puissants, rien ne lui est plus facile aujourd'hui que d'*expliquer* sa propre activité en imaginant en lui-même un *principe d'action* calqué sur ces êtres invisibles qu'il a naguère calqués sur lui-même ; revenant ainsi à son point de départ, il est certain qu'il ne rencontrera aucune contradiction, pourvu qu'il n'ait doté les dieux que de qualités qu'il possédait réellement lui-même.

Mais si l'étude objective de ses semblables amène l'homme à croire au déterminisme humain, à penser que l'homme lui-même est une machine comme le reste de l'univers, il s'apercevra qu'il s'est trompé dans ses anciennes hypothèses ; ne trouvant plus de Dieu en lui il n'en trouvera plus nulle part, ou plutôt, car un mot qui a une aussi longue prescription ne s'abandonne pas ainsi à la légère, se considérant lui-même comme une synthèse de parties coagissantes, il construira un Dieu sur le même modèle ; il confondra Dieu avec le monde. A l'homme *personne* correspondait un Dieu *personne* ; à l'homme synthèse correspondra un Dieu synthèse ; c'est tout à fait normal.

C'est pour cela que les amis de l'ancienne hypothèse théologique veulent trouver un Dieu dans l'homme ; c'est pour cela que le déterminisme, admis par tout le monde dans le domaine physico-chimique, est si fortement discuté dès qu'il s'agit du domaine humain.

Ce n'est pas ici le lieu de développer les arguments des

deux partis. Mais je voudrais faire remarquer que, suivant celui des systèmes qu'on acceptera, la signification du mot *science* se trouvera par là même modifiée. Car s'il existe dans l'homme un principe *surnaturel* capable de connaître, rien ne limite à priori le champ des investigations qui lui sont permises ; l'homme qui est, par ce principe, en dehors de la nature, peut se poser des questions relatives à l'essence des choses naturelles ; étant métaphysique, il peut faire de la métaphysique.

Si, au contraire, l'homme est dans la nature, s'il est un mécanisme comme les autres mécanismes, la connaissance qu'il a du monde est le résultat de l'interaction de son mécanisme et des mécanismes ambiants. L'aspect sous lequel il connaît le monde résulte, non seulement de la structure du monde, mais de sa propre structure ; ce qu'il connaît dépend, non seulement des phénomènes qui se passent autour de lui, mais de la place qu'occupent, parmi ces phénomènes extérieurs, ceux qui se passent en lui-même et, par conséquent, le terme de la science humaine est de savoir, non pas quelle est l'essence des choses, mais quelle est la place qu'occupe la vie parmi des choses dont nous ne connaissons que l'aspect humain.

Il ne saurait plus donc être question d'hypothèses explicatives ; la science est une série de constatations faites à l'échelle humaine ; toutes les hypothèses que nous ferons n'auront pour but que d'unifier notre langage et, nous permettant de parler plus clairement des choses, de préparer des expériences utiles ; une hypothèse se jugera à sa fécondité. A ce point de vue, on peut affirmer que l'hypothèse atomique a fait ses preuves, mais il ne s'ensuit pas qu'elle nous ait donné l'explication du monde, quoiqu'en pensent peut-être beaucoup de ses dévots. D'autres croient au contraire à une entité différente l'énergie ; en réalité, atomisme et énergétique ne représentent que deux points de vue différents, deux manières de parler, qui peuvent être l'une et l'autre très utiles suivant les cas.

**

Ainsi, suivant l'idée que nous nous ferons de la vie humaine, le but que nous devrons assigner à la science variera; cette remarque donne à la biologie une place à part parmi les sciences. Or, si l'on s'en tient aux choses d'ordre général, on peut affirmer que la biologie est, grâce à Lamarck et à Darwin, la plus avancée de toutes les sciences. Darwin lui a donné sa langue et cette langue ne contient ni hypothèse ni idée préconçue; on n'en pourrait pas dire autant de bien d'autres sciences. Voici ce que nous dit Darwin :

Vous êtes des privilégiés; vous êtes une élite ! Cela n'est pas vrai seulement des hommes, mais de tous les êtres qui vivent sur la terre; c'est faire partie d'une élite qu'être vivant; c'est avoir été trié parmi ceux qui sont nés et dont un si grand nombre sont morts !

Et ceci a eu lieu à tous les moments de l'histoire du monde, mais, à mesure que le temps marche, le fait d'être vivant implique qu'on a été l'objet d'un tri de plus en plus rigoureux. Songez en effet à tous vos ancêtres; tous ont vécu au moins jusqu'à l'âge où il est permis à l'individu de se reproduire; vous pouvez donc affirmer non seulement que vous êtes l'élite des êtres nés à votre époque, mais aussi que vous descendez exclusivement des êtres qui ont composé l'élite de toutes les générations précédentes; vous pouvez affirmer, aussi loin que vous remontiez dans la série de vos ancêtres, que chacun d'eux a vécu jusqu'à l'âge où il a pu se reproduire et que, par conséquent, jusqu'à cet âge, il a pu, au moyen de ses organes, faire tout ce qui était nécessaire à la conservation de sa vie et cela dans toutes les circonstances si variées qui ont été réalisées autour de lui ; il était donc *doué* de manière à tirer parti de ces circonstances, ce que l'on exprime en disant qu'il était intelligent...

D'autre part Lamarck nous montre l'adaptation progressive des animaux, leur intelligence croissante ; nous comprenons l'origine de notre bon sens, résumé héréditaire de l'expérience de nos ancêtres ; connaissant l'origine de notre bon sens nous savons dans quelles limites il est valable, ce qui n'est pas inutile quoiqu'on puisse en penser.

En effet, nous nous servons aisément de notre logique sans nous demander quelle est son origine ; la logique fait partie du mécanisme humain au même titre que les bras ou les jambes ; or, nous nous servons de nos bras et de nos jambes sans avoir besoin de connaître leur structure, sans nous demander surtout comment, de l'évolution des espèces dans le temps, il résulte que nous avons des bras et des jambes. Il est même certain que la connaissance de la structure et de l'origine évolutive de nos membres ne nous rend pas plus aptes à nous en servir ; le moindre facteur rural marche mieux que ne l'eût fait Lamarck ou Cruveilhier. Et par conséquent, si la connaissance de l'origine de notre logique ne doit pas nous aider à nous en mieux servir, on peut se demander si toutes les recherches que nous faisons à ce sujet ne sont pas absolument inutiles.

Elles ont cependant leur raison d'être ; en effet, l'usage que nous pouvons faire de nos membres est restreint par leur nature même ; nous ne pouvons nous servir de nos jambes pour marcher sur l'eau ni de nos bras pour voler dans les airs et cela ne nous étonne pas car nous constatons de bonne heure cette impossibilité ; au contraire, l'usage de notre logique nous paraît illimité, parce que nous ne nous heurtons pas d'une manière évidente aux bornes de son empire ; nous en sortons sans éprouver de souffrance, tandis que celui qui voudrait s'envoler par la fenêtre s'écraserait sur le pavé ; on ne meurt pas toujours d'une erreur de raisonnement.

Donc, puisque les bornes de notre logique ne se manifestent pas directement à nous par l'impossibilité matérielle de les outrepasser, nous devons ne rien négliger pour les connaître d'une autre manière, sans quoi notre science serait vaine. Et c'est pour cela qu'il me paraît indispensable de modifier, par l'introduction de la biologie au début des sciences, *l'ordre des questions de physique* que nous a enseigné Descartes. C'est ce que j'ai essayé de faire dans ce livre, dont j'ai d'ailleurs résumé le plan dans le chapitre xxviii, auquel j'ai donné pour titre celui de la cinquième partie du discours de la méthode ; et cette nécessité de placer la biologie dans les sciences est la seule excuse que puisse invoquer un biologiste en publiant des réflexions sur la mathématique et la physique.

*
* *

Une autre excuse, c'est que les physiciens font de la biologie ; les énergétistes, considérant l'énergie comme une entité, y trouvent un *modèle* physique pour l'explication animiste des phénomènes vitaux. Ils concluent de la *force* à l'*âme*[1] ; les biologistes, qui n'ont jamais rencontré dans leurs études une seule manifestation de l'âme, ont donc le droit de se demander ce que c'est que la force et de faire de la mécanique ; cela vaut mieux que d'accepter des mots comme représentant des entités sans en avoir discuté la valeur. C'est donc le point principal que je me suis proposé en faisant les études réunies ici ; je me suis permis d'introduire, dans l'établissement des principes des sciences, la considération sans cesse présente de la

---

1. Voy. plus bas, chap. xxxi : *Âme et force*.

place de l'homme dans l'univers ; j'ai essayé de ne jamais oublier le précepte que l'on rappelle aux chrétiens le jour où commence le carême : *Memento quia pulvis es*, Souviens-toi que tu es fait des mêmes éléments que la poussière, ou, plus exactement, que tu es dans la nature !

M. Poincaré nous a appris[1] que, ce que la science peut atteindre, « ce ne sont pas les choses elles-mêmes comme le pensent les dogmatistes naïfs, ce sont seulement les rapports entre les choses ; en dehors de ces rapports, il n'y a pas de réalité connaissable. » J'irai plus loin et j'affirmerai que, ce que l'homme connaît, ce sont seulement les rapports des choses avec l'homme ; ce que nous appelons les *choses* ce sont les éléments de la description humaine du monde ; et ces éléments dépendent, non seulement de la nature du monde, mais aussi de la nature de celui qui les décrit.

Il est donc logique de commencer l'étude des choses par celle des moyens qui sont à la disposition de l'homme pour connaître les choses ; il faut faire d'abord, dans un seul but descriptif, la nomenclature des sens de l'homme et diviser l'activité extérieure en cantons correspondant à chacun d'eux. Une simple réflexion suffira pour nous montrer qu'il n'y a aucun rapport *direct* entre les documents que nous fournissent nos divers sens sur les divers cantons de l'activité extérieure et que, par conséquent, *le langage de l'un de ces cantons n'est pas directement applicable aux documents que nous fournit, sur un autre canton, le sens correspondant.*

Et cette remarque, en apparence si insignifiante, nous fournira une règle rigoureuse pour savoir ce qui, dans chaque partie de la science, est convention, définition, axiome ou vérité expérimentale.

Une telle recherche peut paraître oiseuse à beaucoup :

1. *La science et l'hypothèse*, Paris, Flammarion, 1903, p. 4.

elle n'est cependant pas inutile, car nous vivons à une époque bien intéressante, où, après avoir tout creusé, tout pénétré, après être arrivé trop vite à des certitudes et surtout à des explications, on revient en arrière; on doute et quelquefois on doute trop; le désarroi est général; c'est la caractéristique des époques fécondes, la science est grosse de découvertes imprévues et enfantera bientôt des merveilles. En ce temps de révolution, les amoureux du temps passé veulent nous imposer de nouveau les vieilles cosmogonies; ils profitent de l'instabilité de nos hypothèses provisoires pour remettre en vigueur des hypothèses anciennes dont la stérilité n'est plus discutée et que les doutes mêmes de l'heure présente ne sauraient faire revivre de leurs cendres; le désarroi actuel couvre une marche en avant et non une retraite.

En particulier, le respect de la tradition veut ressusciter le vieux dualisme du poète : *mens agitat molem :* la force agite la matière ! On nous parle de *physique de la qualité,* et l'on veut nous faire admettre que la chaleur, par exemple, est *essentiellement* distincte du mouvement: tout cela n'est pas inutile en effet à ceux qui professent à l'égard des théories animistes un respectueux attachement. Or, je crois que ces prétendues qualités de l'*activité* extérieure tiennent seulement à la place qu'occupent les phénomènes vitaux par rapport aux divers modes d'activité du monde ambiant; que, en particulier, ce qui caractérise pour nous la chaleur, c'est le rapport établi entre notre vie et les phénomènes que nous qualifions de calorifiques.

Quelques savants vont encore plus loin: ils se demandent si nous savons ce que c'est que la mécanique et je crois qu'ils ont tort; ils se demandent aussi si nous savons ce que c'est qu'*expliquer* un fait par des *raisons* de mécanique, et je crois qu'ils ont raison. La science est descriptive et non explicative; la science est *humaine* et permet à l'homme de prévoir des parties de l'avenir et de construire des machines. Mais toutes les questions métaphysiques, qui se posent depuis quelque temps dans la cervelle des hommes de science, seraient évitées par eux s'ils voulaient bien avoir sans cesse présente à l'esprit la nature même de leur esprit ; ils seraient bien plus solides dans leurs saines convictions, s'ils n'oubliaient pas qu'ils sont des hommes et qu'ils raisonnent avec des cerveaux humains.

Paris, 16 février 1904.

Félix Le Dantec.

LES
LOIS NATURELLES

LIVRE PREMIER

LES CANTONS SENSORIELS ET LE MONISME

CHAPITRE PREMIER

LE CARACTÈRE IMPERSONNEL DE LA SCIENCE[1]

« Le bon sens est, dit Descartes, la chose du monde la mieux partagée ; car chacun pense en être si bien pourvu, que ceux mêmes qui sont le plus difficiles à contenter en toute chose n'ont point coutume d'en désirer plus qu'ils en ont. » On a souvent contesté cette proposition du père de la philosophie moderne, mais il est toujours facile de discuter avec des mots ce qui est exprimé avec des mots, à moins cependant que la proposition énoncée ne se réduise à une définition, et il me semble que c'est précisément le cas pour celle que je viens de citer. La chose serait plus évidente si, au lieu de l'expression « bon sens », Descartes avait employé cette autre expression « sens commun », qui lui est équivalente, car son assertion se réduirait alors à ceci : « Ce qui est commun à tous les hommes est ce qu'il y a de mieux partagé dans l'espèce humaine. »

Les caractères par lesquels on définit une espèce sont

1. *Revue scientifique*, février 1904.

Le Dantec. — Lois.

évidemment les caractères qui appartiennent à tous les individus de l'espèce, et la définition de l'espèce serait bien incomplète si les caractères communs, par lesquels on la définit, étaient uniquement des caractères physiques. Il y a aussi, dans le mécanisme psychique, des particularités qui sont communes à tous les êtres d'une espèce, et quelques-unes d'entre elles constituent précisément ce qu'on appelle chez l'homme, le sens commun. La « propriété d'être un homme », l'*humanité*, en un mot, est un ensemble de caractères tant physiques que psychiques qui sont communs à tous les hommes, et l'on doit définir un homme : « un être doué d'humanité. » Mais notre habitude de jouer sur les mots est telle que nous appelons aujourd'hui *humanité* une qualité très rare chez nos semblables, de même que Diogène, entouré d'une foule de ses concitoyens, disait avec emphase : « Je cherche un homme! » donnant à penser par là qu'il n'en trouvait aucun parmi eux: et cette boutade du cynique me paraît démontrer seulement ceci : que les mots n'ont plus de valeur, du moment qu'on prétend réserver la dénomination d'homme à des exceptions très rares parmi les hommes...

L'*humanité* des diverses personnes de notre espèce est dissimulée sous les différences individuelles; si nous observons PIERRE et PAUL, nous serons plus frappés de leurs dissemblances que de leurs similitudes, à moins cependant que ces deux sujets n'appartiennent à une même race dont l'observation nous soit très peu familière. En revanche, si nous étudions à la fois un chinois et un nègre, nous serons frappés surtout des différences qui les séparent, à moins que nous ne les comparions tous deux à un chien ou à un veau, auquel cas nous les trouverons immédiatement très semblables l'un à l'autre; leur *humanité* apparaîtra en dépit de leurs personnalités dissemblables.

Malgré les divergences individuelles, nous serons certains, *a priori*, que si nous enseignons à deux hommes quelconques l'arithmétique ou la géométrie, la vérité des théorèmes leur paraîtra aussi évidente à l'un qu'à l'autre ; cela tient précisément à ce « sens commun » qui est l'apanage de tous nos semblables. Je ne dis pas que ce sens commun n'est pas plus délié chez l'un que chez l'autre ; je ne prétends pas davantage qu'ils ont même acuité visuelle ; mais, de même que deux hommes bien constitués, observant *d'un même point* le même paysage, verront, malgré les différences de leur acuité visuelle, la même disposition relative des objets extérieurs, de même, deux hommes, qui ne sont pas fous, suivront de la même manière l'enchaînement des propositions d'une démonstration ; et cependant, l'un d'eux pourra être plus facilement trompé que l'autre sur la qualité d'un raisonnement[1], mais le myope aussi voit moins nettement que le presbyte un paysage lointain.

Malgré ces variations quantitatives dans le degré d'acuité du sens commun, une proposition logique est logique pour tous les hommes et l'on pourrait même affirmer que, de toutes les qualités de l'espèce, le sens commun est la qualité la plus vraiment commune à tous les individus : on dit souvent en effet qu'il ne faut pas discuter des goûts et des couleurs, et cet aphorisme vient de la remarque, maintes fois répétée, que les variations individuelles de nos organes des sens peuvent en masquer l'unité spécifique ; au contraire, une proposition logique est logique pour n'importe qui.

Cette unité du sens commun de l'espèce se comprend aisément si l'on réfléchit à son origine. Je crois avoir établi qu'on doit définir la logique : le résumé héréditaire de l'expérience ancestrale. Notre sens commun n'est autre

---

1. Ces différences individuelles se manifestent en présence d'un raisonnement douteux ; elles n'apparaîtront aucunement en présence d'une proposition vraiment logique.

chose que la quintessence de cette expérience prolongée pendant des milliers de siècles, au cours desquels nos ancêtres se sont frottés au monde extérieur. En d'autres termes, la logique est l'instinct par excellence, si l'on admet avec Romanes, que « l'instinct est un mécanisme adapté, antérieur à l'expérience individuelle », mais, ajouté-je immédiatement, postérieur à l'expérience ancestrale et provenant de cette expérience ancestrale grâce à l'hérédité des caractères acquis.

Le complément de la définition de Romanes est que l'opération instinctive « s'accomplit d'une manière uniforme, dans les mêmes circonstances, chez tous les individus de l'espèce ». Nous ne devons donc pas nous étonner que la logique, qui rentre dans le cadre de cette définition des instincts, soit commune à tous les hommes.

D'autre part, nous comprenons aisément, et je n'insiste pas ici sur ce fait que je démontre un peu plus loin, que, grâce au rôle sans cesse actif de la sélection naturelle pendant notre évolution spécifique, notre logique est adéquate à l'ensemble des phénomènes qui ont pu retentir sur la vie de nos ancêtres. En d'autres termes, *notre logique ne peut pas nous tromper*, au moins quand il s'agit[1] de phénomènes auxquels nos ascendants ont eu de nombreuses occasions de se frotter et, par conséquent, il devient très important pour nous de savoir reconnaître celles de nos opérations mentales qui empruntent *uniquement* le mécanisme de notre sens commun, car nous pourrons avoir en elles une confiance absolue.

La deuxième partie de la définition de Romanes nous fournit précisément un critérium pour reconnaître ce qui est « de sens commun », puisque toute opération instinctive « s'accomplit d'une manière uniforme, dans les mêmes

---

1. Il est essentiel de faire cette restriction, car il n'est pas impossible que, par un hasard peut-être moins rare qu'on ne le pense, la nature de tous les hommes comprenne certaines erreurs *communes*, relatives à des choses qu'il est impossible de vérifier.

circonstances, chez tous les individus de l'espèce ». Donc, quand nous aurons fait un raisonnement, nous devrons vérifier que ce raisonnement peut se répéter également chez tous les hommes ; nous devrons soumettre notre raisonnement à la critique de nos semblables ; si le raisonnement sort victorieux de cette épreuve, nous serons amenés à penser qu'il est « de sens commun » et que, par conséquent, nous pouvons avoir dans ses conclusions une confiance absolue (pourvu, bien entendu, qu'il s'agisse de phénomènes desquels nos ascendants ont eu une longue expérience).

Nous venons de trouver, dans le rôle joué par la sélection naturelle au cours de notre évolution, la raison du caractère impersonnel de la science. Toutes les fois qu'une proposition (relative à des phénomènes qui ont, ou ont eu, une action prolongée sur l'homme) sera également évidente pour tous les hommes, nous devrons croire que cette proposition est vraie ; la science se compose de vérités impersonnelles.

La réciproque de ce que nous venons d'établir n'est pas fatale. Une proposition, établie par un individu ou un groupe d'individus, peut ne pas être fausse quoique ne s'imposant pas immédiatement à la logique de tous ; il se peut que l'expérience personnelle de quelques-uns soit plus complète que celle des autres ; il se peut aussi que, outre la part de mécanisme cérébral qui est le sens commun et qui est sûrement bonne, quelques individus, privilégiés par les hasards de l'hérédité sexuelle, possèdent d'autres parties du cerveau également bonnes quoique n'étant pas communes à tous leurs congénères ; ce sont les hommes supérieurs, les hommes d'avant-garde : ils peuvent découvrir des vérités qui ne sont pas immédiatement adoptées et qui le seront seulement plus tard : mais, dans tous les cas, ces vérités n'appartiennent pas à la science faite : elles sont la science qui se fait.

Il ne faut donc pas rejeter *a priori* les propositions établies par une élite et qui n'ont pas subi victorieusement l'expérience du « sens commun » ; mais il ne faut les accepter que provisoirement et sous bénéfice d'inventaire. car l'homme, en dehors du critérium de la « vérité impersonnelle » est exposé à de nombreuses erreurs. Abandonné à ses seules lumières et sans confrontation possible avec les lumières de ses semblables, un chercheur ne saurait distinguer, dans une de ses opérations mentales, quelle est la part de la logique et quelle est la part de la fantaisie personnelle, et c'est là le principal danger de l'*intuition*.

Si, en effet, il existe, dans le cerveau de chacun, des mécanismes spécifiques communs à tous, il s'y trouve aussi des particularités individuelles tenant des hasards de la naissance et de l'éducation et qui ont précisément pour caractère d'être différentes chez les différents individus. Or. ces particularités individuelles sont tellement associées au sens commun qu'il est pour ainsi dire impossible à l'homme de se servir de son sens commun sans faire fonctionner en même temps des mécanismes personnels dont rien ne permet d'affirmer que le travail sera bon. Et cette remarque nous permet de donner à une pensée de Platon un sens tout autre que celui qu'il y a mis : « La faculté de savoir, dit-il au VIIe livre de la République. étant d'une nature divine, ne perd jamais sa vertu : elle devient seulement utile ou inutile. avantageuse ou nuisible. selon la direction qu'on lui donne. » Ce qui, pour nous. revient à dire : le sens commun, ayant subi l'action prolongée de la sélection naturelle, est un mécanisme spécifique à l'épreuve ; mais si le sens commun est spécifique. l'usage qu'on en fait est individuel et peut être entaché des imperfections de chacun.

CHAPITRE II

NOTRE CONNAISSANCE EST A L'ÉCHELLE HUMAINE

La sélection naturelle a eu pour résultat de fixer dans notre hérédité, à chaque instant de notre évolution spécifique, les particularités qui étaient utiles à nos ancêtres au moment considéré ; cela explique l'existence de notre sens commun, ainsi que nous l'établirons plus complètement tout à l'heure ; mais s'il était indispensable à la conservation de notre espèce que notre connaissance des phénomènes *importants pour nous* ne fût pas trompeuse, certaines erreurs n'ayant aucun rapport immédiat avec les conditions de notre vie, pouvaient néanmoins être conservées comme non nuisibles, ou même peut-être, fixées en nous comme utiles. Il ne faut donc jamais oublier, lorsque nous attribuons une valeur définitive à notre logique parce qu'elle est commune à tous les hommes, de spécifier, comme je l'ai fait sans cesse dans les pages précédentes, que nous avons le droit de le faire, uniquement quand il s'agit de phénomènes dont notre espèce a acquis une longue expérience. En particulier, certaines erreurs verbales inoffensives ont pu être *commodes* pour l'homme naturellement avide de comprendre, à une époque où son ignorance bornait étroitement son horizon : étant commodes, elles se sont transmises jusqu'à nous, mais ce que nous avons appris depuis doit nous permettre de détruire ces erreurs et aussi de rejeter, comme dépourvues de sens, certaines questions dont ces erreurs seules justifiaient l'énoncé. Seulement, nous devons prévoir que, lorsque nous nous attaquerons à ces questions, il nous sera difficile de réaliser ce que j'appelais tout à l'heure l'épreuve « du sens commun » car nous rencontrerons à leur sujet, chez nos congénères, un parti pris quelquefois très enraciné par l'habitude et le respect de la tradition.

Par exemple, tant que l'homme a dû croire qu'il connaissait le monde grâce à l'intervention d'un principe « d'essence divine », il s'est naturellement posé deux sortes de problèmes.

D'abord, comme rien ne limitait *a priori* le champ d'investigation de ce principe surnaturel de connaissance, aucune question ne devait rester sans réponse ; l'homme pouvait se proposer de saisir ce qu'on appelait *le fond des choses*.

D'autre part, comme ce principe divin était en dehors de la nature et indépendant d'elle, rien n'empêchait l'homme qui en était pourvu de penser que ce principe connaisseur existe seul et que tout le reste n'est qu'une illusion entretenue par lui ; ainsi beaucoup de philosophes ont été amenés à douter de la réalité du monde extérieur, ce qui était d'ailleurs une réponse catégorique à la question, précédemment posée, de l'essence du monde.

En nous faisant comprendre que l'activité *totale* de l'homme se réduit à des phénomènes naturels, en plaçant définitivement l'homme dans la nature qu'il connaît, Lamarck et Darwin ont supprimé du même coup ces deux problèmes qui n'ont plus aucune signification, quoique nous puissions toujours les énoncer en nous servant de mots forgés par nos ancêtres. Il ne saurait plus être question aujourd'hui de *science absolue* ; notre connaissance du monde n'est que le résultat des rapports qui existent entre le monde et notre organisme ; en d'autres termes, *ce que nous connaissons dépend à la fois de l'état du monde et de notre propre état ; autrement dit encore, notre connaissance du monde changerait également, soit que le monde changeât, soit que nous fussions nous-mêmes modifiés.*

Cette simple constatation de la valeur purement humaine des documents que nous recueillons doit rabattre les prétentions de ceux qui auraient voulu arriver à connaître le fond des choses; elle les rassure en même temps sur la réalité du monde ambiant; nous n'avons qu'une connaissance *humaine* de la nature, mais précisément, cette connaissance humaine est pour nous d'un excellent usage, parce qu'elle est à notre taille.

Qu'une telle connaissance existe en nous, même réduite à ces humbles proportions, cela n'en est pas moins admirable; mais la théorie de l'évolution nous donne immédiatement la clef du mystère; non pas qu'elle nous renseigne sur la nature même de la propriété de la matière grâce à laquelle notre mécanisme connaît (c'est là une question qu'il faut reléguer avec celle de l'essence des choses parmi tout le vieux fatras métaphysique): elle nous apprend en revanche que notre connaissance du monde ne peut nous induire en erreur, et là est le principal pour nous.

Pour quiconque a réfléchi, en effet, à l'évolution des êtres et au rôle de la sélection naturelle dans cette évolution, il est évident que nos organes des sens ne peuvent nous donner aucune notion *trompeuse* du monde extérieur: si nos yeux nous faisaient voir une route plane là où il y a un précipice, nous tomberions dans le précipice et nous nous tuerions; c'est ce qu'on entend quand on dit que le mécanisme de l'homme ou de l'animal est, dans son ensemble, *adapté* au monde qu'il habite. Mais il faut bien se rendre compte de la signification précise de l'expression « notion trompeuse » que nous venons d'employer. La « notion exacte » que la sélection naturelle peut développer chez un animal, au sujet des phénomènes ambiants, ne saurait en aucune manière, je le répète, être

assimilée à ce qu'on appelle quelquefois la connaissance
absolue de l'*essence* de ces phénomènes. Ce qui importe à
l'animal, ce sont les inconvénients qui peuvent résulter
pour lui de tel et tel accident, ou les avantages qu'il peut
tirer de telle ou telle circonstance ; or c'est seulement sur
« ce qui importe à l'animal au point de vue de la conservation de sa vie » que la sélection naturelle peut avoir de
la prise, et nous devons nous attendre, avant même
d'avoir étudié le fonctionnement des organes des sens
d'un animal, à ce que les renseignements qu'ils lui donnent soient relatifs, non pas à l'essence des phénomènes
mais à la manière dont les phénomènes peuvent retentir
sur l'être vivant considéré. Si, par exemple, ce que nous
appelons la chaleur est un mouvement vibratoire de l'éther,
ce qui nous importe c'est, non pas ce mouvement vibratoire en lui-même, mais son retentissement sur notre
individu ; la notion que nous donnent nos sens au sujet
de la chaleur est celle de la *température*, c'est-à-dire, de
la *qualité humaine de la chaleur*. Nous savons apprécier
quelles sont les températures nuisibles et quelle est la
température optima pour le fonctionnement de notre individu. C'est seulement la connaissance des températures
que peut développer chez nous la sélection naturelle.

De même pour tous les autres accidents du monde où
nous vivons : ce que nous en connaissons, c'est, pour
employer une formule imagée, leur *réduction à l'échelle
de l'homme* ; nos fonctions de relation sont devenues
telles, au cours de l'évolution dans le milieu terrestre,
qu'elles nous donnent précisément, au sujet de chaque
ordre de phénomènes, la notion qu'il faut pour que nous
puissions nous en servir, s'ils sont utiles, et les éviter,
s'ils sont nuisibles. Il en est de même pour tous les êtres
vivants quels qu'ils soient : ce qui les intéresse c'est seulement la forme sous laquelle les accidents du monde
extérieur peuvent influencer leur fonctionnement vital. Il

est *certain* que, si les bactéries ont une connaissance du monde qui les entoure, cette connaissance ne leur montre pas les choses à l'échelle humaine [1].

J'ai, sous les yeux, sur ma table, divers objets : un encrier, un essuie-plumes, un coupe-papier, etc… Voilà une narration à l'échelle humaine. Peu m'importe, pour la commodité de la vie, que ces objets familiers soient composés d'atomes et que je les voie grâce à des vibrations infiniment rapides de l'éther; ce qu'il faut que je connaisse c'est l'ensemble des propriétés de ces objets à l'échelle humaine. Si j'étais sept cent trillions de fois plus petit, ce que j'en connaîtrais serait tout autre, et je ne me désintéresserais probablement pas de la rapidité des vibrations lumineuses qui, d'ailleurs, ne me donneraient peut-être plus la notion de lumière. Voilà ce qui résulte du fait que l'homme et les animaux proviennent d'un évolution adaptative.

Au moyen d'appareils spéciaux, de microscopes par exemple, je puis sortir quelque peu des limites de l'échelle humaine et voir des objets trop petits pour être distingués à l'œil nu. Ainsi, par certains procédés, j'augmente mon rayon d'investigation, mais je ne l'augmente jamais que faiblement et les notions que j'acquiers grâce à ces auxiliaires ne s'éloignent pas beaucoup du cadre humain de la nature. C'est autour de ce cadre qu'oscillent toutes les notions nouvelles que je puis acquérir et, cela admis, je me demande vraiment de quoi nous parlons quand nous affirmons que nous ne connaîtrons jamais le fond des choses; qu'est-ce que le fond des choses? qu'est-ce que l'essence des phénomènes. Je ne conçois pas de connais-

1. Sauf peut-être pour la chaleur par exemple et pour les autres modes de l'activité extérieure dont nous prenons connaissance, non pas d'après la dimension totale de notre organisme, mais d'après la nature des réactions de notre *vie élémentaire*: si la vie élémentaire de la bactérie est comme je le pense, peu différente de celle de l'homme, la notion de température doit être, chez les bactéries, analogue à ce qu'elle est chez nous (voy. p. 197).

sance des phénomènes, en dehors d'êtres capables de connaître; les faits sont différents pour l'homme, pour le ciron, pour la bactérie, pour la flamme si la flamme connaît[1], mais chacun de ces êtres connaît les faits qui sont à sa taille. Quand on parle de l'essence des choses, de la *structure intime* de la matière, cela ne peut rien signifier, à moins que, pour les spiritualistes, cela représente la connaissance qu'aurait des choses un esprit privé de corps, et c'est là, pour moi, je l'avoue, une phrase dépourvue de sens.

Donc, nous connaissons les faits *à l'échelle humaine ;* des appareils perfectionnés nous permettent d'opérer, sur les bords du cadre de nos connaissances naturelles, quelques excursions peu lointaines, mais cela ne déplace pas le cadre ; n'oublions pas d'ailleurs que nos ancêtres des cavernes n'avaient pas de microscopes et que notre logique, résumé héréditaire de l'expérience ancestrale, provient d'une expérience acquise sans le concours d'instruments grossissants, avec le seul secours des moyens humains. Nous aurons à tirer parti de cette constatation quand il s'agira de répondre à ceux qui refusent d'admettre les fondements expérimentaux de la géométrie; concluons-en dès maintenant que la science tend souvent à nous faire connaître les choses à un point de vue autre que le point de vue humain. Que les résultats de ses acquisitions puissent, secondairement, devenir très utiles à l'homme, personne n'en doute, mais, à la condition expresse que notre connaissance scientifique des phénomènes ne nous fasse pas oublier notre connaissance humaine du monde. « Si, dit M. de FREYCINET[2], nous connaissions la chaleur seulement comme vibration de l'éther, nous serions beaucoup moins informés qu'après l'avoir éprouvée sur nous-mêmes ou sur les corps qu'elle dilate. »

1. Voy. *La flamme et la vie*, chap. XXXII.
2. DE FREYCINET. *De l'expérience en géométrie.*

Cela est indiscutable ; si, hypothèse absurde, il était donné à un homme de compter les vibrations lumineuses au lieu de voir les couleurs, le malheureux deviendrait immédiatement fou et ne tarderait pas à mourir ; songez un peu au langage dans lequel un être, qui aurait cette connaissance du monde à une échelle non humaine, se ferait servir un verre de bière !

CHAPITRE III

LES QUALITÉS ET LES CANTONS SENSORIELS

Ainsi, nous connaissons les faits extérieurs réduits à l'échelle humaine : nous les connaissons uniquement par le retentissement de ces faits sur notre organisme ; notre organisme est un bureau centralisateur de documents et nous donnons le nom d'organes des sens aux appareils récepteurs de ce bureau. Les autres animaux sont, comme les hommes, des centres de documentation, mais la documentation diffère, dans chaque espèce, par le mécanisme et la disposition des appareils récepteurs.

Les organes qui mettent en relation l'homme et le monde ambiant sont nombreux et variés ; chacun d'eux nous renseigne plus spécialement sur certaines catégories d'activités extérieures et, de plus, les documents que nous recueillons par son entremise sont, si j'ose m'exprimer ainsi, rédigés dans une langue particulière au sens considéré. En conséquence, les renseignements qui nous arrivent par nos divers récepteurs diffèrent les uns des autres pour deux raisons : d'une part, parce que chacun d'eux a son domaine spécial d'observation, ensuite parce que chacun d'eux nous transmet le résultat de ses investigations au moyen de *sensations* de qualités différentes.

Les qualités de ces sensations sont plus nombreuses qu'on ne l'admet généralement et, si l'on commet ordinairement cette erreur, c'est que, par leur localisation anatomique, des récepteurs distincts en réalité semblent confondus. Par exemple, ce sont nos yeux qui nous renseignent à la fois sur la forme des corps et sur leur couleur, deux qualités que nous devons cependant séparer l'une de l'autre, puisque, d'une part, nous distinguons nettement les formes d'un ensemble uniformément coloré et que d'autre part, nous pouvons connaître la couleur d'un milieu homogène et amorphe. Ainsi, nos yeux contiennent à la fois le récepteur des formes visuelles et le récepteur des couleurs, deux qualités qui, au premier abord du moins, semblent irréductibles l'une à l'autre et qui le sont bien, en effet, *au point de vue humain*, en ce sens qu'il est impossible à l'homme, avec les seuls moyens humains, d'établir entre ces deux qualités une comparaison, une commune mesure.

Il n'y a pas toujours une différence aussi tranchée entre les qualités que nous fait connaître un organe en apparence unique ; il faut, par exemple, une étude déjà assez approfondie de l'acoustique pour se rendre compte de l'existence, dans ce que nous fait connaître notre oreille, de qualités aussi indépendantes que la hauteur et le timbre ; et même tout le monde n'est pas d'accord sur le nombre des qualités d'ordre acoustique.

Le contact des parties non spécialisées de notre corps avec des objets extérieurs nous fait connaître des qualités variées ; il nous renseigne d'une manière plus ou moins obtuse sur la forme de ces objets ; il nous apprend leur température (c'est, nous l'avons vu précédemment, la qualité humaine de la chaleur) : le contact d'un corps électrisé nous fait connaître l'état électrique du corps par rapport à nous, et la sensation qui l'enregistre est toute différente de celle qui enregistre une forme ou une température ; enfin le contact de certaines parties plus exercées de notre corps avec les objets voisins nous donne aussi une sensation qui varie avec la nature même de la surface de l'objet, indépendamment de toutes les qualités précédemment exprimées; je reconnais ainsi, au simple palper, du papier, du cuir, du savon, etc... Voilà des sensations entièrement distinctes et que notre langage nous oblige à confondre plus ou moins, comme s'il n'y en avait qu'une, sous la dénomination de tact; nous disons que nous reconnaissons au *toucher* ces qualités si différentes, mais nous disons aussi, indifféremment, que nous *voyons* les formes visuelles et que nous *voyons* les couleurs, comme si ce n'étaient pas là des opérations irréductibles.

Par l'intermédiaire de notre organe olfactif, nous avons connaissance de certains corps extérieurs particuliers; nous recueillons à leur sujet deux sortes de documents, d'une part des renseignements fort peu précis (mais ils sont bien plus précis chez les chiens) sur l'endroit où ces corps sont placés par rapport à nous, d'autre part une notion, très précise au contraire, de la nature des émanations qu'ils produisent.

Avec notre organe gustatif, nous ne pouvons guère obtenir qu'une seule donnée relative à la nature des produits solubles qui proviennent du corps étudié.

Toutes les remarques précédentes suffisent à prouver qu'au point de vue de la connaissance humaine où nous nous plaçons, il vaut mieux renoncer à la définition ordinaire des physiologistes, et appeler sens l'organe relatif à la réception d'une sensation donnée; il est évident alors que l'homme a plus de cinq sens externes, puisqu'il faut y ajouter, par exemple, celui de la couleur, celui de la température, etc...

Enfin, puisque nous parlons de sensations irréductibles les unes aux autres, nous devons signaler encore les sensations internes, la sensation de durée et la sensation d'effort. PIERRE BONNIER a imaginé avec raison le sens des attitudes qui, si on lui donne toute l'extension qu'il mérite, peut contenir le sens intime et l'une de ses parties les plus importantes, le sens commun...

On voit combien est peu philosophique cette affirmation répétée partout que l'homme a cinq sens!

Passons d'abord en revue les diverses sensations externes.

LES SENS CHIMIQUES

Nous faisons immédiatement cette remarque intéressante que, parmi les documents que nous fournit chacun des cinq organes appelés communément « organes des sens », il y en a toujours un qui est relatif à la nature *chimique* de l'objet étudié; nous pouvons faire de la chimie avec nos cinq sens. La couleur, le timbre, le palper. l'odeur et la saveur sont autant de renseignements chimiques, et suivant les cas, il y aura avantage à se servir de tel ou tel de ses sens pour l'étude chimique d'un corps. Voici, par exemple, un cornet à piston; il a la couleur du laiton, le timbre du laiton (ou au moins un timbre métallique qui le distingue d'un instrument en cristal. par exemple); le toucher ne nous renseigne guère sur sa substance, mais nous apprend cependant qu'il n'est pas en bois; enfin, si l'instrument n'est pas très propre, il a l'odeur de laiton et la saveur métallique.

Je suppose, pour un instant (ce qui est d'ailleurs peu vraisemblable), qu'il existe un corps dont la nature chimique soit entièrement définie par l'une quelconque des cinq qualités que je viens d'énumérer : couleur, timbre. palper, odeur, saveur; autrement dit que, étant donnée l'une de ces cinq qualités du corps, les quatre autres soient, par là même, fatalement déterminées. Cela ne peut se produire que si ce corps très spécial jouit à la fois de la rare propriété d'avoir une couleur. un timbre, un palper, une odeur, une saveur *caractéristiques* de sa nature. Mais enfin, si cela est réalisé, les cinq *qualités* que nous percevons par cinq voies différentes nous apprendront une chose unique, la nature chimique de l'objet.

En d'autres termes, la nature chimique de l'objet pourra venir à notre connaissance, exprimée dans cinq langages différents, le langage couleur, le langage timbre, le langage palper, le langage odeur et le langage saveur. Si nous attribuons au corps en question un nom spécifique A, cela créera pour nous deux langages nouveaux nous permettant de le définir complètement : le langage *phonétique* qui parle à notre récepteur de sons et le langage *graphique* qui parle à notre récepteur de formes visuelles.

En réalité, sauf chez les Chinois et les peuples voisins, ces deux derniers langages sont équivalents, en ce sens que les hommes ont établi entre eux une relation conventionnelle que l'on connaît quand on a appris à lire ; nous leur donnerons donc désormais l'appellation unique de *langage courant*, sans prendre la peine de spécifier que ce langage est exprimé graphiquement ou phonétiquement.

L'existence du langage courant sera fort commode quand il s'agira de comparer les documents que nous recueillons dans les cinq premiers langages, lesquels, nous l'avons vu, sont intraduisibles l'un dans l'autre ; nous pourrons en effet les traduire tous séparément dans le langage courant, ce que nous ferons en disant que le corps étudié a la couleur de A, la saveur de A, l'odeur de A. etc., et cela introduira une relation entre des qualités primitivement irréductibles. Je me rappelle à ce sujet une bonne farce qu'un de mes camarades d'école voulut faire il y a une vingtaine d'années à notre professeur de minéralogie ; il découpa avec soin dans une tablette de chocolat un solide identique à l'un des cristaux naturels que nous devions apprendre à connaître et dont nous avions l'habitude de comparer la couleur à celle du chocolat ; puis il alla porter son ouvrage au maître en lui disant qu'il avait trouvé cela pendant les vacances (dans le pays, bien entendu, que nous savions contenir les gisements du minéral en question). L'excellent homme ne s'y laissa pas prendre; il dit gravement avec une mimique expressive : « Couleur, chocolat! Odeur, chocolat! Saveur, chocolat! » et il croqua le faux cristal en disant avec satisfaction : « C'est du chocolat. »

Il n'arrive pas souvent, si même cela arrive jamais. qu'une seule des qualités *organoleptiques* d'un corps définisse entièrement ce corps; l'odeur, cependant si caractéristique, de l'acide prussique ne suffit pas à le distinguer de l'essence d'amandes amères. La connaissance que nous donne d'un corps l'une de ses qualités organoleptiques n'est donc pas, en général, complète; nous ne percevons, avec l'une de ces qualités, que l'un des *aspects* du corps: deux corps peuvent avoir le même aspect couleur et différer par l'aspect odeur ou l'aspect saveur. Pour connaître la nature chimique d'un corps nous recueillerons donc toutes ses qualités organoleptiques ce qui sera quelquefois suffisant, souvent imparfait. Et, dans ce dernier cas. nous devrons recourir pour déceler la nature du corps. à des phénomènes que nous étudierons au moyen de sens autres que les cinq *sens chimiques*[1] précédemment cités. La science que l'on appelle *chimie* fait usage de *tous* nos moyens de connaître, qu'elle applique *indirectement* à son objet spécial. Et voilà un premier point qui caractérise la *science* par rapport à la *connaissance humaine directe;* la science applique à l'étude d'un phénomène spécial des moyens humains d'investigation *autres* que ceux que la sélection naturelle a développés chez nous par l'expérience naturelle de ce phénomène spécial. Connaître un son par l'ouïe c'est agir humainement: l'étudier au moyen du récepteur des formes visuelles c'est agir scientifiquement: j'espère montrer bientôt que c'est même là le caractère

---

1. J'entends par là. non pas ce qu'on appelle ordinairement les cinq sens de l'homme. mais les sens simples qui nous donnent les sensations de couleur, de timbre. de palper, d'odeur et de saveur.

le plus remarquable des études scientifiques; c'est par là
que la science est féconde.

LES SENS DE LA DIRECTION

Nous venons de voir que nos cinq *sens chimiques* nous
donnent, dans des langages différents, des documents
complets ou incomplets sur la nature intime des objets
extérieurs: si tous ces documents étaient complets, il y
aurait superfétation et l'existence de ces langages différents serait un luxe inutile; au contraire, si ces documents
étaient incomplets et différents, tous nous seraient utiles
et il y aurait avantage, nous l'avons déjà pressenti, à
savoir les traduire en un langage unique permettant de les
comparer entre eux et de les compléter l'un par l'autre.

Parmi les diverses notions que nous fournissent nos
organes des sensations externes, il en est une qui nous est
particulièrement utile, c'est celle de la position des objets
extérieurs par rapport à nous; aussi cette notion nous
arrive-t-elle de diverses manières. Nous connaissons par
le toucher la place des corps tout à fait voisins; pour les
corps plus éloignés, nous sommes renseignés par la vision.
si l'objet est éclairé et n'est pas abrité derrière un écran;
par l'audition si le corps est sonore; par l'olfaction si le
corps est odorant; voire même par notre sens des températures si le corps rayonne de la chaleur.

Ces différents renseignements ne sont pas également
précis; chez l'homme les documents visuels sont les plus
précis, mais il y a des cas cependant où ils ne sont pas
les meilleurs; combien de fois m'est-il arrivé, cherchant
un Ephippigère dans des landes d'ajonc mêlé de fougère
de me diriger vers l'endroit où j'entendais le cri strident
de cet insecte, dont je n'arrivais à apercevoir que de très
près le corps bariolé, mimétique de son support. C'est au
moyen de son olfaction que le cochon cherche les truffes,

que le chien de chasse reconnait la présence du gibier dissimulé dans un fourré...

Indépendamment du degré de précision que peut avoir la notion de direction fournie par ces sens différents, il est fort remarquable que cette notion nous paraisse toujours exprimée dans le même langage, quoique nous arrivant par des récepteurs différents et forcément accompagnée, dans chacun de ces récepteurs, par une sensation de qualité spéciale (couleur ou forme visuelle, timbre. odeur, température, etc.).

Il semble bien que malgré la diversité des langages dans lesquels nous recevons ces sensations qualitatives, nous ayons, par n'importe quel sens, la *même* notion immédiate de direction; nous pourrions donc penser qu'il y a. là encore, superfétation. si chacun de nos moyens d'acquérir cette notion de direction ne pouvait. dans certains cas, être utilisable à l'exclusion de tous les autres.

CANTONS JUXTAPOSÉS OU SUPERPOSÉS

Parmi les sensations externes autres que celles dont nous venons de parler, quelques-unes sont extrêmement spéciales comme, par exemple, la sensation de température ou d'état électrique qui nous donnent évidemment une notion très limitée du monde extérieur; d'autres sont. au contraire, susceptibles de nous fournir une connaissance fort étendue des objets qui nous entourent. tels sont, par exemple, le toucher et la vision des formes. Il serait même possible à un homme de vivre. *dans l'état actuel de la civilisation*. avec un système récepteur réduit aux deux seuls organes du toucher et de la vision des formes; cet homme serait, dans notre hypothèse. dépourvu d'ouïe, d'odorat et de goût. il serait daltonien, insensible à la température et à l'état électrique; nous sommes cependant convaincus que, avec certaines précautions. cet homme pourrait vivre, et cette constatation a une haute portée philosophique.

Rappelons-nous ce que nous avons dit précédemment du rôle de la sélection naturelle dans la genèse de notre connaissance du monde. Le fait que nous sommes vivants et que notre espèce n'a pas disparu suffit à nous permettre d'affirmer que notre connaissance du monde extérieur n'est pas trompeuse et qu'elle concerne tous ceux des accidents ambiants qui intéressent la conservation de notre existence.

Mais si l'ensemble de tous les documents que nous recueillons par tous les moyens possibles est certainement complet quant à nos besoins, nous n'avons aucune raison d'affirmer ou de nier *a priori* que chacun de nos sens, considéré seul, suffise à nous renseigner totalement.

La seule raison de le nier *a priori* pourrait être tirée de cette prétendue loi d'économie de la nature, qui n'a aucune base sérieuse et que nous prenons chaque jour en défaut; nous avons vu au contraire que, du moins pour connaître la position d'un objet extérieur, plusieurs moyens sont mis à notre disposition par des sens différents; à ce point de vue très spécial, un sens qui nous manque peut donc, dans une certaine mesure, être remplacé par les autres sens. Nous devons faire une enquête pour savoir si, d'une manière générale, la disparition d'un des sens d'un être n'entraîne pas fatalement la mort de cet être.

Un simple coup d'œil jeté sur la nature animale pourrait nous conduire hâtivement à une conclusion peut-être inexacte. Les animaux des lacs souterrains *vivent* sans lumière et ont, par conséquent, sans le secours de la vue, une connaissance complète[1] des accidents extérieurs; il serait illégitime d'en inférer que nous pouvons nous passer de la vue, car nous ne sommes pas cavernicoles

1. J'entends complète au point de vue de la conservation de leur existence comme nous l'avons vu précédemment.

et notre *éducation spécifique* n'a pas été faite comme celle des vers de terre. Il ne s'agit donc pas de savoir si une espèce *aurait pu* se passer d'un certain sens; l'observation des espèces qui en sont dépourvues prouve que l'usage de ce sens a pu être remplacé par le développement d'un autre sens au cours de l'évolution spécifique. Il s'agit de savoir si, dans l'état actuel d'une espèce, la suppression d'un sens chez l'un des individus de cette espèce n'entraîne pas fatalement sa mort.

A cette question nous sommes tentés de répondre par la négative, parce que nous pensons immédiatement à nos congénères de l'espèce humaine ou encore à nos animaux domestiques; nous avons tous connu des sourds et des aveugles qui étaient vivants. Mais il est évident que notre question ne présente aucun intérêt si nous ne spécifions pas à l'avance qu'il s'agit de la possibilité de vivre *par soi-même*, sans le secours d'individus mieux doués sous le rapport des sens.

Chez les animaux sauvages vivant isolément, nous sommes amenés à penser que la disparition de l'un quelconque des sens entraîne un danger de mort, car tous ceux que rencontrent les chasseurs sont pourvus de leur attirail complet d'organes. Et l'on comprend aisément l'infériorité dans laquelle se trouve un être isolé lorsqu'il est incomplet à ce point de vue; aveugle, il peut tomber dans un trou; sourd, il n'entend pas venir son ennemi; dépourvu d'odorat, il ne sait plus trouver sa proie; privé de goût, il peut être empoisonné; ignorant les températures, il se brûlera sans s'en apercevoir, etc...

Réduit à ses moyens personnels (j'entends les moyens vraiment humains en les opposant aux moyens scientifiques dont je veux précisément faire ici l'étude; réduit à ses moyens personnels, dis-je, l'homme ne diffère pas essentiellement des autres animaux et nous devons penser que lui aussi sera incapable de suppléer complètement à l'absence totale d'un de ses organes des sens. Notre vision des formes nous renseigne sur la position et la forme des corps sans nous apprendre s'ils sont chauds, sonores ou pesants; notre ouïe nous fait connaître les sons sans nous indiquer la forme ou la température des corps sonores [1], etc...

En conséquence, nous ne devons pas croire que chaque sens nous procure une connaissance *complète* de l'activité du monde extérieur, autrement dit, que *toute* l'activité du monde extérieur qui intéresse l'homme peut lui être racontée indifféremment en langage acoustique, en langage optique, en langage olfactif, etc.: autrement dit encore, que les descriptions du monde ambiant dont nous sommes redevables à notre ouïe, notre vue, notre tact, etc., sont exactement superposables quoiqu'exprimées dans des langages entièrement différents, de même que la langue annamite et la langue chinoise donnent des expressions équivalentes d'une même page de caractères idéographiques. On peut traduire l'annamite en chinois au moyen d'un dictionnaire; de même, dans l'hypothèse dont je viens de signaler la fausseté, on aurait dû pouvoir traduire, complètement, au moyen d'une clef préétablie, le langage acoustique en langage optique ou thermique, et alors les diverses parties de la physique ne seraient que les narrations en langages variés d'un ensemble unique d'activités.

Mais cela n'est pas. Chaque sens nous procure, dans son langage spécial, la connaissance d'un certain canton de l'activité extérieure. Si ce canton était entièrement distinct de ceux au sujet desquels nous renseignent les autres sens, nous ne pourrions en aucune manière *superposer*, mais nous devrions au contraire *juxtaposer* les descriptions

---

1. Dans un drame symbolique, MAETERLINCK a dépeint l'horreur de la situation dans laquelle se trouve une société d'aveugles privés tout à coup de leurs compagnons clairvoyants.

du monde ambiant que nous fournissent notre vue, notre ouïe, notre tact, etc. Dans ces conditions, le mauvais fonctionnement d'un sens chez un individu ne saurait être compensé par l'acuité d'un autre sens. puisque les deux sens considérés le renseigneraient sur des parties entièrement distinctes de l'activité extérieure ; le son. la lumière. la chaleur seraient des *qualités* irréductibles du monde ambiant, et nous aurions acquis, au cours de l'évolution guidée par la sélection, des organes des sens répondant précisément à la connaissance de ces qualités. Si cela était vrai les organes des sens de toutes les espèces animales devraient, indépendamment de leurs acuités relatives, être exactement correspondants, puisque chacun d'eux serait précisément adéquat à une même qualité naturelle. On pourrait traduire le langage auditif de l'homme en langage auditif de chien, comme on traduit le chinois en annamite, mais il serait impossible de traduire le langage auditif de l'homme en langage optique de l'homme, puisque ces deux langues raconteraient des phénomènes n'ayant aucun rapport l'un avec l'autre.

Il me parait évident que nos ancêtres d'avant la science ne se sont même pas posé de question à ce sujet et ont naturellement cru à l'existence d'autant de *qualités* distinctes qu'ils percevaient de sensations différentes : ils n'ont donc pas songé à traduire l'une dans l'autre les diverses documentations qu'ils recueillaient, mais ils ont profité de leur organe phonateur pour traduire dans un langage unique. commun à tous. l'ensemble de ces connaissances diversement acquises. Ainsi s'est créé le *langage courant* qui s'est perpétué jusqu'à nous et qui est. au premier chef. le langage de la *qualité*. Ce qui importe à la narration humaine des choses. ce sont les qualités humaines des choses ; notre langage courant raconte les phénomènes au point de vue humain, à l'échelle humaine : c'est ainsi qu'il est compréhensible aux hommes et utile à leurs relations. Le langage articulé a été la première science, fort éloignée du monisme, il faut l'avouer, et dont la transmission jusqu'à nous est peut-être justement le plus grand obstacle à l'établissement du monisme scientifique.

En réalité, il me semble que, même si l'on se borne à l'usage brut de nos sens (sans aucun adjuvant permettant d'étendre leur champ d'activité, comme par exemple les instruments grossissants en optique), la vérité est entre les deux hypothèses de la *superposition totale* et de la *juxtaposition sans empiètement* des cantons d'activité de nos divers organes des sens.

Aucun de nos organes des sens ne nous permet de connaître toute l'activité extérieure que nous connaissons effectivement, mais les cantons de cette activité que nous fait connaître chacun de nos sens ne sont pas simplement juxtaposés; ils peuvent déborder partiellement les uns sur les autres; par exemple, si un verre à demi plein d'eau rend un son, je vois des ondulations se dessiner à la surface du liquide qu'il contient; ces ondulations cessent si le son cesse et recommencent quand il recommence; je puis donc, ayant fait cette remarque, connaître que le verre rend un son, même en me bouchant les oreilles et par le secours de mes yeux seuls; je pourrai même peut-être, par une étude attentive, savoir que telle figure des ondulations correspond à tel ou tel son. Nous avons aussi remarqué précédemment que cinq de nos sens externes nous renseignent sur la position des corps extérieurs par rapport à nous.

Nous devons donc penser que les divers cantons, précédemment définis, de l'activité extérieure, peuvent déborder les uns sur les autres. Et si cela est, voici ce qui en résulte immédiatement :

Si une région est commune à tous les cantons à la fois, la connaissance des phénomènes qui s'y passent peut nous être fournie complètement par n'importe lequel de nos sens externes ; toutes les descriptions de cette région que nous fournissent notre vue. notre ouïe, etc., sont exactement superposables et nous devons arriver à les traduire l'une dans l'autre.

Si une région est commune à deux cantons seulement, la connaissance des phénomènes qui s'y passent peut nous être fournie par deux de nos sens à l'exclusion de tous les autres.

Enfin, si une région est comprise dans un seul des cantons que nous venons de définir. son étude ne pourra être faite que par un seul de nos sens : un homme dépourvu de ce sens spécial ne saurait aucunement être renseigné sur un phénomène de cette région.

CHAPITRE IV

Si nous nous proposons d'effectuer la délimitation des cantons de l'activité extérieure qui sont justiciables de chacun de nos sens, et si nous voulons que cette délimitation ait une valeur spécifique, ne soit pas particulière à un seul individu, il faudra évidemment que nous ayons attribué à chaque sens la plus grande acuité dont il est susceptible : le canton devra en effet être tracé d'après la *qualité* correspondante de l'activité extérieure et non d'après la perfection plus ou moins grande de l'instrument récepteur ; tout phénomène rapporté au canton de l'ouïe, par exemple, sera donc, non pas un phénomène que n'importe quel homme pourra connaître directement au moyen de son organe auditif (il y a des gens qui ont l'oreille dure), mais bien un phénomène dont la connaissance est du ressort de l'organe auditif. Cette définition élargie autorise donc l'emploi de n'importe quel appareil perfectionné pour l'étude des faits, et l'on dira qu'un phénomène est du ressort de l'ouïe quand, grâce à l'interposition d'un appareil convenable, ce phénomène pourra être entièrement connu de l'homme par l'intermédiaire de l'organe auditif. Et en effet, si l'on s'en rapporte à ce que les scolastiques entendent par *qualité*, il est évident qu'un appareil purement physique ne saurait changer la qualité d'un phénomène et que l'ouïe ne pourra jamais faire connaître un phénomène dont la nature diffère *essentiellement* des phénomènes accessibles à l'ouïe.

Et cependant, voyez où cela nous mène ! M. MANEUVRIER,

ayant constaté une relation entre la proportion d'eau ajoutée à un vin naturel et la résistance électrique du mélange, a construit un appareil grâce auquel il détermine le mouillage des vins par le téléphone! C'est en appliquant *l'oreille* à l'appareil que l'on connaît la fraude. Voilà donc une particularité qui semblait être uniquement du ressort du goût et qui est connue par l'ouïe. Cette connaissance est indirecte, c'est vrai, mais elle suffit à montrer qu'il n'y a pas d'abîme entre les qualités de la matière que connaît le goût et celles que connaît l'ouïe. Puisque les variations quantitatives d'un mélange modifient sa résistance électrique, c'est qu'il n'y a pas indépendance des phénomènes électriques et des phénomènes chimiques; puisque le son se transmet par un courant électrique c'est que les phénomènes sonores ne diffèrent pas essentiellement des phénomènes électriques.

Ce raisonnement ne manquera pas de choquer bien des philosophes; c'est, me dira-t-on, comme si vous raisonniez de la manière suivante : « La pensée de l'homme se transmet à l'homme par la parole, donc par l'ouïe et par conséquent il n'y a pas d'abîme entre la pensée et le son! » J'avoue que je suis en effet de cet avis et que je trouve ce raisonnement excellent, de même que la possibilité de tuer un homme d'un coup d'épée m'empêche de croire qu'il y ait entre la vie et un coup d'épée une différence essentielle: pour le moment, néanmoins, et afin d'éviter avant l'heure les considérations relatives à l'intelligence humaine capable d'apprécier des qualités différentes (?) et d'établir par suite un lien surnaturel (?) entre ces qualités, je spécifierai, pour la détermination des limites de chaque canton, que j'admets seulement *des appareils de physique* entre les phénomènes observés et l'organe des sens observateur; et cela rassurera provisoirement ceux qui veulent croire que l'homme diffère essentiellement d'un appareil de physique ..

Donc, au moyen de l'appareil de M. Maneuvrier, je puis lire, avec mon oreille, le mouillage des vins ; de même, par l'intermédiaire d'un thermomètre, je puis lire, avec mes yeux, la température d'un corps, qualité qui ne semblait justiciable que du sens des températures, etc... Ainsi, grâce à des perfectionnements qu'a imaginés l'industrie humaine, le canton réservé aux investigations d'un sens déborde de plus en plus, empiète sans cesse davantage sur les cantons voisins. Il ne faudrait pas croire pour cela que, comme nous le supposions tout à l'heure, chaque sens nous donne une connaissance *complète* de l'activité du monde extérieur ; les perfectionnements dus à la science ont réussi à élargir le domaine de chacun d'eux, mais, pour quelques-uns d'entre eux, au moins dans l'espèce humaine, ce domaine reste néanmoins bien restreint ; par exemple, le goût et l'ouïe nous donnent des phénomènes qui nous entourent une connaissance très peu étendue. Dans un conte breton qu'on me disait dans mon enfance, il était question comme d'une merveille incroyable, d'un héros qui entendait le blé germer !

Le sens de la vue, au contraire, empiète très largement sur les domaines de tous les autres et, de jour en jour, son efficacité s'accroît par l'invention d'appareils perfectionnés ; on peut même se demander s'il n'arrivera pas plus tard à nous donner une connaissance complète des phénomènes qui intéressent la conservation de notre existence, c'est-à-dire si le canton optique ne recouvrira pas totalement les cantons acoustique, olfactif, gustatif, thermique, etc... Je laisse de côté le sens du toucher qui paraît devoir être indispensable aux manifestations vitales. C'est pour cela que je disais, un peu plus haut, qu'un homme pourrait peut-être vivre, dans l'état actuel de la civilisation, avec des sens réduits à la vue et au toucher. Il éviterait de se brûler en constatant avec un thermomètre la température des corps avant de les approcher : il aurait bien des chances de s'empoisonner n'ayant ni goût, ni odorat, mais combien de gens doués de goût et d'odorat s'empoisonnent sans s'en apercevoir...

Supposons pour un instant que le canton optique arrive à recouvrir tous les autres ; alors, pour tous les phénomènes qui sont du ressort de ces derniers cantons, nous aurions deux modes distincts de connaissance ; l'un d'eux ferait usage du langage propre au sens correspondant, l'autre, par le moyen d'instruments convenables, nous donnerait en langage optique une description également complète du phénomène. Le phonographe nous fournit de ce cas spécial un exemple fort clair. Un son quelconque se produit près de nous en présence dudit appareil. Nous entendons ce son par notre oreille, c'est-à-dire que nous en avons une connaissance complète dans le langage auditif. En même temps, sur le cylindre tournant du phonographe s'inscrit une ligne sinueuse qui est la traduction du phénomène sonore et que nous lisons en langage optique. Que cette traduction soit complète, nous nous en assurons en faisant fonctionner le phonographe en sens inverse ; il traduit à son tour la ligne sinueuse en un son identique au premier et que nous percevons dans le langage auditif. Nous connaissons donc le phénomène extérieur dans deux langages différents et nous avons un *dictionnaire*, le phonographe, qui nous permet de traduire la première narration dans la seconde et réciproquement.

Je ne vois pas de raison pour refuser d'admettre la *possibilité* de l'extension à tous les phénomènes, de l'étude optique *directe* ; dans tous les cas, cette extension n'est pas encore réalisée, il s'en faut. Mais, sans prévoir même qu'elle se complète jamais, nous pouvons dès maintenant constater l'avantage qui résulte pour nous du fait que certaines régions des autres cantons sensoriels sont déjà recouvertes par le canton optique. Pour toute l'étendue du canton optique, en effet, les phénomènes viennent à notre connaissance dans un même langage, le langage optique ; et ceci est vrai aussi bien des régions qui sont du domaine purement optique que de celles où le domaine optique recouvre des portions des autres cantons sensoriels ; nous pouvons alors comparer entre eux, dans une même langue, des phénomènes dont nous avons, par le moyen de nos yeux, une connaissance *du même ordre*, quoique connaissant aussi, dans un autre langage, ceux de ces phénomènes qui appartiennent en même temps au canton optique et à un autre canton.

Au contraire pour les phénomènes qui appartiennent *uniquement* à un des autres cantons sensoriels, notre connaissance se réduit à une narration unique, chaque phénomène étant raconté pour son compte dans le langage du canton auquel il appartient ; et ces langages disparates ne permettent aucune comparaison entre ces phénomènes, ni aucune comparaison de l'un deux avec un phénomène optique. Quel rapport établirez-vous, par exemple, entre l'amertume de la quinine, l'odeur du musc et la forme d'une circonférence ? Voilà trois mots de trois langages différents, langages disparates et entre lesquels il n'existe pas de dictionnaires ; nous serions bien plus satisfaits si nous savions traduire les deux premiers dans le langage optique ; employer l'œil pour étudier le son (et on y est pleinement arrivé par les méthodes graphiques), voilà de la bonne science !

CHAPITRE V

LES SCIENCES CANTONALES

Les phénomènes que nous ne connaissons qu'au moyen d'un seul sens, nous ne pouvons songer à les comparer à des phénomènes autres que ceux du même canton sensoriel; il y a donc autant de petites sciences distinctes qu'il y a de cantons réellement isolés et ces sciences distinctes doivent avoir leurs moyens propres et leur langage propre. Un ouvrier qui accorde un piano en comparant les sons de ses cordes à ceux d'un diapason ou d'un autre piano exploite une de ces sciences distinctes et se sert des moyens propres à cette science; de même un maître de chais qui goûte un vin pour déterminer son cru. Encore ces deux exemples ne nous donnent-ils pas une idée très parfaite de sciences vraiment distinctes, car l'accordeur pourrait obtenir son résultat en comptant les vibrations des cordes au moyen d'une méthode optique d'enregistrement; le maître de chais pourrait, quoique plus difficilement, faire l'analyse chimique de son vin: mais, il y a cent ans, avant les progrès de l'acoustique et de la chimie, nos exemples eussent paru tout à fait convenables.

Lorsque l'on veut raconter en langage courant les phénomènes qui ressortissent à ces sciences distinctes on est même souvent fort embarrassé: pour raconter les phénomènes chimiques étudiés au moyen de notre seul sens des températures, on doit se borner à dire qu'un corps paraît plus chaud ou plus froid qu'un autre; pour raconter les phénomènes gustatifs ou olfactifs on est encore plus limité ; quand on a dit qu'un corps est âcre, amer, acide, sucré ou salé, on a à peu près épuisé le vocabulaire gustatif, et les mesures du degré d'acidité ou de salure sont d'une précision qui laisse beaucoup à désirer ; on se borne généralement à établir une nomenclature de goûts ou d'odeurs de corps familiers et l'on rapproche de ces goûts et de ces odeurs, préalablement catalogués dans la mémoire de chacun, le goût ou l'odeur que l'on découvre dans l'objet de l'observation.

Il n'y a donc pas, à proprement parler, de langage courant de la température du goût et de l'odeur. Il y en a au contraire un pour le son, et ce langage très précis se suffit à lui-même ; il peut se passer de rien emprunter au langage de la vision, car il a été créé avant que l'on sût faire l'étude optique des sons par les instruments enregistreurs ; cela est tellement vrai que ce langage a même une écriture spéciale ; on apprend aux jeunes gens le langage et l'écriture de la *musique*, langage et écriture entièrement différents du langage et de l'écriture de la partie correspondante de la physique, la science *acoustique*, qui a pour but d'analyser les sons au moyen d'appareils empruntant le secours de sens *autres* que l'ouïe. En langage musical on dira : ce son est le *la* de tel octave ; en langage acoustique on dira : ce son a tant de vibrations à la seconde, et on pourra même l'inscrire avec toutes ses qualités, sous forme d'une ligne sinueuse sur un cylindre enregistreur.

Ces deux langages sont exactement équivalents ; l'un d'eux est plus complet que l'autre ; par exemple n'importe quel bruit sera justiciable de l'analyse acoustique et pourra être reproduit par un phonographe, tandis qu'il sera impossible de le définir en langage musical. Le langage musical est limité à un certain nombre de sons choisis par les hommes d'après le plaisir qu'ils trouvaient à les entendre, et ayant par conséquent un rapport indéniable avec la nature humaine; notre gamme fait hurler les chiens.

Cette science cantonnée dans les moyens spéciaux à un organe des sens, s'appelle un art ; un traité d'orchestration est un livre de science spéciale ou d'art musical : ce qui importe dans cet art c'est la sensation humaine qui accompagne l'audition des sons; au contraire la science acoustique, quoique se préoccupant de l'étude des phénomènes extérieurs dont la connaissance vient normalement à l'homme par l'oreille, analyse ces phénomènes sans savoir si leur audition est agréable ou désagréable : un sourd peut faire de l'acoustique. De même le traité de l'*Orchestration des couleurs*, que vient de publier mon ami JEAN D'UDINE [1], est un ouvrage de science spéciale ou

1. Paris, Joanin, 1903. Le livre de Jean d'Udine a pour but de donner une langue à la chromatesthétique : cette langue est naturellement indépendante des conquêtes de l'optique chromatique, de même que la langue musicale est indépendante des conquêtes de l'acoustique : toute la chromatesthétique pourrait s'étudier sans qu'on sût que les diverses radiations simples du spectre ont des longueurs d'ondes différentes.

L'auteur a dû donner un certain nombre de définitions ; il a choisi, parmi les *qualités* des sensations colorées celles qui sont indispensables à leur description ; ce sont : 1° la *hauteur* ou *degré* ; 2° la *teinte* ; 3° la *puissance chromatique substantielle* ; 4° la *puissance chromatique de teinte* ; 5° la *puissance chromatique de hauteur* ; 6° la *puissance chromatique d'éclairage*.

Je ne reproduis que les définitions des deux premières :

La *hauteur* ou *degré* est l'élément chromatique qui permet de distinguer les uns des autres les divers états d'une ou de plusieurs couleurs, en faisant paraître ces couleurs plus claires ou plus foncées les unes que les autres. (Cette définition nous prouve que la langue chromatesthétique existait déjà partiellement, puisque l'auteur lui emprunte les mots *clair* et *foncé* qui se comprennent suffisamment.)

La *teinte* est l'élément chromatique qui permet de distinguer les unes des autres plusieurs couleurs, alors même qu'elles sont de hauteurs égales et d'égales puissances substantielles.

Ces définitions posées, il s'agit de décrire une couleur avec des termes précis et peu nombreux, de manière à ce qu'elle puisse être reproduite ensuite au moyen des documents fournis. Jean d'Udine établit à cet effet, des *gammes* conventionnelles résultant des mélanges en proportions connues de couleurs fondamentales. Il étudie successivement les *gammes de hauteurs* et les *gammes de teintes*.

En établissant ses gammes de hauteurs et de teintes, l'auteur a conventionnellement divisé en parties égales l'intervalle qui sépare les deux termes extrêmes de chaque gamme : c'est-à-dire que, par exemple, pour les gris, il a établi, du blanc au noir, vingt-trois échelons *équidistants*. Pour d'art chromatique; il s'occupe de la sensation humaine de couleur et non du nombre de vibrations de la lumière rouge ou de son indice de réfraction dans le flint-glass. L'intérêt du livre de Jean d'Udine est justement la création d'une langue précise de la couleur copiée sur la langue de la musique, et qui sera à l'étude du spectre ce que la langue musicale est à l'acoustique, ce que la cuisine est à la chimie!

Voilà deux exemples de ce que l'on pourrait appeler des *langues cantonales;* par le rôle prépondérant qu'elles attribuent à l'agrément des sensations humaines, elles ont, malgré leur précision, quelque chose de subjectif et de contingent; c'est pour cela que l'on doit dire qu'elles traitent de sciences cantonales ou d'arts; elles existeraient telles qu'elles sont, même si le canton optique n'avait pas empiété de plus en plus sur les cantons acoustique et chromatique, au point même de les recouvrir entièrement et de permettre aujourd'hui l'étude complète du son ou de la couleur au moyen du sens de la vision des formes. Cet empiètement progressif du canton optique sur tous les autres cantons sensoriels présente le grand avantage de permettre de raconter dans un langage unique et de soumettre à de communes mesures des phénomènes

---

ma part, je n'y vois pas d'inconvénient je l'avoue, parce que je n'ai pas une sensibilité chromatesthétique bien développée, mais je me demande si des individus mieux doués que moi à ce point de vue ne trouveraient pas choquante cette division arbitraire suivant une loi arithmétique. De même que, si l'on avait divisé en parties *égales* l'intervalle d'un octave pour faire les notes de la gamme, on aurait obtenu une cacophonie épouvantable, je me demande si la division arbitraire des gammes de Jean d'Udine ne donnera pas à certains privilégiés, l'impression d'une *cacochromie* désagréable. Il n'y a aucune raison pour que le sens *chromatesthétique* s'accommode plutôt que le sens musical d'une graduation qui tire son origine de considérations mathématiques étrangères à la *chromatesthétique.* Existe-t-il un homme assez bien doué pour établir une gamme chromatesthétique basée sur des sensations choisies comme plus agréables ? En tout cas ce n'est pas moi et je parle ici comme un aveugle des couleurs; Jean d'Udine me pardonnera donc cette remarque qui lui prouve que son beau livre pose, comme il s'y attendait, des problèmes intéressant les psycho-physiciens.

qui semblaient entièrement distincts; de plus, les mesures optiques sont susceptibles de bien plus de précision que les mesures chromatiques, musicales, olfactives, gustatives, thermiques, etc... Enfin, le langage de la vision des formes est celui qui s'applique directement au plus grand nombre des faits extérieurs connus; on peut presque dire que le langage scientifique n'est autre chose que le langage optique et que nous n'avons une idée claire des phénomènes, que quand ils se traduisent pour nous en langage optique. Aussi allons-nous voir que l'histoire de l'empiètement progressif du canton optique sur les autres cantons sensoriels peut être considérée comme l'histoire du progrès de la science.

CHAPITRE VI

LE MONISME

J'ai tenu à exposer le plus simplement possible les considérations précédentes et c'est pour cela que j'ai parlé sans cesse et uniquement du domaine de la *vision des formes*. En réalité, l'homme se sert à la fois de ses mains et de ses yeux pour étudier les phénomènes extérieurs, et les mesures qu'il fait au moyen de ces deux organes différents s'expriment dans un langage unique, qui est le langage mathématique; à force de se servir à la fois de sa vue et de son toucher, l'homme est arrivé à avoir, par la coordination de ces deux instruments, une notion unique des choses; nous avons d'ailleurs remarqué précédemment qu'il n'y a aucune disparité entre les documents que nous recueillons, par l'intermédiaire de sens différents, relativement à la position des objets par rapport à nous. La documentation par le tact *s'ajoute donc* (à ce point de vue et à ce point de vue seul), à la documentation par l'œil, seulement la documentation par le tact est limitée aux corps qui nous touchent tandis que la documentation par l'œil, moins précise en ce qui concerne le contact des corps étrangers avec le nôtre, a un domaine beaucoup plus vaste. Il est indéniable que le rôle de la vue a été de beaucoup le plus important en astronomie, par exemple, mais les mains sont aussi bien commodes, il faut le reconnaître, pour manier les alidades des sextants !

Je n'ai pas à étudier ici la physiologie des organes des sens et je ne prolongerai pas une discussion stérile sur le rôle de la main ou de l'œil dans la mesure des éléments des grandeurs; constatons seulement qu'il existe un langage très précis, le langage mathématique, qui permet de parler de ces grandeurs avec clarté; je continuerai à désigner en abrégé, sous le nom de canton optique, ou canton de la vision des formes, le domaine dont l'activité est directement justiciable de mesures relatives uniquement aux positions des objets extérieurs.

Nous devons prévoir immédiatement que le langage mathématique qui est le langage du canton sensoriel de la vision des formes ne sera pas applicable aux phénomènes des autres cantons sensoriels, ou, du moins, a ceux de ces phénomènes auxquels ne s'étend pas le canton optique. Et, même pour les parties communes au canton optique et à un autre canton sensoriel, la narration ne pourra se faire en langage mathématique que tant que les phénomènes auront été étudiés par des procédés optiques. Voici un exemple qui fera bien comprendre ce que je veux dire : Le canton acoustique, par exemple, est aujourd'hui entièrement recouvert par le canton optique, mais il a conservé sa langue propre, la langue musicale, qui se suffit à elle-même. Eh bien ! tant que l'on se sert de la langue musicale et des procédés musicaux, il est absolument illogique de vouloir y introduire l'appareil mathématique; le langage précis de la musique est, si l'on veut appliquer le mot mathématique à tout ce qui est précis, une mathématique *autre* que celle des phénomènes étudiés par l'œil, une mathématique dans laquelle il n'est plus question d'addition ou de multiplication, mais d'intervalles et d'accords. C'est seulement aux phénomènes sonores étudiés, par le moyen de l'œil, comme de simples phénomènes de mouvement et indépendamment de leur valeur musicale, que peut s'appliquer le langage mathématique proprement dit. Je considère donc à priori comme illogique l'énoncé même de la loi de FECHNER[1] qui a prétendu établir une relation logarithmique, c'est-à-dire une relation *en langage mathématique du canton visuel*, entre les excitations et les sensations d'un canton sensoriel quelconque. Nous utiliserons cette remarque à propos de la définition des *forces*.

Ces considérations montrent de quelle importance est, pour l'homme, l'extension progressive du canton optique. C'est dans ce canton que sont localisés les plus nombreux des phénomènes intéressant l'homme; c'est aux phénomènes de ce canton que son étude s'est attachée avec le plus de soin, c'est dans ce canton qu'est née la science, avec son langage spécial, le langage mathématique. En énonçant le postulatum suivant : « Il n'y a de science proprement dite dans les sciences physiques que ce qui s'y trouve de mathématique », Kant a précisément affirmé que l'extension du canton optique est le critérium du progrès de la science.

Dans tous les traités de physique, on étudie séparément l'équilibre et le mouvement des corps pesants, la chaleur, l'acoustique, l'optique, l'électricité; une telle division de l'ouvrage fait naturellement naître dans le cerveau des commençants, l'idée instinctive que les divers objets de ces chapitres sont essentiellement différents les uns des autres, et cela serait vrai en effet si l'on ne pouvait les aborder que dans la langue cantonale correspondante. Aussi les étudiants doivent-ils s'étonner quand on leur parle ensuite d'une *physique mathématique*, c'est-à-dire de la narration dans une langue unique de tous ces phénomènes dissemblables. Cette langue unique ne peut être que celle du canton visuel, parce qu'elle s'applique immé-

---

1. Les esthésimètres dont on parle tant aujourd'hui me font penser au *soulomètre* imaginaire au moyen duquel le « Normand » de Maupassant appréciait en centièmes son degré d'ivresse.

diatement à la grande majorité des phénomènes extérieurs; l'extension de cette langue à toute l'activité de
l'univers connu de l'homme. c'est la *mécanique générale*.
Le besoin d'unification de la langue descriptive des choses.
la nécessité de cette unification pour l'introduction de
communes mesures dans l'analyse des divers phénomènes, expliquent la tendance naturelle de l'homme au
MONISME. C'est pour cela aussi que la théorie atomique
qui donne, de tous les phénomènes connus, des *modèles*
empruntés au canton visuel, a immédiatement séduit les
imaginations humaines. Et ce qu'il y a de tout à fait
curieux, c'est que les ennemis de l'atomisme, ceux qui
s'acharnent à montrer les erreurs inévitables dans lesquelles on est tombé chaque fois qu'on a voulu donner à
priori trop de précision aux *modèles* atomiques des phénomènes, ceux qui veulent ressusciter la vieille physique
de la qualité, sont. sans s'en apercevoir, d'enragés
monistes; car mettre. dans les *mêmes* équations, de la
chaleur et du mouvement, et admettre, par conséquent, une
compensation entre des *qualités* si essentiellement distinctes, c'est accorder précisément qu'elles ne sont pas
distinctes; c'est prouver que, si l'on n'est pas arrivé encore
à des modèles définitifs expliquant les qualités par des
mouvements, on y arrivera forcément un jour, et que l'on
a le droit, en attendant, de n'admettre aucune différence
qualitative essentielle entre de la chaleur et du mouvement qui se compensent l'un par l'autre.

LIVRE II

LES SCIENCES DU CANTON OPTIQUE

CHAPITRE VII

ARITHMÉTIQUE, GÉOMÉTRIE ET MÉCANIQUE

J'ai l'intention de passer brièvement en revue les différentes sciences humaines et de montrer comment l'extension progressive du canton optique a rendu de plus en plus inconsistante la notion primitive de qualité. Je dois donc commencer par l'étude des sciences qui ressortissent uniquement au canton optique.

Ces sciences se divisent immédiatement en deux catégories, suivant qu'elles font appel ou non, en même temps qu'au sens externe de la vision des formes, à un autre sens que nous avons appelé le *sens de la durée*. Je ne m'attarderai pas à des considérations stériles sur la nature du temps; je me bornerai à constater que nous en avons la sensation plus ou moins précise. Tous les phénomènes que l'homme connaît, et le phénomène même par lequel l'homme connaît, sont dans le temps; la parole humaine est dans le temps; il nous est donc impossible de parler du temps autrement que comme d'une notion irréductible.

Les premières sciences du canton optique sont donc celles qui n'exploitent pas la sensation de durée, mais l'objet de ces sciences n'est pas pour cela en dehors du temps. Nous voyons en un instant la forme d'un objet;

nous pouvons même avoir cette vision en un temps extrêmement court comme le prouve l'observation d'un corps
éclairé subitement au milieu de l'obscurité par une étincelle électrique. La durée de l'éclairement ainsi obtenu
est tellement petite que notre sens de la durée ne conçoit
pas de durée plus courte, et il y a en effet une limite
inférieure au-dessous de laquelle notre sens de la durée
ne nous fait plus connaître de durée ; nous ne pouvons
donc pas parler, *en langage humain,* des intervalles plus
courts que cette limite, mais nous pourrons le faire
plus tard en langage scientifique ; nous parlerons, par
exemple, de la durée d'une vibration lumineuse qui est
d'un sept cent trillionième de seconde, et nous dirons
qu'une observation suffisamment courte du monde extérieur ne nous le ferait pas voir, puisque c'est la vibration lumineuse qui nous procure la vision ; nous pourrons dire en un mot, qu'il n'y a pas de vision, de
connaissance *extemporanée* des phénomènes ; mais ceci
est du langage scientifique, ce n'est plus du langage
humain : l'intervalle le plus court que puisse connaître
un animal vivant est celui qui lui est nécessaire pour
prendre conscience de sa propre existence ; parler de
durée, quand il s'agit d'intervalles plus courts, n'est plus
humain.

Lors donc que nous parlerons de corps au repos, il
s'agira de corps qui nous paraissent au repos, de corps qui
sont tels par rapport à nous, pendant un laps donné de
temps, que la connaissance que nous en prenons ne dépend
pas de la durée de notre observation. Tels sont, par
exemple, les objets solides qui sont répartis autour de
moi sur ma table de travail ; si je veux les étudier au point
de vue des discontinuités qui séparent chacun d'eux de
ses voisins, je ferai de la numération, de l'arithmétique ;
si au contraire j'étudie la forme de chacun d'eux, si je
mesure ses dimensions, je ferai de la géométrie. L'arithmé-

tique et la géométrie se trouvent être ainsi les deux premières parties de la physique; comme je puis faire leur étude sans me préoccuper de la couleur, de l'odeur, de la température des corps observés, je suis bien dans le canton de la vision des formes; l'arithmétique et la géométrie sont donc bien des sciences du canton optique qui n'exploitent pas la sensation de durée.

L'optique géométrique peut paraître aussi, à première vue, entrer dans la même catégorie; voilà par exemple, ma lampe avec son abat-jour et d'autre part le bouchon de mon encrier de cristal qui projette sur le tapis de la table leur image déformée, tout cela est fixe et peut être décrit géométriquement, mais si mon encrier, tout en conservant sa forme et sa place, se trouvait transformé en un encrier identique *d'une autre composition chimique*, le phénomène optique ne serait plus le même. Ce qu'on appelle en général *la physique*, c'est précisément l'étude de phénomènes qui diffèrent, chez les différents corps, d'après la nature chimique des corps; c'est pourquoi l'optique géométrique est de la physique et non de la mathématique. C'est par la chimie que la physique diffère essentiellement de la mathématique [1].

On range généralement, dans les mathématiques, à côté de l'arithmétique et de la géométrie, la science du canton optique qui exploite, outre le sens de la vision des formes, le sens de la durée. La mécanique est la science du mouvement des corps, mais il est bien rare que le mouvement des corps qui nous entourent ne s'accompagne pas de phénomènes accessoires appartenant à un canton sensoriel étranger, comme des dégagements de

---

1. Présentée sous cette forme, cette affirmation ne manquera pas de sembler paradoxale. On a même l'habitude dans les traités de chimie, d'appeler propriétés *physiques* des corps leur densité, leur point d'ébullition, etc. Il suffira de réfléchir un instant pour s'apercevoir que ce sont là des qualités d'ordre chimique. Le mot propriété est inséparable du mot chimique, sauf quand il s'agit de forme.

chaleur, ou d'électricité, ou de son. L'étude complète de ces manifestations de l'activité extérieure n'est donc pas en général indépendante des propriétés chimiques des corps étudiés. Pour que la mécanique mérite d'être appelée une science mathématique, il faut limiter son domaine aux phénomènes de mouvement qui ne s'accompagnent pas de manifestations physiques, et cela ne se réalise rigoureusement que dans la mécanique céleste...

Même limitée avec cette rigueur, la mécanique diffère encore de toutes les sciences mathématiques par l'introduction, dans les phénomènes dont elle s'occupe, d'une propriété variable avec les divers corps, d'une propriété inhérente à la nature de chaque corps, la *masse*. Ce n'est pas encore tout à fait de la chimie, si l'on veut, mais cela s'en rapproche bien[1]! On pourrait dire que c'est de la chimie statique. Seulement la masse peut être mesurée par des méthodes appartenant uniquement au canton optique, et aussi directement que par n'importe quel autre moyen, et, grâce à cette particularité, la mécanique reste, en toute rigueur, une science du canton de la vision des formes.

Nous verrons plus tard comment cette mécanique se généralise par suite de l'extension du canton optique qui arrive à couvrir tout ou partie des autres cantons sensoriels, mais pour le moment nous parlons de mécanique pure et simple et non de *mécanique générale*.

* *

Une des particularités les plus remarquables des sciences du canton de la vision des formes, c'est que, avec très peu de données empruntées directement à l'ex-

---

1. Je le répète, le mot propriété me paraît inséparable du mot chimique. Si la chimie est l'étude des changements qui surviennent dans les propriétés des corps, il me semble que ces propriétés ne peuvent être que du domaine de la chimie.

périence, le cerveau humain peut prévoir dans ces sciences un très grand nombre de faits, au moyen de ce qu'on appelle des raisonnements mathématiques. Cela est même tellement frappant que certains savants ont été amenés à considérer les sciences mathématiques comme étant, tout entières, un produit de l'esprit. En réalité, pour un biologiste qui réfléchit à l'origine évolutive de notre cerveau, il n'y aurait rien d'étonnant à ce que toutes les lois de l'arithmétique ou de la géométrie fussent définitivement fixées dans notre hérédité, par suite d'une expérience ancestrale prolongée très longtemps dans les mêmes conditions. La question se poserait donc de savoir quels sont, parmi les éléments des sciences mathématiques, ceux qui doivent être acquis par chacun de nous au moyen de l'expérience individuelle et ceux qui sont innés en nous parce qu'il ont été fixés dans notre hérédité par l'expérience ancestrale. Ainsi énoncé, le problème peut éveiller la curiosité, mais uniquement la curiosité. Il n'en est plus de même quand un spiritualiste, considérant l'esprit humain comme une entité indépendante du monde matériel, refuse d'admettre, pour les mathématiques, une base expérimentale si minime qu'elle soit ; alors, en effet, l'on est amené à se demander avec une réelle angoisse si toute notre science n'est pas de pure fantaisie ; cela crée un état d'esprit analogue à celui des philosophes qui doutaient autrefois de la réalité du monde extérieur ; nous avons vu comment la théorie de l'évolution réduit à néant cette chimérique inquiétude : je vais essayer de montrer comment la même théorie nous rassure sur la valeur définitive des mathématiques et de toute la science humaine.

CHAPITRE VIII

L'EXPÉRIENCE INDIVIDUELLE ET L'EXPÉRIENCE ANCESTRALE EN ARITHMÉTIQUE ET EN GÉOMÉTRIE[1]

Sur la route de Lannion à Trégastel, au petit village de Guaradur en Pleumeur-Bodou, il existe une pierre de forme assez irrégulière et qui ne mériterait pas de retenir l'attention si la crédulité populaire ne l'avait dotée d'une légende : on l'appelle *min bé roué Gralon*, ce qui veut dire « la pierre tombale du roi Gralon », et la fantaisie d'un tailleur de pierres l'a décorée d'un assez grand nombre de petites croix sculptées en creux et disposées sans aucune régularité. Ces croix, évidemment récentes, n'ont aucune valeur archéologique, mais les gens du pays affirment qu'il est impossible de les compter, ou, du moins, si l'on s'y essaie, d'arriver deux fois de suite au même nombre.

Dans ce pays où, grâce à l'ignorance générale, le surnaturel particulier court les chemins, on doit s'attendre à rencontrer des miracles de toutes sortes ; celui-ci présente néanmoins un intérêt spécial parce qu'il prouve, que des gens n'ayant jamais étudié les sciences voient une véritable diablerie dans une exception aux lois de l'arithmétique.

Si l'on met sur une table une quantité quelconque d'objets solides et distincts, on *sait* que le nombre de ces objets sera déterminé indépendamment de la manière dont on s'y prendra pour les compter. Cette certitude est

1. *Revue philosophique*, 1ᵉʳ janvier 1904.

le résultat d'une expérience tellement ancienne dans l'histoire de notre espèce, qu'elle n'a plus besoin d'être vérifiée à nouveau expérimentalement pour s'affirmer à notre *logique*, et je pensais à la pierre ensorcelée de Guaradur en lisant le chapitre de M. Poincaré[1] « sur la nature du raisonnement mathématique ».

Pour étudier la possibilité d'une *démonstration* des propriétés de l'addition, l'illustre géomètre commence en ces termes : « Je suppose qu'on ait défini préalablement l'opération $x + 1$, qui consiste à ajouter le nombre 1 à un nombre donné x » (*op. cit.*, p. 15). Si le nombre x dont il parle était le nombre des croix de la tombe du roi Gralon, l'opération $x + 1$ serait difficile à définir, si au contraire le nombre x d'une quantité *quelconque* d'objets donnés est forcément le même quelle que soit la manière dont on répartit les objets pour les compter, cela seul démontre évidemment les propriétés d'*associativité* :

$$a + (b + c) = (a + b) + c,$$

et de *commutativité* :

$$a + b = b + a,$$

puisque, si l'une quelconque de ces deux propriétés était controuvée, cela renouvellerait le miracle de Guaradur. Du moment, donc, qu'on s'accorde le droit de parler d'un *nombre donné* comme d'une chose qui a un sens précis, il devient ensuite superflu de démontrer les lois de l'addition.

Et cependant, les raisonnements de M. Poincaré ont un intérêt capital, mais ce n'est pas parce qu'ils nous prouvent la légitimité des opérations ordinaires de l'addition; la légitimité de ces opérations est démontrée par une expérience sans cesse renouvelée et seuls ceux qui croient à l'essence divine de l'esprit humain peuvent éprouver l'impression qu'une vérité expérimentalement établie prend plus de certitude quand elle a été retrouvée par un raisonnement : « L'induction mathématique, dit M. POINCARÉ, c'est-à-dire la démonstration par récurrence, s'impose nécessairement, parce qu'elle n'est que l'affirmation d'une propriété de l'esprit lui-même. » (*Op. cit.*, p. 24.) Les mathématiciens ont l'habitude de parler de l'esprit comme d'un outil d'essence supérieure et dont le fonctionnement est, *a priori*, impeccable, pourvu qu'on s'en serve congrûment.

Les biologistes au contraire, convaincus que l'esprit de l'homme est, comme tous les autres mécanismes de son individu, le résultat d'un perfectionnement évolutif, ne sauraient attribuer à la logique une valeur absolue.

Je répète à ce sujet ce que j'ai déjà dit précédemment (livre I, chap. I) : « L'instinct est, dit ROMANES, un mécanisme adapté, antérieur à l'expérience individuelle. » J'ajoute immédiatement : « mais postérieur à l'expérience ancestrale et provenant de cette expérience ancestrale grâce à l'hérédité des caractères acquis. » La logique est l'instinct par excellence ; c'est le *résumé* héréditaire de l'expérience ancestrale, la quintessence de cette expérience prolongée pendant des milliers de siècles au cours desquels nos ancêtres se sont *frottés au monde extérieur*. Il est donc infiniment probable, grâce au rôle sans cesse actif de la *sélection naturelle*, que notre logique est adéquate à l'ensemble des phénomènes qui ont pu retentir sur la vie de nos ancêtres. mais il n'est pas mauvais, néanmoins, que nous en vérifiions la valeur, avant de nous en servir, dans chaque cas particulier. parce que nous ne savons pas *a priori* quels sont exactement les phénomènes auxquels l'espèce humaine s'est frottée assez longtemps pour en avoir une expérience définitive. C'est précisément cette vérification que M. POINCARÉ a faite avec le plus grand soin dans le premier chapitre de *la science et l'hypothèse*. Je ne conclurai donc pas avec lui que « la démonstration par récurrence s'impose nécessairement parce qu'elle n'est

que l'affirmation d'une propriété de l'esprit lui-même »
mais bien que, la démonstration par récurrence, qui est
l'application de l'esprit au problème de l'addition ou de la
multiplication, conduisant à des résultats conformes à ceux
que nous fournit l'expérience, cette partie de notre logique
est bonne.

Cette manière de raisonner ne manquera pas d'étonner
bien des gens. Elle est cependant tout à fait indispensable
si l'on se pose les questions par lesquelles M. POINCARÉ
commence le premier chapitre de son livre : « La possibilité même de la science mathématique semble une contradiction insoluble. Si cette science n'est déductive qu'en
apparence, d'où lui vient cette parfaite rigueur que personne ne songe à mettre en doute? Si, au contraire,
toutes les propositions qu'elle énonce peuvent se tirer les
unes des autres par les règles de la logique formelle,
comment la mathématique ne se réduit-elle pas à une
immense tautologie? » Si nous considérons la logique
comme un instinct acquis au cours de l'évolution spécifique, le problème si souvent posé, de savoir quelle est,
dans une science donnée, la part de l'expérience et celle
du raisonnement, se transformera en celui-ci dont la solution est évidemment beaucoup moins angoissante pour
nous : *dans une science donnée, quelle est la part de l'expérience individuelle et quelle est celle de l'expérience ancestrale ?*

En particulier, cette manière de parler nous empêchera
de nous étonner devant la prétendue liberté des *conventions* que l'on reconnaît dans les principes fondamentaux
des sciences : « Ces conventions, dit M. POINCARÉ, se rencontrent surtout dans les mathématiques et dans les
sciences qui y touchent. C'est justement de là que ces
sciences tirent leur rigueur : ces conventions sont l'œuvre
de la *libre* activité de notre esprit, qui, dans ce domaine,
ne connaît pas d'obstacle. Là notre esprit peut affirmer

parce qu'il décrète ; mais entendons-nous : ces décrets s'imposent à *notre* science qui, sans eux, serait impossible ; ils ne s'imposent pas à la nature. Ces décrets, pourtant, sont-ils arbitraires ? Non, sans cela ils seraient stériles. L'expérience nous laisse notre libre choix, mais elle le guide en nous aidant à discerner *le chemin le plus commode.* » (*Op. cit.*, p. 3.) M. Poincaré revient à plusieurs reprises sur la distinction entre la *liberté* et *l'arbitraire*, relativement aux conventions que nous pouvons choisir comme point de départ ; cette distinction me paraît bien subtile : si notre imagination verbale nous permet d'exprimer les fantaisies les plus abracadabrantes, notre logique ne peut sortir d'un cadre qui lui est tracé par sa nature, et sa nature est précisément adéquate à celle des objets du monde où nous vivons ; seul un spiritualiste peut croire (doit même croire) à la liberté absolue de l'esprit humain ; pour un biologiste, le mécanisme de notre raisonnement est déterminé ; écoutez d'ailleurs cette nouvelle citation du même auteur : « La géométrie dérive-t-elle de l'expérience ? Une discussion approfondie nous montrera que non. Nous conclurons donc que ses principes ne sont que des conventions ; mais ces conventions ne sont pas arbitraires, et transportés dans un autre monde que j'appelle le monde non euclidien et que je cherche à imaginer), *nous aurions été amenés à en adopter d'autres.* » (*Op. cit.*, p. 5.) Je reviendrai tout à l'heure sur cette hypothèse du monde non euclidien, mais ne voyez-vous pas déjà que si les lois d'un autre monde hypothétique doivent *amener* notre esprit à adopter d'autres conventions, c'est que notre esprit n'est pas *libre* du monde ? Oh ! je sais bien que M. Poincaré l'entend autrement ; pour lui le rôle de l'expérience est seulement de nous guider « en nous aidant à discerner le chemin le plus commode ». C'est là le leit-motiv de tout son ouvrage ; la seule raison que nous ayons d'adopter plutôt telle géométrie que telle autre, c'est que la première est plus commode ! Et vraiment pour quiconque admet l'essence divine de l'esprit humain, l'opinion désolante du grand mathématicien est difficile à combattre ; mais il n'en va pas de même pour un déterministe qui étend le déterminisme jusqu'aux phénomènes de l'entendement et qui croit à l'origine évolutive de la logique.

Le danger de la croyance spiritualiste s'est manifesté par l'erreur évidente de certaines personnes qui « ont été frappées de ce caractère de libre convention qu'on reconnaît dans certains principes fondamentaux des sciences. Elles ont voulu généraliser outre mesure et en même temps elles ont oublié que *la liberté n'est pas l'arbitraire.* Elles ont abouti ainsi à ce qu'on appelle le *nominalisme* et elles se sont demandé si le savant n'est pas dupe de ses définitions et si le monde qu'il croit découvrir n'est pas tout simplement créé par son caprice. Dans ces conditions la science serait certaine, mais dépourvue de portée. » (*Op. cit.*, p. 3.) Voilà donc le seul reproche que M. Poincaré trouve à faire à l'erreur des nominalistes : « ils ont oublié que la *liberté* n'est pas *l'arbitraire !* » Je voudrais bien connaître une définition précise qui me permette d'établir une distinction entre ces deux termes ; pour s'opposer à *l'arbitraire*, l'expression *liberté* devrait signifier « obéissance aux lois », c'est-à-dire, en un mot, *déterminisme !*

Plaçons-nous donc de nouveau au point de vue déterministe : L'expérience ancestrale a développé chez nous un mécanisme déductif qui est excellent pourvu qu'on l'applique à un point de départ *réel*, à une notion expérimentale précise ; si l'on s'amuse à appliquer la machine déductive à un point de départ *contraire à l'expérience*, qu'obtiendra-t-on ? On ne démontrera pas pour cela que la machine est mauvaise, mais on pourra lui faire donner de mauvais résultats. L'histoire des géométries non euclidiennes est fort intéressante à cet égard.

M. Poincaré démontre que la géométrie ne dérive pas de l'expérience et je me propose de discuter tout à l'heure cette affirmation ; en particulier le postulatum d'Euclide ne lui paraît pas pouvoir être considéré comme nous étant imposé par la logique ; il conclut donc, nous l'avons déjà vu : « que les principes de notre géométrie ne sont que des conventions ; mais ces conventions ne sont pas arbitraires et transportés dans un autre monde (que j'appelle le monde non euclidien et que je cherche à imaginer), nous aurions été amenés à en adopter d'autres. » (*Loc. cit.*)

Certainement, *dans un autre monde*, nous serions amenés à adopter d'autres conventions (parce que ces conventions, cela le prouve précisément, ont une origine expérimentale), mais, dans cet autre monde, *que serait notre logique* que M. Poincaré considère implicitement comme invariable ? Elle serait évidemment *différente* de ce qu'elle est dans le monde actuel et adéquate aux phénomènes de cet autre monde. Nous ne pouvons pas savoir ce qu'elle serait. En tout cas, appliquer notre logique *actuelle* aux choses d'un monde imaginaire dans lequel $(a + b)$ serait différent de $(b + a)$, ce serait commettre une pétition de principe ; les déductions faites, dans le monde non euclidien, avec une logique originaire du monde euclidien, ne riment à rien [1]. Voici d'ailleurs une phrase dans laquelle M. Poincaré ne s'éloigne pas trop de cette manière de voir : « Ce cadre où nous voulons tout faire rentrer, c'est donc nous qui l'avons fait ; mais nous ne l'avons pas fait au hasard, nous l'avons pour ainsi dire fait *sur mesure* et c'est pour cela que nous pouvons y faire rentrer les faits sans dénaturer ce qu'ils ont d'essentiel. » (*Op. cit.*, p. 5.) C'est que nous sommes nous-mêmes dans la nature que nous

---

[1]. Il ne s'ensuit pas, pour cela, que ces déductions, si elles sont faites avec le souci constant d'éviter des contradictions, conduisent à des contradictions obligatoires. M. Poincaré démontre, par exemple, que la géométrie de Lowatchewsky n'est que la traduction, dans un langage qui paraît humainement absurde, de la géométrie euclidienne.

étudions ; nous sommes un résultat des lois naturelles auxquelles nous appliquons nos investigations et. quand nous faisons un postulat *à la mesure de notre logique*. nous le faisons en même temps à la mesure du monde que nous habitons. Si donc nous avons la précaution de prendre un point de départ expérimental et d'y appliquer notre logique (dans les limites où nous avons le droit de le faire, ainsi que nous le verrons tout à l'heure), « nos décrets. contrairement à ce que dit M. Poincaré de nos libres conventions, s'imposent non seulement à *notre* science. mais à la nature elle-même de laquelle découle *notre* science ».

Admettant l'indépendance absolue de la logique, M. Poincaré songe à l'appliquer dans un monde dont les lois seraient *autres* que celles de notre monde : « *Des êtres dont l'esprit serait fait comme le nôtre* et qui auraient les mêmes sens que nous, mais qui n'auraient reçu aucune éducation préalable (ceci prouve que l'auteur, s'il néglige l'expérience ancestrale, croit à l'expérience individuelle) pourraient recevoir, d'un monde extérieur *convenablement choisi*, des impressions telles qu'ils seraient amenés à construire une géométrie autre que celle d'Euclide et à localiser les phénomènes de ce monde extérieur dans un espace non euclidien ou même dans un espace à quatre dimensions. Pour nous, dont l'éducation a été faite dans notre monde actuel, si nous étions brusquement transportés dans ce monde nouveau, nous n'aurions pas de difficulté à en rapporter les phénomènes à notre espace euclidien. » (*Op. cit.*, p. 68.)

L'auteur qualifie cette assertion de paradoxe ; mais souvent un prétendu paradoxe cache une erreur dont la découverte ouvre une porte nouvelle sur la vérité. En réalité, cette phrase du grand géomètre est l'affirmation de ce fait qu'il considère (avec la majorité des mathématiciens), l'esprit humain comme une entité absolue dont les raisonnements sont indépendants des lois du monde dans lequel il fonctionne et auquel il emprunte seulement un point de départ[1]. Un biologiste ne saurait raisonner ainsi.

Si un être fait *comme nous* était transporté dans un monde « convenablement choisi » et tel qu'il en reçût des impressions capables de le conduire à une géométrie non euclidienne, il est probable qu'il mourrait purement et simplement, son mécanisme n'étant pas adapté aux lois naturelles du monde ambiant ; sa logique le tromperait à chaque instant puisqu'elle ne serait pas, elle non plus, adéquate aux phénomènes extérieurs. Il mourrait et ne ferait aucune géométrie. Mais les spiritualistes qui croient à l'essence spéciale de l'esprit, au lieu d'y voir un mécanisme adapté faisant partie d'un organisme matériel, oublient facilement qu'il est nécessaire, pour penser, d'avoir un corps en bon état de fonctionnement ; et il n'est pas inutile de leur rappeler, en le détournant de son sens ordinaire, l'aphorisme célèbre : *Primum vivere, deinde philosophari*.

N'oublions pas notre origine et répondons à ceux qui parlent d'un monde non euclidien ou de tout autre produit fantaisiste de l'imagination : *Si les choses étaient autrement, nous aussi nous serions autrement, car nous ne pourrions exister qu'adéquats aux choses.*

Cela n'empêche pas d'ailleurs que ces conceptions bizarres puissent être utiles ; M. POINCARÉ en a tiré des résultats pratiques pour l'intégration des équations linéaires (p. 58). Mais alors, il faut y voir uniquement un artifice analogue à celui du calcul des imaginaires. Quand j'étais élève de mathématiques spéciales, j'avais comme

---

[1]. Un peu plus loin, M. POINCARÉ imagine avec quelques détails, un monde qu'il appelle non euclidien (p. 83-87) et qu'il suppose encore, chose tout à fait inadmissible, peuplé d'êtres *semblables à nous*, et il conclut : « Des êtres comme nous, dont l'éducation se ferait dans un pareil monde, n'auraient pas la même géométrie que nous. » Il n'y a peut-être pas de meilleur exemple à donner pour montrer le danger des raisonnements qui oublient l'origine matérielle et évolutive de notre logique.

camarades quelques *anciens* pour lesquel je professais la plus vive admiration et qui parlaient couramment, comme d'une chose familière à leur pensée féconde, des points cycliques imaginaires qui sont à l'intersection de tout cercle avec la droite de l'infini, et d'autres choses aussi merveilleuses pour un débutant ; et j'étais tout fier à l'idée que je serais, moi aussi, initié à ces notions sublimes qui choquent le bon sens vulgaire. Heureusement pour moi, un professeur plein d'esprit scientifique m'apprit à me défier de ce langage, ou du moins à com-. prendre ce qu'il cachait, si je tenais à m'en servir pour la résolution de certains problèmes. La théorie des imaginaires n'est qu'un *artifice* commode, dont on a le droit de se servir après avoir démontré *expérimentalement* qu'on peut lui appliquer les règles ordinaires du calcul sans être conduit à des contradictions. De ce que le calcul des imaginaires est extrêmement fécond, il ne s'ensuit pas que l'on ait le droit de supposer qu'il *existe* des nombres dont le carré est négatif et que l'affirmation : « le carré de tout nombre est positif » soit seulement une convention commode. Si, de même, la géométrie de Lowatchewsky conduit à des artifices utiles, il ne faut pas en conclure que le postulat d'Euclide ne correspond pas à une réalité et peut être considéré comme une libre convention.

.*.

M. DE FREYCINET, dans un livre intitulé : *De l'expérience en géométrie* a répondu aux philosophes qui considèrent les axiomes de la géométrie comme des conventions : « Les concepts de la géométrie, dit-il en commençant, sont suggérés par la vue du monde extérieur, » et un peu plus loin (p. 19) : « Privés du spectacle de la nature, nous n'aurions pas imaginé les surfaces et les lignes géométriques. » Ces deux propositions ne sont d'ailleurs guère différentes de l'affirmation de M. Poincaré : « Si donc il n'y avait pas de corps solides dans la nature, il n'y aurait pas de géométrie. » (*Op. cit.*, p. 80.) Cependant les deux auteurs, s'ils paraissent s'entendre sur ce point particulier, divergent profondément quant aux conclusions : « Les figures géométriques, dit M. de Freycinet, ont pour condition essentielle de satisfaire aux lois naturelles. Soit que ces figures émanent directement de la considération des objets réels, soit qu'elles aient été créées par le géomètre, elles doivent reposer sur les données de l'expérience. Celles-ci d'ailleurs sont en petit nombre, car, nonobstant l'infinie variété des formes, les éléments premiers qui entrent dans leur composition sont identiques » (p. 24). Au contraire, M. Poincaré, de ce qu'il n'existe pas dans la nature un plan rigoureusement plan ou une droite rigoureusement droite, arrive à cet énoncé assez imprévu « que l'expérience joue un rôle indispensable dans la genèse de la géométrie, mais que ce serait une erreur d'en conclure que la géométrie est une science expérimentale, même en partie. Si elle était expérimentale, ajoute-t-il, elle ne serait qu'approximative et provisoire. Et quelle approximation grossière ! » (*Op. cit.*, p. 90.)

Au fond du débat, il y a certainement un manque d'entente sur la définition des mots « expérience, science expérimentale ». M. de Freycinet le fait remarquer d'une manière fort claire ; je n'ai d'ailleurs par qualité pour intervenir dans ce débat entre deux puissants géomètres ; le but que je me propose en écrivant cet article est simplement d'insister, au point de vue biologique, sur des questions qui ont été laissées de côté par ces deux savants.

Ceux que ne satisfait pas le dogme de l'origine divine de l'esprit humain, sont obligés, nous l'avons vu précédemment, de considérer notre sens logique comme le résumé héréditaire de l'expérience ancestrale, de penser que cet admirable mécanisme nous a été transmis en vertu de l'hérédité des caractères acquis. Nous devons maintenant nous demander quel est le *degré de fini* avec lequel les connaissances acquises par nos ancêtres se sont fixées dans notre hérédité spécifique. C'est là une question très délicate et à laquelle certaines comparaisons pourront préparer le lecteur.

Après un grand nombre de générations ayant parlé la même langue, les parents donnent naissance à des enfants qui ne savent pas, sans l'avoir appris, parler le langage maternel. Du moins ces enfants tiennent-ils de leurs ascendants une certaine disposition des organes de la parole qui leur permet de prononcer plus facilement les éléments phonétiques de leur idiome. Ainsi, il n'y a pas hérédité de *tout* le langage, mais de certains traits généraux qui le caractérisent. Aucun langage humain n'est aussi ancien dans l'expérience des hommes que les *lois naturelles* immuables auxquelles ont été soumis tous les animaux depuis l'apparition de la vie. Il est donc à prévoir que la trace héréditaire laissée par l'observation de ces lois dans les organismes animaux sera plus complète et plus profonde que celle qui résulte de l'emploi, à peine plusieurs fois séculaire, d'un langage particulier. Laissons encore une fois la parole à M. de Freycinet : « Les auteurs, depuis Euclide, ont continué de désigner sous le nom générique *d'axiomes*, un certain nombre de vérités indémontrables par le raisonnement, qui sont continuellement invoquées au cours de démonstrations géométriques. Ces axiomes rentrent dans deux catégories fort différentes. Les uns sont d'ordre purement logique et n'appartiennent pas en propre à la géométrie : ils trouvent leur emploi dans toutes les sciences. Telles sont les évidences : « Le tout est plus grand que la partie » ; « Deux quantités égales à une troisième sont égales entre elles » ; « Deux quantités égales peuvent être augmentées ou diminuées de la même quantité sans cesser d'être égales ».

La liste pourrait être allongée au delà même des bornes qu'elle reçoit dans les Traités ; car ceux-ci sont loin d'énumérer toutes les vérités de cette nature sur lesquelles on a l'occasion de s'appuyer. Beaucoup d'entre elles sont admises implicitement et ne soulèvent aucune difficulté... Les axiomes de la deuxième catégorie au contraire, sont spéciaux à la géométrie et, comme elle, prennent leur source dans l'expérience, c'est par l'observation du monde extérieur qu'on en a acquis la connaissance. La logique est impuissante à les établir » (p. 67, 68). Et l'auteur énumère ensuite, en montrant comment nous les tirons de l'observation du monde, les *lois naturelles* suivantes : « La ligne droite est le plus court chemin d'un point à un autre ; d'un point à un autre on ne peut mener qu'une seule ligne droite ; une ligne droite peut être prolongée indéfiniment dans les deux sens ; une ligne droite peut servir d'axe de rotation ; une ligne droite qui a commencé à s'éloigner d'une autre ne peut pas ensuite s'en rapprocher et réciproquement ; dans un plan on peut tracer des lignes droites dans tous les sens. »

Certaines personnes seront peut-être disposées à discuter la question de savoir si une expérience personnelle est vraiment nécessaire à l'établissement de tous ces axiomes de deuxième catégorie, ou si quelques-uns d'entre eux sont déjà fixés dans notre hérédité et s'imposent à notre logique. La question est assez futile et d'ailleurs il est impossible d'y répondre. Nous sommes forcément élevés dans le monde même où a évolué notre espèce et les notions que nous acquérons étant enfants s'ajoutent à notre patrimoine héréditaire, sans que nous ayons aucun moyen de distinguer ce qui est hérité de ce qui est personnellement acquis. Il faudrait supposer pour le savoir qu'un enfant est élevé dans un autre monde, régi par d'autres lois..., mais un biologiste ne fera pas volontiers cette hypothèse ; et nous devons nous contenter de nous dire que tout ce que nous savons, nous le savons par expérience personnelle ou par expérience ancestrale.

Dans les connaissances sûrement innées entrent, dans tous les cas, les vérités de la première catégorie de M. DE FREYCINET, celles qui constituent notre machine à raisonner ; ce sont pour nous des *évidences*, des vérités *instinctives*.

* *
*

Rappelons-nous maintenant ce que nous avons dit précédemment (chap. II) relativement à la nature de l'expérience humaine, tant ancestrale que personnelle ; j'espère que nous trouverons là l'explication de ce fait que M. Poincaré a nié et dont la négation est même la base de tout le système de ce grand mathématicien. *La géométrie est une science expérimentale, et cependant, elle n'est ni approximative ni provisoire*. (Voy. la proposition contraire dans M. POINCARÉ ; *op. cit.*, p. 90.)

Voici d'abord une remarque de M. DE FREYCINET : « Le mot « expérience » éveille d'ordinaire une idée qui n'est pas tout à fait celle qu'il faut avoir en géométrie. Dans les sciences naturelles, l'expérimentation porte sur des choses concrètes ; pour vérifier par exemple, que les poids des corps sont proportionnels à leurs masses[1], on prend des substances diverses, qu'on laisse tomber simultanément dans le vide, et l'on constate l'identité de la chute. Aucune faculté transcendante n'est mise en jeu dans cette épreuve, où il s'agit de noter simplement un fait matériel. En géométrie, il en va différemment. Les observations faites sur le corps sont le prélude d'opérations d'un autre ordre. Après avoir reconnu, je suppose, qu'une règle rigide s'applique, dans tous les sens, sur une glace

1. Voyez plus bas, chap. XV, la démonstration du fait que cette proportionnalité est conventionnelle et sert à mesurer les poids.

bien dressée, on réduit par la pensée et l'on amincit de plus en plus la règle et la glace de manière à n'avoir plus devant soi qu'une longueur et une surface insaisissables. En outre, on dépouille cette ligne et cette surface des moindres irrégularités que l'exécution matérielle avait pu laisser subsister dans les objets primitifs ; on substitue des types parfaits aux spécimens imparfaits que l'art avait créés et l'on attribue aux premiers, en termes absolus, les relations parfois approximatives trouvées pour les seconds. Ainsi la coïncidence à peu près complète observée entre la règle et la glace est regardée comme tout à fait rigoureuse quand on passe à la ligne et à la surface. On est autorisé à agir de la sorte ; car les très légers écarts qui se manifestent sur les objets réels s'atténuent avec le progrès de leur fabrication et seraient mathématiquement nuls si l'on pouvait opérer sur les produits achevés. » (*Introduction*, pp. ix, x.)

Il est peut-être possible d'exprimer la même opinion en laissant moins de vague dans cette mystérieuse opération mentale qui d'après M. DE FREYCINET suit l'observation des phénomènes extérieurs grossiers. Nous y arrivons en effet en nous rappelant que l'expérience humaine est l'expérience de faits qui sont à l'échelle humaine. M. POINCARÉ nous a dit que la notion du plan ne peut pas provenir de la vue d'une eau tranquille, que la notion de droite ne dérive pas de la vue du fil à plomb, parce que la surface de l'eau n'est pas un plan parfait, parce que le fil à plomb n'est pas une droite idéale. Je me rappelle avoir éprouvé, étant enfant, une véritable stupeur en regardant, au microscope, le fil d'un rasoir qui, ainsi grossi, ressemblait à une scie gigantesque. Nos ancêtres auraient probablement éprouvé le même étonnement si on leur avait dit que la surface de l'eau tranquille n'est pas un plan parfait. Ce que je puis affirmer, sans crainte d'être contredit par personne, c'est que si l'industrie pouvait réaliser un plan parfait, les moyens *naturels* d'investigation de l'homme ne lui permettraient pas de constater une différence quelconque entre ce plan parfait et le plan imparfait qu'est la surface de l'eau. Nos ancêtres n'ont pas eu à imaginer des plans, ils en ont vu ; ils n'ont pas eu à imaginer des droites, ils en ont vu ; ils ont vu un cercle parfait en regardant le soleil ou la pleine lune. Je regarde, par ma fenêtre, les toits rouges des maisons paysannes ; ceux de mes plus proches voisins me paraissent formés de tuiles grossières toutes distinctes les unes des autres, de sorte que le rebord des toits est une ligne sinueuse et irrégulière ; mais si je jette les yeux sur le coteau lointain de Kerénoch, les maisons que je vois me représentent au lieu d'assemblages grossiers de tuiles et de pierres, des figures géométriques parfaites ; le faîte et le bord inférieur du toit sont des lignes rigoureusement droites. Et cependant, j'ai vu construire ces maisons, je sais que l'artisan a employé pour les bâtir les matériaux ordinaires ; je puis m'en rendre compte avec une lunette d'approche ou simplement en allant moi-même jusqu'au coteau. Cela n'empêche pas que le charpentier illettré, par son travail dépourvu de rigueur scientifique, m'a fait *voir* des quadrilatères tels que je n'en imagine pas de plus précis. J'ai donc (et mes ancêtres ont eu avant moi), simplement en regardant au dehors, la *notion* rigoureuse des éléments de la géométrie, sans avoir besoin de me livrer à ce travail d'idéalisation dont parle M. de Freycinet et qui mettrait en jeu des facultés transcendantes. Je conçois des surfaces et des lignes parfaites parce que je les ai vues telles autour de moi. J'oserais presque dire que *c'est l'imperfection de nos moyens d'observation personnels qui détermine la perfection et la pureté de nos concepts*, si je ne considérais comme tout à fait abusif de traiter d'imparfaits des organes qui nous donnent, sur la nature environnante, des renseignements

faits à notre mesure humaine. Ce sont ces renseignements qui sont à la base de notre expérience tant personnelle qu'ancestrale; c'est d'eux que résulte notre logique ;
c'est sur eux que travaille notre logique quand elle fait
de la géométrie.

Cela n'empêche pas que nous ayons pu, en nous servant précisément de ce travail mental, pour construire
des appareils perfectionnés, pénétrer plus avant dans la
connaissance de la structure des objets qui nous entourent; je sais que les quadrilatères formés par les toits
de Kerénoch sont imparfaits, mais ceci est une connaissance postérieure à la première vision avec laquelle j'ai
fait de la géométrie.

CHAPITRE IX

L'APPLICATION DE L'ARITHMÉTIQUE A LA GÉOMÉTRIE

Une des notions humaines les plus immédiates est celle de la continuité. La connaissance que nous avons des corps, par nos propres moyens, nous les donne pour continus : la continuité est, au premier chef, une notion expérimentale. Il est donc bien naturel que cette notion de continuité existe dans la géométrie ; quand l'esprit humain a fait de la géométrie, des recherches indirectes n'avaient pas encore pu lui faire soupçonner que, à un certain point de vue, la matière n'est peut-être pas continue. Dans tous les cas, ce n'est pas la géométrie qui aurait pu lui faire découvrir cette discontinuité.

La notion de continuité était même si immédiate que, évidemment, les premiers géomètres n'ont pas pensé qu'ils *l'admettaient* implicitement dans leurs lignes et leurs surfaces géométriques. Une difficulté s'est présentée quand il s'est agi de mesurer les longueurs et les surfaces ou les volumes au moyen de nombres, et cela se comprend aisément. La notion expérimentale de nombre est venue à l'homme de l'observation d'objets *distincts* et voisins[1] : c'est la discontinuité qui sépare deux objets solides qui est l'origine du nombre 2 ; la numération résulte donc de la constatation de discontinuités ; or l'arithmétique semble avoir précédé la géométrie.

---

1. Nous verrons plus tard que cette notion s'étend au canton du sens de la durée et que le nombre peut représenter une répétition d'actes dans le temps.

Donc, quand il s'est agi d'évaluer des grandeurs continues, il existait déjà un langage permettant de parler de quantités d'objets distincts et c'est ce langage créé pour une fin donnée, qu'il a fallu appliquer à une fin toute différente. La transition a été facilitée par une constatation expérimentale, celle de l'addition des liquides, probablement. Si nous ajoutons dans un vase quatre volumes, préalablement distincts, d'eau ou de vin, nous obtenons un seul volume continu de liquide ; réciproquement nous pouvons répartir dans quatre vases distincts l'eau préalablement contenue dans un seul vase. D'où l'idée fort simple d'évaluer le contenu d'un récipient en le vidant au moyen d'un vase étalon et en *comptant* le nombre des opérations nécessaires ; il est inutile d'insister sur la généralisation de ce procédé à la mesure de toutes les grandeurs continues par le secours d'une numération qui avait son origine dans la discontinuité ; il est également superflu de montrer comment cette opération a fatalement conduit à la considération des nombres fractionnaires. Ce qui est plus important c'est de comprendre comment cette application de l'arithmétique à la mesure des grandeurs continues a déterminé les mathématiciens à introduire dans la numération la notion inattendue de continuité. Malgré l'origine de la numération, origine que l'on ne peut se refuser à trouver dans les discontinuités séparant les objets distincts, on s'est servi des nombres pour évaluer des grandeurs continues et comme, par nature du moins dans la notion qu'en ont les hommes) ces grandeurs varient d'une manière continue, il a fallu, pour que leur évaluation fut possible, imaginer aussi une échelle continue des nombres ; la variable algébrique x représente un nombre susceptible d'une variation *continue*.

Voilà, je pense, comment s'est introduite en algèbre la notion de continuité. Je n'ignore pas qu'il a été possible, après coup, de donner de cette continuité d'origine expérimentale une définition mathématique dans un *langage* d'une extrême rigueur, mais j'ai constaté moi-même, quand mes maîtres m'ont donné *a priori* cette définition parfaite, la nécessité d'un effort vers les conceptions naturelles et un certain désarroi de l'esprit. Je comprends aujourd'hui que ce langage rigoureux est le résultat d'un perfectionnement progressif vers lequel tendent les efforts de tous les mathématiciens et qui éloigne de plus en plus l'analyse de son origine expérimentale et grossière ; peut-être, après quelques siècles, cet instrument perfectionné sera-t-il introduit de si bonne heure dans le cerveau de nos descendants, qu'il leur deviendra impossible de remonter à son point de départ et qu'ils devront nier, sans hésitation, l'origine expérimentale des mathématiques.

A force de se perfectionner, les mathématiques sont devenues un instrument admirable, mais se sont en même temps dégagées de leurs entraves matérielles ; elles sont aujourd'hui un langage indépendant de la nature des objets dont elles doivent traiter et que beaucoup cultivent pour sa propre beauté sans le moindre souci d'application aux choses. Cela présente certainement de grands avantages au point de vue de la généralité de l'expression, mais cela présente aussi de grands dangers pour ceux qui oublient ce qu'est notre logique et qui pensent que notre esprit est indépendant de la matière. La logique humaine est d'origine humaine et est bornée comme la nature humaine : il faut se garder de l'appliquer à des phénomènes *autres* que ceux desquels elle provient, sous peine de ne plus rien dire de raisonnable. Les mathématiques. dans leur état d'achèvement actuel. facilitent précisément les excursions hors des limites du monde humain : elles présentent donc des dangers incontestables au point de vue philosophique : il est presque impossible à un pur mathématicien de ne pas faire de métaphysique. Je vais essayer de montrer le danger du langage mathématique pour le raisonnement philosophique et je commencerai par rappeler à cet effet la restriction que j'ai faite précédemment (liv. I, chap. i) au sujet du critérium du sens commun, en spécifiant que ce critérium est à l'épreuve, uniquement dans les cas où il s'agit de phénomènes qui ont eu sur l'homme ou ses ancêtres une action suffisamment prolongée.

CHAPITRE X

LES BORNES DE LA LOGIQUE

Si la logique est le résumé héréditaire de l'expérience ancestrale, il est naturel, qu'elle soit commune à tous les êtres qui se sont heurtés aux mêmes objets au cours de leur évolution spécifique ; il est naturel aussi qu'elle soit commune à ceux qui, l'ayant héritée d'un même ancêtre ne l'ont pas modifiée par le contact avec des objets nouveaux soumis à des lois nouvelles, ou par l'usage d'organes des sens nouvellement acquis.

C'est, en effet, par l'intermédiaire de ses organes des sens que l'être vivant *se frotte* aux phénomènes extérieurs, et cela limite immédiatement le champ de ses investigations, car il ne peut être mis en relation, au moyen de ses sens, qu'avec les phénomènes capables d'impressionner ses sens. Si donc il y a, dans le monde, des corps qui sont sans action sur ses organes des sens, il ne peut les connaître directement, il ne peut être influencé par eux ; *son expérience est nulle relativement à eux.* Si, d'autre part, dans le cours des générations précédentes, aucun de ses ancêtres n'a été doué d'organes des sens capables d'être impressionnés par ces corps particuliers, son expérience ancestrale est également nulle par rapport à ces corps particuliers, autrement dit, ces corps particuliers ne sont pas du domaine qui a créé sa logique, sa logique *peut* ne pas leur être applicable. Or, il n'est pas impossible que ces corps particuliers soient régis par des lois *autres* que celles qui régissent les corps tombant sous nos sens et que, par conséquent, notre raisonnement, appliqué à ces corps, soit en défaut. Par exemple, la notion *d'impénétrabilité* est à la base de notre connaissance du monde, parce que tous les corps auxquels nous nous sommes heurtés au cours des âges nous paraissent doués d'impénétrabilité, mais s'il existe des corps autres que ceux que nous connaissons, nous n'avons aucunement le droit de leur attribuer gratuitement cette propriété expérimentale ; et cependant, il nous est impossible de nous *imaginer*[1] une matière dépourvue d'impénétrabilité.

Non seulement il est possible qu'il existe des corps autres que ceux dont l'existence nous est révélée directement par nos organes des sens ; cela est même probable pour tout individu qui ne considère pas l'homme comme le centre du monde. Il est parfaitement vraisemblable aussi que ces corps, dont l'existence ne nous est pas révélée directement, dont nous n'avons pas la notion immédiate, ne soient pas pour cela sans influence sur les autres corps de la nature et en particulier sur quelques-uns de ceux que nous connaissons, autrement dit, qu'ils interviennent dans les phénomènes que nous observons, sans être pour cela directement observables.

Mais alors, nous sommes dans une situation déconcertante vis-à-vis des phénomènes extérieurs, car si les lois qui régissent ces phénomènes, *source de notre logique*, ne s'appliquent pas à certaines substances, que nous ne connaissons pas directement et qui, néanmoins, interviennent dans ces phénomènes, nous n'avons pas le droit d'appliquer à ces substances inconnues les règles ordinaires de notre bon sens qui, à leur égard, peut être en défaut ! Cela a lieu, par exemple, pour l'éther des physi-

---

1. J'entends, de nous l'imaginer réellement, car l'imagination *verbale* de l'homme est illimitée ; rien ne lui est impossible.

ciens. Est-il impénétrable ? Nous n'avons aucun droit de le supposer ; mais alors, avons-nous le droit de lui appliquer l'analyse mathématique qui repose fondamentalement sur la notion d'impénétrabilité : 1 et 1 font 2 ?

J'ai choisi cet exemple pour rappeler d'une manière tangible que nous raisonnons, non sur la réalité des choses, mais sur les *notions* que nous en avons. (Il est vrai que ces notions ne sont pas quelconques ; elles dépendent, comme nous le verrons, de la place qu'occupent, dans l'activité générale, les phénomènes de la vie et en particulier ceux des organes des sens.)

C'est par la vue et le toucher que nous avons des corps extérieurs la connaissance la plus importante. Malgré le grand intérêt des renseignements que nous fournissent nos autres sens, nous ne leur attribuons pas une aussi haute valeur, parce qu'ils ne nous permettent pas de nous *figurer* les corps. Quand nous *flairons*, dans une chambre, une odeur particulière, nous ne pouvons nous empêcher de rechercher quel est l'objet, accessible à la vue ou au toucher, qui laisse échapper la substance subtile dont notre odorat est impressionné. On pourrait affirmer, avec une certaine exagération, que nous ne remarquons pas l'odeur d'une chose, mais bien le corps odorant qui nous la procure, de même que nous ignorons la vibration lumineuse grâce à laquelle nous *voyons* les corps lumineux.

Les corps les plus importants au point de vue de notre éducation expérimentale sont les corps ayant une forme définie (les corps solides d'abord par conséquent, les flammes, etc...). C'est la forme des corps qui a joué dans la genèse de notre logique le rôle prépondérant, probablement parce que notre corps lui-même a la consistance à peu près solide. Supposons, non pas un homme fluide, mais un fluide pensant épars dans un autre fluide, ce qui est peut-être également absurde. D'où lui serait venue la notion aujourd'hui fondamentale pour nous : 1 et 1 font 2 ? M. Poincaré nous fait remarquer également qu'il n'aurait pas de géométrie... C'est la notion d'objets voisins et distincts qui a été la base de notre numération ; la numération ne serait pas née chez un être dont le seul sens aurait été l'odorat.

Les mathématiques sont un langage dans lequel le caractère particulier de nos diverses notions disparaît en ce qu'il a de personnel pour persister en ce qu'il a de spécifique ou d'humain. Les mathématiques sont donc un langage impersonnel, mais aussi, il ne faut pas l'oublier, un *langage essentiellement humain*. (Peut-être ce mot *humain* est-il trop restreint; nous trouverons de bonnes raisons de croire, à cause de la similitude de nos organes des sens et de nos physiologies, que notre logique ne diffère guère de celle des singes, des chiens, etc... ; je veux dire seulement dans la phrase précédente que, s'il y a de la connaissance dans un corps entièrement différent de nous, dans une flamme[1] par exemple, nous devons penser que la logique qui résulte de l'expérience est, pour cette flamme, tout à fait différente de la nôtre.)

Ainsi, l'histoire des mathématiques serait l'histoire de l'effort fait par les hommes pour fixer, dans un *langage* de plus en plus parfait, ce qu'il y a d'impersonnel dans la logique des hommes. Mais nous ne pouvons pas oublier que cette logique a une origine purement expérimentale (expérience ancestrale ou expérience individuelle) et que les expériences dont elle provient ont eu trait, non pas à la nature même des objets, mais à la *notion* humaine que nos ancêtres et nous-mêmes avons eue de ces objets.

Et lorsqu'on parle d'*abstractions* mathématiques, je crains que l'on s'expose à être obscur volontairement.

---

1. Encore est-il invraisemblable de supposer de la logique à une flamme, car, ainsi que je le montre ailleurs, les flammes n'ont pas d'hérédité (voy. chap. XXXII).

Quand on raisonne sur des nombres d'objets on s'occupe de choses concrètes ; quand on raisonne sur des nombres (sans dire sur des nombres de quels objets), on construit simplement des phrases de la langue logique internationale dont les nombres sont des mots, en se servant de ce résultat, démontré par une longue expérience, que la nature des objets comptés n'influe pas sur les résultats expérimentaux de l'addition.

Quand on pose un problème en langage ordinaire, ce qu'on demande à l'élève, c'est un véritable travail de traducteur ; il doit transformer l'énoncé, traduire l'énoncé en un énoncé équivalent mais rédigé en langue mathématique ; il choisit ses inconnues et pose ses équations ; les équations écrites sont la traduction demandée. Ensuite il doit résoudre les équations en se servant des résultats acquis par ses devanciers et qu'il a appris (propriétés des nombres, règles de calcul, etc...). Cette résolution de l'équation est une nouvelle traduction, une simplification progressive du langage mathématique qui, en fin de compte, par l'application de règles connues d'avance, conduit de nouveau à un énoncé en langue vulgaire : le nombre demandé est 726. Ainsi, l'usage de l'appareil mathématique dispense de réflexion et de jugement celui qui a appris à s'en servir ; il suffit qu'il sache poser son problème sur l'appareil et le faire fonctionner congrûment ; les travaux des hommes de génie conduisent à des règles simples qui permettent à un écolier de résoudre des problèmes dont Descartes eût été embarrassé. Certains professeurs exigent des élèves la solution, par les moyens de l'arithmétique, de questions dont l'algèbre vient à bout bien plus aisément ; c'est là, sans doute, un bon exercice de gymnastique intellectuelle, mais c'est contraire à l'esprit même des mathématiques, puisque cela oblige le cerveau à raisonner au lieu d'employer un mécanisme tout fait, dont le but est de se substituer à tout raisonnement en langue vulgaire. La même chose se passe quand les professeurs de géométrie descriptive demandent à leurs élèves de *voir dans l'espace*, alors que le grand avantage de la descriptive est précisément de n'exiger de ceux qui s'en servent, aucune imagination *plastique*.

CHAPITRE XI

IMAGINATION PLASTIQUE ET IMAGINATION VERBALE

Voilà la seconde fois que j'emploie cette expression
« imagination plastique » et que je l'oppose à cette autre
« imagination verbale »; cela m'amène à dire quelques
mots du langage articulé.

J'ai indiqué précédemment la grande utilité du langage
articulé pour l'unification de la narration de faits extérieurs sur lesquels nous sommes documentés par nos
divers sens dans des langages cantonaux différents; mais
évidemment, ce langage, utilisé primitivement par des
hommes ignorants et qui croyaient aux qualités, n'était
qu'un assemblage de lambeaux disparates et n'avait
qu'une unité apparente[1]; j'ai déjà fait remarquer que la
conservation de ce langage courant suranné était le plus
grand obstacle à l'adoption des théories monistes. Le seul
langage doué d'unité vraie sera celui qu'emploiera la
mécanique générale, quand elle sera faite...

Si l'homme n'avait pas été doué du langage articulé,
sa logique n'en eût pas moins existé, au sens où nous
l'avons précédemment définie de résumé héréditaire de
l'expérience ancestrale; les chiens, les renards ont sûrement de la logique, mais si l'absence de langage les

---

1. Quand nous apprenons aux enfants à parler, nous leur enseignons
précisément la manière de juxtaposer ces lambeaux disparates dans des
phrases *correctes* ayant une apparence d'unité; et ensuite, ils croient aisément que toute phrase correctement construite suivant les règles de la
grammaire représente quelque chose: c'est du psittacisme.

empêche de se livrer à de longs raisonnements, elle les empêche aussi de sortir des limites dans lesquelles la logique est applicable. Rien n'est plus préjudiciable au bon sens que la parole, car si le langage nous permet de raconter aisément ce qui est, *il nous donne exactement les mêmes facilités pour raconter ce qui n'est pas.*

L'imagination verbale de l'homme est illimitée; il y a, dans cette expression « imagination verbale », quelque chose de choquant si l'on réfléchit à la signification étymologique du terme *imagination* qui veut dire : évocation d'images ; mais les mots ont eu aussi primitivement leurs correspondants figurés, et c'est pour cela qu'on s'est habitué à croire que toute proposition établie au moyen de mots, pouvait représenter une relation entre des choses ; on a conservé cette illusion, même après que l'abus du langage préexistant eût conduit les hommes à représenter par des mots des choses qui n'existaient pas ; aujourd'hui, il n'y a plus de limites à l'absurdité du langage articulé. Rien n'est plus facile que de construire des phrases parfaitement correctes quoique entièrement dépourvues de signification : Imaginons un cercle qui n'ait point de centre ; supposons un homme réduit à deux dimensions et appliqué sur une surface sphérique ; Dieu seul en trois personnes, etc., etc... Presque toute la scholastique vient de là.

L'homme peut donc dire n'importe quoi, mais il ne peut réellement *imaginer* que très peu de choses sans le secours des mots. Son imagination *plastique*, si j'ose m'exprimer ainsi, se réduit à peu près à l'évocation de formes qu'il a vues et qu'il arrive à assembler quelquefois d'une manière différente ; si l'homme n'avait eu que l'imagination plastique, il n'aurait jamais rien conçu qui fût en dehors du monde accessible à l'homme ; il n'aurait pas fait de métanthropie. Mais l'homme parle !

Le plus remarquable des langages humains est sans

aucun doute le langage mathématique qui peut être considéré à juste titre comme le langage des sciences. Il est beaucoup plus difficile d'exprimer une absurdité en langage mathématique qu'en langage ordinaire; mais si cela est plus difficile, cela est néanmoins très loin d'être impossible. C'est par exemple le langage mathématique qui a conduit à la notion (!) d'espace à quatre dimensions. Il faut se défier des *notions* que l'on exprime en langage abstrait, c'est-à-dire qui ne parlent pas à notre imagination plastique; elles sont quelquefois bien décevantes.

Il n'est donc pas inutile, pour le langage mathématique comme pour le langage ordinaire, de se rappeler de temps en temps quelle est l'origine de la logique, quelles sont les observations, les expériences, desquelles on a tiré les *lois* qui se traduisent par les principes de la géométrie. Car lorsque nous appliquerons ces principes en dehors des limites dans lesquelles ont été faites ces expériences fondamentales, nous ne saurons plus si cette application est légitime. Or toutes nos expériences, toutes nos observations se sont faites dans le cadre humain de la nature : tous les objets sur lesquels ont porté ces expériences sont de dimensions finies par rapport à l'homme ; il a pu y en avoir de très grands et de très petits, il n'y en a pas eu. par définition même, d'*infiniment* grands ou d'*infiniment* petits et nous devrons nous défier de ces termes qui sont le produit de l'imagination *verbale* de l'homme. Mais précisément le langage mathématique permet de *raisonner* sans aucune difficulté sur l'infiniment grand et sur l'infiniment petit, à cause des règles de similitude.

D'abord, en arithmétique, notre imagination verbale défie toute entrave, grâce surtout à sa représentation symbolique par des chiffres ; de ce que les règles de calcul s'appliquent de la même manière à des nombres grands ou petits, nous concluons à des nombres infiniment grands ou infiniment petits ; mais notre imagination plastique ne suit pas. il s'en faut de beaucoup, notre imagination verbale. A partir d'une certaine limite, nous ne nous représentons plus les nombres et si l'on nous dit que, dans un tas de sable, il y a un million de discontinuités, cela n'éveille pas en nous une image différente de celle qui résulterait de l'affirmation qu'il y en a cent millions. Nous ne pouvons donc plus parler des choses qu'en langage arithmétique sans avoir aucune prétention à nous rien figurer.

Le même phénomène se produit en géométrie, comme conséquence, précisément, de celui qui a lieu en arithmétique. Etant donné un triangle, nous savons imaginer un triangle *semblable* en multipliant ou en divisant toutes ses dimensions par un nombre quelconque. Ceci est vrai dans les limites entre lesquelles nous pouvons construire effectivement des triangles ; mais puisque nous pouvons écrire des nombres aussi grands que nous voulons, il nous est facile aussi d'imaginer *verbalement* que nous nous servons de n'importe quel nombre extrêmement grand comme coefficient de porportionnalité, et nous obtenons ainsi la définition *verbale* de triangles aussi grands ou aussi petits que nous voulons. Si, par exemple, nous voulons diviser par sept cents quadrillions les dimensions d'un triangle équilatéral d'un millième de millimètre de côté, nous obtenons sans aucune peine la définition *verbale* d'un triangle plus petit que la vibration lumineuse qui nous fait voir les corps, et par conséquent un triangle dont l'imagination visuelle serait contradictoire avec la nature même de la lumière. Appliquons notre logique à un tel triangle. nous n'avons aucune raison de croire que nos conclusions auront le moindre rapport avec la réalité : nous sommes dans le domaine de l'*imagination verbale* pure : la logique a une base physique et la géométrie qui découle de la logique et de l'expérience n'a pas le droit d'être en désaccord avec la physique ; au delà de certaines limites, il n'y a plus qu'une géométrie verbale, dont l'application aux problèmes de la nature peut présenter des dangers.

La notion de continuité est, nous l'avons vu, tout à fait naturelle à l'homme. Nous connaissons les corps comme continus et c'est pour cela que notre géométrie est une géométrie de corps continus. Certaines observations physiques, faites, non plus par le secours des seuls organes humains, mais au moyen d'instruments surajoutés à ces organes, ont amené des savants à croire que la matière sur laquelle portent les observations humaines est discontinue ; par conséquent notre imagination mathématique ne nous donnerait, des corps qui nous entourent, qu'une représentation approchée. Cela n'empêche pas que les théorèmes de mathématiques soient d'un usage excellent pour tous les objets qui sont dans le cadre des dimensions accessibles à l'homme, dans la dimension de l'homme pour parler en abrégé, mais cette divergence qui, dans le domaine du très petit se manifeste entre la physique et la géométrie doit nous rendre circonspects dans l'extension de notre langage mathématique aux relations des objets que nous ne pouvons pas voir.

Je divise un litre d'eau en mille parties égales et j'obtiens des *millilitres d'eau*. Si je veux parler de la même opération au sujet d'un volume d'*eau* n fois plus petit qu'un litre, le même langage me permettra de raconter la chose de la même manière et je dirai que j'ai divisé de un $n^{ième}$ de litre d'*eau* en mille volumes mille fois plus petits dont chacun sera un n *millième* de litre d'*eau*. Le langage mathématique me permet de parler de quantités d'*eau* aussi petites que je voudrai bien l'exprimer par une fraction quelconque.

Rien ne nous donne plus que l'*eau* l'idée de la continuité ; notre géométrie, c'est-à-dire notre logique, nous amène à concevoir, *à démontrer même*, l'existence de quantités d'eau aussi petites que notre imagination verbale le voudra. Or une autre science expérimentale, la chimie, nous fait penser qu'au-dessous d'un volume de certaines dimensions, il ne peut plus exister d'*eau*. Il y a contradiction et notre bon sens s'insurge contre cette contradiction; il donne même ordinairement tort à la chimie et bien des gens n'admettront pas qu'on veuille les empêcher de supposer une quantité d'eau aussi petite qu'il leur plaît de l'imaginer ou plutôt de le raconter dans un langage mathématique parfaitement correct.

Un procédé, familier aux géomètres et à la plupart des hommes, est de figurer sur le tableau ou sur le papier les objets dont ils parlent, sans se préoccuper des dimensions : cette manière de faire entraîne *forcément* l'extension aux objets plus petits que ceux que nous pouvons voir, des règles établies pour les objets de dimension humaine.

Nous supposons implicitement en agissant ainsi que le monde des corps très petits est *semblable* au monde des corps très grands et alors, nous devrons, *logiquement*, nous dire que ces corps très petits, sont eux-mêmes formés de corps plus petits et ainsi de suite, INDÉFINIMENT ! Nous introduirons par suite, dans l'esprit humain, la torture du mystère verbal de l'infiniment petit, le problème *métanthropique* de l'essence de la matière !

Et qu'y a-t-il au fond de tout cela? Une pétition de principe! Nous avons commencé par généraliser nos règles de similitude au delà des limites dans lesquelles elles sont valables; les chimistes nous ont crié : « Halte-là! la matière est discontinue. » Qu'à cela ne tienne, avons-nous répondu, nous raisonnerons sur les atomes! Et nous avons représenté des atomes grossis (!!) et nous avons appliqué à ces atomes nos raisonnements mathématiques, sans nous rappeler que l'existence même des atomes nous interdit de faire de la géométrie au-dessous de certaines dimensions!

CHAPITRE XII

CONSIDÉRATIONS SUR LA MÉCANIQUE DU MOUVEMENT VISIBLE

L'arithmétique et la géométrie sont des langages précis qui nous permettent de décrire les objets extérieurs tels qu'ils sont à un moment donné. Si nous faisons une série d'études successives des objets qui nous entourent, nous constatons que ces objets changent, soit dans leur forme, soit dans leur position relative, et nous obtenons par conséquent une série de descriptions différentes. Supposons que nous ayons conservé et numéroté toutes ces descriptions différentes et que, d'autre part, nous ayons déterminé l'époque de chacune de nos observations (ce qui suppose que nous savons mesurer le temps), la mécanique [1] se propose d'établir une relation mathématique entre ces descriptions successives et les durées qui les séparent, de telle manière que, étant donné un certain nombre de descriptions successives d'un système d'objets, considéré à des époques connues, on puisse prévoir ensuite quel sera l'état du système à un moment quelconque, arbitrairement désigné à l'avance. Remarquons tout de suite que, avec cette définition, la mécanique n'exploite effectivement que la sensation de durée et celle de vision des formes. On ne saurait affirmer à priori que ce but ambitieux puisse être atteint, même dans les cas les plus simples.

---

1. La statique ne peut s'étudier dans le canton optique que comme un cas particulier de la dynamique.

si l'expérience humaine n'avait précisément constaté un ordre fatal dans la succession des phénomènes naturels, ordre fatal que l'on traduit en disant que « les mêmes causes produisent les mêmes effets ». *Les* causes, *ce sont les descriptions de l'état d'un système à un certain nombre de moments choisis avant celui où l'on observe* l'effet, *c'est-à-dire, la description actuelle du système* [1]. C'est là l'expression, en langage courant, du déterminisme sans lequel toute science serait vaine. La croyance au déterminisme résulte de l'expérience ancestrale et de l'expérience quotidienne, mais il est évident que la vérification de cette croyance est subordonnée à la connaissance *complète* des faits. Si, dans les descriptions successives d'un système d'objets, on néglige, par inadvertance, certaines particularités importantes, il est évident que ces descriptions incomplètes ne permettront pas de prévoir l'état ultérieur de ce système.

Il est donc fort curieux que l'homme soit arrivé à cette notion du déterminisme, à une époque où beaucoup de particularités importantes échappaient à son observation grossière ; mais je répéterai ici ce que j'ai dit précédemment à propos de la géométrie : c'est l'imperfection de nos organes des sens qui cause la pureté de nos concepts [2]. Jusqu'à l'époque où les investigations rigoureuses de la science ont permis de tenir compte de tous les facteurs d'action, on peut affirmer que l'homme n'a jamais observé un cas de déterminisme parfait [3] ; le déterminisme était parfait *pour lui* et cela suffisait. Lorsque, par hasard, ce déterminisme lui paraissait en défaut, il lui arrivait bien

---

1. La croyance aux « commencements absolus » est nettement en contradiction avec cette définition ; elle suppose en effet que l'état actuel n'a pas été précédé d'autres états d'où il dérive, en d'autres termes qu'il y a des effets sans cause.

2. Voy. plus bas, les *lois approchées*, chap. XXVII.

3. Mais il a obtenu un très grand nombre de cas de déterminisme approché, ce qui vaut peut-être mieux, comme nous le verrons plus tard.

de crier au miracle, mais, chose étonnante et qui prouve l'importance énorme des croyances fixées dans notre hérédité par l'expérience ancestrale, il lui est arrivé souvent aussi (et cela lui arrive tous les jours depuis que la période scientifique est ouverte), il lui est arrivé, dis-je, de penser que cet accroc au déterminisme n'était qu'apparent et de chercher si, dans les descriptions des phénomènes, il n'avait pas négligé un facteur. C'est comme cela que Leverrier a découvert Neptune. Ainsi donc, sans avoir jamais été en droit de croire rigoureusement au déterminisme, l'homme y a cru à la suite d'observations grossières et cette conviction, devenue héréditaire, lui a servi ensuite de base pour trouver précisément les causes de ses premières erreurs d'observation. C'est là l'histoire des lois naturelles!

Avec nos moyens d'étude actuels, nous constatons que, dans les objets qui nous entourent, la mécanique du mouvement visible n'est jamais rigoureuse; nous ne savons pas réaliser d'expériences de mouvement macroscopique sans produire, en même temps, des phénomènes physiques (chaleur, électricité) qui ne sont pas négligeables. C'est seulement en mécanique céleste que l'on trouve des vérifications tout à fait précises. Il ne faut donc pas demander aux expériences sur le mouvement visible des corps une rigueur absolue, mais il faut se dire qu'un grand nombre de vérifications approchées créent une aussi forte présomption de loi qu'une vérification parfaite. (Voy. plus bas, les lois approchées, chap. xxvii.)

Je spécifie qu'il s'agit ici de la mécanique du mouvement visible ou du mouvement macroscopique des corps: nous verrons plus loin que l'on a étendu cette mécanique à des mouvements microscopiques ou même plus petits que les mouvements visibles au microscope, à des mouvements hypothétiques par lesquels on a tenté d'expliquer les phénomènes qui, à notre échelle, sont des phéno-

mènes de chimie, de chaleur, d'électricité, de lumière, etc.,
et qu'on a essayé d'établir un déterminisme plus rigoureux en faisant intervenir, dans les équations, ces mouvements hypothétiques. Pour le moment, nous supposons
que tous ces phénomènes accessoires sont négligeables
dans les cas que nous étudions et que nous pouvons considérer comme complète notre description macroscopique
des faits, ce qui, je le répète, n'est jamais rigoureusement
réalisé si ce n'est en astronomie. Nous n'obtiendrons
donc, expérimentalement, que des résultats approchés,
si nos moyens d'observation sont très précis; mais cela
ne nous empêchera pas de découvrir des lois rigoureuses.

La première condition à réaliser pour faire de la mécanique est de savoir *mesurer le* TEMPS; or nous avons bien
la sensation de durée, mais cette sensation n'est pas de
nature à nous fournir des mesures précises. Nous sortons
d'embarras en appliquant notre principe général du déterminisme, que les mêmes causes produisent les mêmes
effets. Si donc, un mouvement s'est produit une première
fois d'un point à un autre, dans des conditions données,
nous devons penser que ce même mouvement, se produisant une seconde fois, *dans les mêmes conditions*, durera
le même temps que la première fois: c'est le principe du
sablier, de la clepsydre, etc... Le pendule est un instrument qui permet précisément de réaliser, plusieurs fois
de suite, un même mouvement dans des conditions constantes. Si l'on s'arrange, de manière à ce que le pendule
décrive toujours le même trajet et si l'on enregistre
mécaniquement le nombre de ces oscillations (ce qui se
fait au moyen de l'échappement de Huygens), on a une
excellente machine à mesurer le temps, un chronomètre,
une horloge. Il suffira alors de lire avec les yeux le
nombre enregistré entre le moment initial et le moment
final d'une observation et l'on aura la durée de l'observation, exprimée par un certain nombre de durées élémen-

taires, les durées d'oscillation du pendule. Cet appareil, le plus admirable peut-être que l'homme ait inventé, nous donne donc par les yeux l'expression *arithmétique* du temps écoulé, ce que n'aurait jamais pu faire notre sens de la durée; et la notion arithmétique de nombre est étendue à la considération d'actes successifs, tandis que, primitivement, elle représentait seulement des discontinuités synchrones.

Nous voilà outillés pour noter, à des intervalles connus au moyen de l'horloge, les descriptions géométriques successives d'un système d'objets qui changent, soit dans leur forme, soit dans leur position relative. La mécanique se propose, avons-nous dit, d'établir une relation mathématique entre ces descriptions successives et les durées qui les séparent, de telle manière que, étant donné un certain nombre de descriptions successives et faites à des époques connues du système d'objets considérés, on puisse prévoir ensuite quel sera l'état du système à un moment quelconque arbitrairement désigné à l'avance.

Dès que l'on entreprend de résoudre ce problème dans les cas les plus simples, on s'aperçoit que les résultats obtenus n'ont aucune généralité, si l'on s'en tient à des considérations géométriques et à des mesures de temps ; autrement dit, deux systèmes géométriquement identiques peuvent se comporter de manières très différentes. suivant la nature chimique des corps qui les constituent. C'est là l'origine de la notion de masse.

CHAPITRE XIII

LA NOTION DE MASSE

Considérons un système entièrement défini géométriquement et dans lequel nous remarquerons en particulier deux corps A et B formés d'une substance homogène ; étudions, comme nous venons de l'indiquer, les géométries successives de ce système à des moments bien déterminés et supposons que nous puissions, au moyen de ces géométries successives, prévoir une géométrie ultérieure du système : nous en aurons fait l'étude mécanique complète.

Considérons maintenant un autre système, identique au premier, sauf quant à la nature des corps A et B qui auront changé chimiquement et seront devenus A_1, B_1, tout en conservant la même géométrie et la même homogénéité ; nous constaterons que la formule mathématique qui nous permettra de prévoir une géométrie ultérieure de ce système sera différente de la première ; il en sera de même pour un troisième système A_2, B_2, différant uniquement des deux premiers par la nature chimique des corps A et B : ce troisième système nous fournira une troisième formule et nous constaterons aisément que nous pouvons passer de la première à la seconde ou à la troisième en changeant certains coefficients numériques.

Si nous répétons la même épreuve au moyen d'un autre système comprenant les deux corps A et B, et en remplaçant successivement, dans ce système, chacun de ces deux corps par les corps de même géométrie qui nous ont servi dans la première série d'expériences, nous établirons encore pour ce système, une série de formules mathématiques différentes, permettant de prévoir dans chaque cas une géométrie ultérieure du système; mais, ces formules mathématiques différentes pourront encore se transformer l'une dans l'autre par le changement de certains coefficients numériques.

Et ceci sera trouvé vrai pour toute une série de systèmes différents comprenant les deux corps géométriquement définis, A et B. Or, chose imprévue et tout à fait remarquable, quel que soit le système mécanique considéré, que ce soit celui de la première, de la deuxième, de la troisième série d'expériences, nous pourrons, dans chacun d'eux, passer de la formule relative à A et B à la formule relative à A_1 et B_1 ou à la formule relative à A_2 et B_2 par le même changement des mêmes coefficients; autrement dit, chaque corps A, A_1, A_2, B, B_1, B_2, pourra être considéré comme apportant dans chacun des systèmes considérés, un coefficient constant qui lui est personnel. Avec quelques conventions relatives à un choix d'unités, on pourra donc accoler à chacun des corps A, A_1, A_2, etc., un coefficient personnel qui l'accompagne dans tous les systèmes dont il fait partie et qu'on appelle la masse de ce corps [1].

---

[1] Notre langage étant ici excessivement général, il n'est pas inutile de donner un exemple concret de cette série de systèmes mécaniques dans lesquels on considère principalement deux corps A et B. (En réalité le système considéré ici n'est pas réellement complet; il l'est pratiquement et cela suffit.) (Voy. chap. XVII.)

Soient, par exemple, deux pendules AO et OB (fig. 1) dont l'un est immobile et vertical, l'autre maintenu dans la position OB. Je lâche OB, il descend et frappe OA qui se met en mouvement à son tour et monte, par exemple, jusqu'en OA'. Si je fais un certain nombre d'expériences avec ce système, en faisant varier seulement la hauteur h de laquelle je laisse tomber le pendule B, je pourrai résoudre entièrement le problème mécanique que je me suis posé (par exemple, au moyen d'un appareil enregistreur qui notera les positions exactes de A et de B aux divers moments de l'expérience), et il me sera possible de prévoir ensuite, lorsque je lâcherai B d'une hauteur quelconque x, non seulement la hauteur y à

Voilà un premier résultat qui nous donne la notion numérique de masse pour des corps de même géométrie. Rappelons-nous maintenant que nous avons, dans

laquelle montera A, mais même toutes les particularités de son mouvement. Donc pour un système *donné* de corps A et B j'aurai résolu *entièrement* un problème mécanique par de simples mesures de géométrie et de temps.

Mais je suppose, maintenant, que je remplace le corps B par un corps géométriquement identique, et formé d'une autre substance, que, au lieu d'une boule de liége par exemple, je prenne une boule de plomb, le corps A restant identique à ce qu'il était précédemment. Je constaterai que la

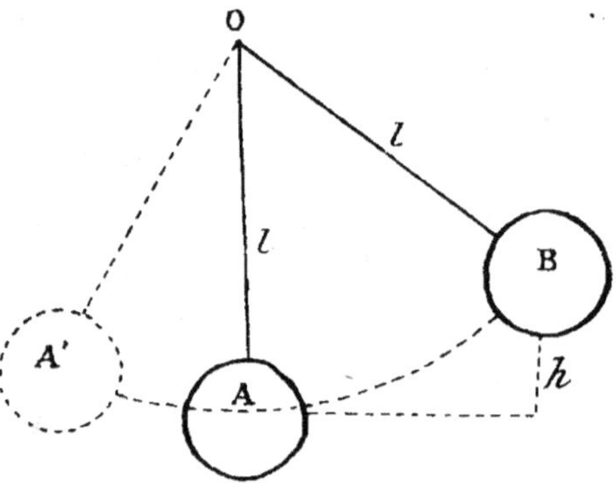

Fig. 1.

première partie du phénomène n'aura pas sensiblement changé, c'est-à-dire que le corps B mettra le même temps à venir heurter A, mais le sort de A sera tout différent et il montera bien plus haut que la première fois : si de même je change la nature de A sans changer sa forme, le phénomène changera encore...

Donc, étant donné un certain système, A, B *entièrement déterminé*, je pourrai établir par l'expérience une relation mathématique, fonction de la hauteur h, c'est-à-dire que, après un certain nombre d'expériences faites, sur ce système, avec des hauteurs h différentes, je pourrai prévoir ce qui se passera lorsqu'on recommencera l'expérience, sur le même système, avec une hauteur arbitraire h, comme point de départ. La même chose se produira évidemment avec un autre système A, B, géométriquement identique au premier, mais différant de lui par la nature des solides A et B : seulement la formule sera différente.

Au lieu de changer la nature des substances A et B, nous aurions pu changer la longueur l du pendule en conservant les mêmes substances : nous aurions encore trouvé, pour le nouveau système, une formule différente de la première, mais la géométrie analytique nous aurait permis de passer aisément de la première à la seconde en introduisant la longueur l dans l'équation : notre formule aurait dépendu alors de deux paramètres, h et l, et nous aurions eu une formule générale nous permettant de prévoir le résultat de l'expérience pour une valeur quelconque de h et une valeur quelconque de l.

toutes nos expériences, considéré des corps A et B
formés, chacun pour son compte, d'une substance homogène ; il nous sera facile de constater que, pour d'autres

Eh bien ! si nous comparons les diverses formules obtenues pour des systèmes différant, non plus par la longueur l, mais par la nature de la
boule B, nous constatons de même qu'il est facile de passer de l'une à
l'autre, sans changer la forme mathématique de l'équation, en remplaçant, dans chaque cas, *un coefficient constant par un autre coefficient,
qui varie avec la substance étudiée.* Cela étant connu, toutes les fois que
nous aurons à remplacer la boule B par une boule de substance nouvelle, nous ferons une première expérience avec une longueur l et une
hauteur h. Nous comparerons le résultat de cette expérience à celui d'une
expérience précédente faite avec la même longueur et la même hauteur
et nous en déduirons le coefficient correspondant à la nouvelle boule B.
ce qui nous permettra de prévoir ensuite tout ce qui arrivera avec les différentes valeurs de l et de h.

Nous avons donc une série de coefficients μ_1, μ_2, μ_n correspondant à
une série de boules B_1, B_2, B_n. Si maintenant nous recommençons une
série d'expériences en substituant à A les diverses boules B_1, B_2, B_n. nous
constatons facilement que ce qui importe dans nos formules c'est le rapport d'un coefficient relatif à la boule qui est en B et d'un coefficient relatif
à la boule qui est en A. Et par conséquent en nous arrangeant de manière
à ce que notre coefficient soit 1 quand A et B sont identiques, et en choi-
sissant à l'avance comme terme de comparaison, une certaine boule A
qui nous servira d'unité, nous trouverons une série de coefficients m_1, m_2.
m_n, qui seront ce qu'on appelle les *masses* des boules B_1, B_2, B_n, évaluées
avec la masse de A prise pour unité. Et cela posé nous pouvons écrire
une formule *générale* permettant de prévoir à l'avance tout ce qui arrivera à notre système OAB précédemment défini, formule qui contiendra
trois paramètres, h, l, et m, auxquels il suffira de substituer des valeurs
précises, h_1, l_1, m_1, pour que le système soit entièrement déterminé (A est
supposé constant dans le système et sert d'unité). Et cette formule générale qui nous permettra de prévoir le mouvement du système entièrement
connu, pourra nous servir également à mesurer la masse m d'un corps
nouveau B, par une expérience unique.

Ainsi donc nous avons été conduits à la définition de la masse m d'un
corps par le souci de généraliser la formule relative au mouvement d'un
système défini géométriquement.

Cette définition n'aurait aucune importance s'il fallait faire des expériences et des calculs analogues à ceux dont nous venons de parler.
toutes les fois qu'un corps donné B est introduit dans un système. Supposons que nous expérimentions successivement des systèmes tout à fait
différents et dont nous sachions faire l'étude mécanique complète, c'est-
à-dire dont nous sachions prévoir l'état à un certain moment fixé à
l'avance, si nous en connaissons un certain nombre d'états précédents à des
moments bien déterminés. Eh bien, si, dans un tel système nous rempla-
çons le corps B_1 par le corps B_2, nous saurons passer de la première formule à la seconde et nous y arriverons précisément en substituant le
nombre m_2 au nombre m_1 dans les coefficients de l'équation. Autrement
dit encore, si, au lieu de nous proposer de généraliser la formule du
mouvement de notre système OAB dans lequel B est remplacé successivement par B_1, B_2, B_n, nous nous proposons de généraliser la formule
d'un *autre système quelconque*, dans lequel B sera remplacé successivement
par B_1, B_2, B_n, nous arriverons au résultat au moyen des *mêmes* coeffi-

corps A_1 B_1 également définis géométriquement et ayant des volumes différents de A et de B, il existera aussi des masses numériquement définies qui les accompagneront dans tous les systèmes où nous voudrons bien les placer. Or, si nous employons successivement pour constituer A_1 et B_1 les mêmes substances chimiques homogènes que nous avons employées pour constituer A, B, A_1, B_1, A_2, B_2, etc., nous constaterons que pour une même substance chimique, les masses de A_1 et de A'_1, par exemple, sont dans le rapport de leurs volumes, et cette remarque nous permet de mesurer pour une substance chimique homogène déterminée, la masse de l'unité de volume. Ce rapport de la masse au volume dans les corps homogènes donne une allure concrète à notre notion purement mathématique de masse ; on en a même conclu à une définition de la masse par la « quantité de matière », ce qui est, non pas une définition de la masse mais, jusqu'à un certain point, une définition d'une matière donnée, par l'une de ses propriétés, la masse de l'unité de volume ou densité.

Nous avons supposé, dès le début, que les corps A et B sont homogènes ; si nous avons affaire à des corps hétérogènes nous sommes en présence de problèmes beaucoup plus compliqués lorsque nous étudions des systèmes quel-

cients m_1, m_2, m_3 : autrement dit encore, si pour un système quelconque nous avons établi, comme nous venons de le faire pour notre système OAB, une formule générale au moyen de paramètres dont l'un m est relatif à la nature du corps B, et si nous nous servons expérimentalement de ce système pour déterminer la valeur m_1 relative au corps B_1, nous obtiendrons la même valeur qu'avec le système OAB. Autrement dit, enfin, nous constatons que chaque corps emporte avec lui, dans tous les systèmes dont il fait partie, une propriété spéciale que l'on appelle sa masse.

Cet exemple de deux pendules qui se choquent ne donnerait pas une bonne méthode de détermination des masses ; j'ai choisi cet exemple simple pour rendre ma narration plus concrète et voilà tout. La machine d'Atwood eût été un meilleur modèle, mais un peu plus complexe. Mach a montré comment on pourrait déterminer les masses par le régulateur à force centrifuge. En fait, une fois établie la constance de la masse, c'est la balance qui vaut le mieux.

conques; il faut, en effet, tenir compte de l'hétérogénéité dans la description géométrique complète de chaque corps; l'hétérogénéité est une sorte de géométrie *interne* et l'expérience montre que cette géométrie interne a une influence considérable sur le sort des systèmes. Notre notion de masse, à laquelle nous avons été conduits par le souci de généraliser la formule relative au mouvement d'un système défini géométriquement, ne nous permet pas de généraliser cette formule, quand il s'agit de corps hétérogènes. Nous devons décomposer chaque corps hétérogène en un certain nombre de parties homogènes et alors nous avons à étudier un ensemble extrêmement complexe où varient non plus deux seulement. mais un très grand nombre de corps différents.

On peut choisir cependant des systèmes particuliers. dans lesquels l'influence de l'hétérogénéité ne se fasse pas sentir; tel est, par exemple, le système qu'on appelle une balance. Une balance est un système mécanique choisi de telle manière que deux corps homogènes de même masse, placés sur ses deux plateaux, lui assurent. soit le repos dans une certaine position, soit un mouvement d'oscillation symétrique autour de cette position. On constate que, dans un tel système, on peut remplacer sans changer le mouvement, l'un des corps homogènes de masse M placé sur l'un des plateaux par une série de corps différents de masses m_1, m_2, m_3. telles que :

$$m_1 + m_2 + m_3 = M :$$

observation qui conduit à parler de la masse totale $m_1 + m_2 + m_3$. d'un ensemble hétérogène. Mais il ne faut pas oublier que cette définition n'a de valeur que pour certains systèmes très spéciaux comme la balance et que, le plus souvent, on ne peut pas remplacer dans un système un corps homogène par un ensemble hétérogène

de même masse totale, même si cet ensemble hétérogène
(ce qui d'ailleurs n'est pas nécessaire pour la balance) a
exactement la même géométrie externe que le corps homogène considéré. En réalité, pour définir géométriquement
un système, il faut tenir compte de toutes les masses
homogènes *avec les positions qu'elles occupent;* pour
définir une masse hétérogène il faut la supposer décom-
posée en parties homogènes et tenir compte des masses
de ces parties *en même temps que de leur situation;* suivant la nature du problème on trouvera des manières
mathématiques plus ou moins simples d'introduire dans
les équations, à la fois ces masses partielles et leur position respective (moment d'inertie, centre de gravité, etc.).
Je n'ai pas à m'occuper ici de ces questions; je voulais
seulement montrer l'origine mathématique de cette notion
de masse qui résulte du besoin de généraliser les formules et qui tire une importance considérable de la loi
expérimentale de la conservation de la masse.

CHAPITRE XIV

MOUVEMENT ET VITESSE

Nous avons défini l'étude mécanique d'un système, une série de descriptions géométriques faites de ce système à des moments connus. Chacune de ces descriptions est purement géométrique et est, par conséquent, en dehors du temps. Mais au lieu de contempler successivement les états successifs du système, nous pouvons au contraire suivre, dans le temps, le déplacement *par rapport à nous* de l'un des points remarquables de ce système sur lequel nous fixons notre attention ; nous observons alors la trajectoire du point, la ligne qu'il suit dans l'espace. Évidemment, nous ne voyons jamais à la fois qu'un point unique, mais, surtout si le déplacement du point est rapide par rapport à nos sensations visuelles, cette trajectoire se trace plus ou moins nettement dans notre mémoire, comme si elle constituait une ligne matérielle ; nous pouvons d'ailleurs, dans beaucoup de cas, fixer cette trajectoire au moyen d'un appareil enregistreur.

Alors, nous ne voyons plus un point, nous voyons le mouvement d'un point, parce que nous recueillons simultanément les sensations optiques et la sensation de durée, ce qui se traduit en nous par une sensation mixte d'une nature spéciale qui est la *sensation de mouvement*. Nous avons la sensation de mouvement chaque fois que la durée d'un déplacement appréciable pour notre œil est assez petite pour que nous ayons encore présente à la mémoire la situation initiale de l'objet au moment où nous observons sa situation actuelle. Et cette sensation est d'autant plus forte que le déplacement est plus considérable pendant un temps plus court; il se fait en nous une évaluation approximative du rapport du chemin parcouru au temps employé à le parcourir; c'est ce qui constitue pour nous la *sensation de vitesse*, inséparable de la sensation de mouvement et qui peut être considérée comme étant précisément l'intensité de cette sensation de mouvement.

Comme cette qualité du mouvement qu'on nomme la vitesse, peut varier à chaque instant, on mesure seulement ce qu'on appelle la vitesse moyenne d'un point. c'est-à-dire le rapport du nombre qui mesure l'espace parcouru pendant un certain temps, au nombre qui mesure ce temps (les systèmes d'unités étant convenablement choisis). Et l'on appelle, par conséquent, vitesse d'un mobile à un moment donné, la vitesse moyenne de ce mobile pendant l'intervalle le plus court possible pris à ce moment donné, c'est-à-dire, la dérivée de l'espace parcouru par rapport au temps. Voilà une définition mathématique précise qui se substituera avantageusement à notre sensation de vitesse.

Remarquons tout de suite que cette notion de vitesse, notion empruntée à une sensation humaine, n'introduit pas de variable nouvelle, mais seulement une fonction particulière de la géométrie et du temps; en d'autres termes, si nous nous en tenons à notre première définition de la mécanique par une série de descriptions géométriques successives, nous pourrons en conclure les vitesses des différents points du système. Il suffira de supposer que nous avons fait ces descriptions géométriques à deux moments séparés l'un de l'autre par un intervalle très petit.

CHAPITRE XV

LA NOTION DE FORCE ET LA SENSATION D'EFFORT;
LE PRINCIPE DE L'INERTIE

Enfin, il est une notion que l'on introduit fatalement quand on parle, avec précision, des vitesses, ou, d'une manière générale, des mouvements, c'est celle de *l'accélération* ou variation de vitesse et de direction du mouvement d'un point; comme il y a souvent à ce propos une certaine obscurité dans le langage courant, obscurité qui entraîne les pires erreurs philosophiques, nous devons nous arrêter ici un instant et étudier d'abord le problème dans un cas relativement simple.

L'exemple mécanique que nous avons pris tout à l'heure (p. 87, en note) pour la définition de la masse était orienté d'une certaine manière par rapport à la verticale du point d'observation; dans ces conditions nous avons observé des mouvements des boules A et B et nous avons pu les relier au moyen d'une formule mathématique; il peut donc sembler que ce système est un système complet et porte en lui-même la détermination de ses destinées ultérieures. Mais ce n'est là qu'une illusion.

Si ce système était complet par lui-même, on pourrait le transporter n'importe où et l'orienter n'importe comment, sans que, pour cela, son devenir fût modifié; or cela n'a pas lieu; même sans changer de place à la surface de la terre, nous nous apercevons immédiatement que nous ne pouvons pas lui imposer une orientation différente par rapport à la verticale, c'est-à-dire par rapport à la terre, sans faire varier du tout au tout les conditions du problème. Par conséquent ce système n'est pas, dans son isolement, un système complet; pour que le système soit complet il faut y ajouter la terre elle-même. Et ceci est vrai de tous les systèmes que nous pouvons étudier autour de nous; aucun d'eux n'est indépendant de la terre; il faut s'ingénier longtemps pour fabriquer un système auquel la direction de la verticale soit indifférente.

Donc, toutes les fois que nous étudions des corps placés dans notre voisinage, nous devons penser tout de suite que ces corps ne constituent pas un système complet; il faut y adjoindre la terre. Par exemple, le système dont nous avons étudié tout à l'heure la succession des formes géométriques dans le temps n'était pas un système complet; il devient un système complet si nous y ajoutons la terre, à la place qu'elle occupe vraiment par rapport à l'ensemble AOB.

C'est là une grande difficulté pour nous, car si notre observation s'étend facilement à un ensemble qui a plusieurs mètres d'étendue, il nous est à peu près impossible de nous imaginer le système formé par cet ensemble et la terre, tant la terre est considérable par rapport à lui; nous devons donc chercher un procédé pratique pour surmonter cette complication et nous y arrivons grâce à une autre sensation humaine, que j'ai signalée plus haut mais non encore étudiée, la sensation d'effort.

Si, en effet, nous nous proposons d'*éloigner* de la terre un objet quelconque qui repose à sa surface, opération que nous racontons généralement en disant que nous avons soulevé cet objet, nous éprouvons en effectuant cette opération une sensation particulière, assez obtuse d'ailleurs et susceptible d'une bien faible précision. Nous avons, en agissant ainsi, déformé le système géométriquement défini, que constituaient la terre et l'objet considéré.

En réalité, nous avons observé la transformation d'un système plus complexe formé de trois éléments distincts, la terre, l'objet considéré et nous-même, qui n'avons pas été, dans l'espèce, un simple observateur.

Si un être, autre que nous-même, se livrait à l'étude du système triple ainsi constitué, il pourrait s'en proposer l'étude mécanique au sens que nous avons défini précédemment, c'est-à-dire, la série des descriptions géométriques à des moments bien déterminés. Il appellerait alors *causes* les états du système à ces divers moments passés et *effet* l'état actuel du système.

Malheureusement, ce que nous savons de l'homme suffit à nous prouver que cette étude serait impossible; la *géométrie* de l'homme varie à chaque instant en chacun de ses points, et il se produit en outre, en chacun de ses points, des phénomènes chimiques, thermiques, etc., qui ne sont pas négligeables; par conséquent, les déformations de l'homme sont du ressort de la mécanique générale et non de celui de la mécanique du mouvement visible; encore la mécanique générale y perdrait-elle son latin; la déformation est trop complexe!

Donc, l'étude mécanique du système formé par la terre, l'objet soulevé et l'homme qui le soulève est impossible à un observateur étranger pour cause de complexité; donc cet observateur ne pourra pas arriver au résultat que nous avons considéré précédemment comme le but de la mécanique, c'est-à-dire à *prévoir* les déformations d'un système dans lequel intervient un de ses congénères.

Il n'en est plus tout à fait de même si l'observateur est l'homme lui-même qui fait partie du système observé. Non pas que l'homme connaisse à chaque instant sa géométrie et sa chimie locale; du moins ne les connaît-il pas en langage visuel; mais la sensation d'effort lui fait connaître, à chaque instant, dans un langage très spécial, les variations à cet instant de ce qui, dans sa chimie et sa géométric, est justemant en rapport avec le soulèvement de l'objet. L'homme peut donc raconter dans un langage très particulier et assez peu précis, la part qu'il prend au phénomène exécuté.

Il est d'ailleurs tout naturel que cette sensation particulière, absolument indispensable dans les relations de l'homme et du monde ambiant, ait été développée chez lui par la sélection au cours de son évolution spécifique; il est naturel aussi qu'elle soit adéquate aux choses et douée d'une précision qui suffit à l'homme pour la conservation de sa vie.

Notre impuissance à réaliser l'étude géométrique et chimique de l'homme, à chaque moment de son existence, nous oblige à introduire dans le langage cette sensation d'effort qui résulte de phénomènes défiant toute analyse; c'est là un mal nécessaire quand nous voulons raconter les déformations d'un ensemble dont nous faisons partie et nous devons en conclure que, du moins pour les phénomènes dans lesquels intervient l'homme, la narration en langage purement optique est impossible; il faut, de toute nécessité, faire intervenir un autre langage cantonal, celui du canton de la sensation d'effort; et par conséquent, cette narration reste en dehors de la *science proprement dite* précédemment définie.

Il est donc tout à fait regrettable au point de vue philosophique, que, pour éviter la difficulté qui provient de l'introduction de la terre dans des systèmes mécaniques où il n'y a pas d'hommes (difficulté qui n'en était pas une pour le langage mathématique, mais seulement pour l'imagination plastique) on ait été amené à exploiter en mécanique cette sensation d'effort. Pour raconter, sans faire intervenir la terre dans le système étudié, le phénomène qui se passe quand je soulève un objet, j'imagine un homme qui exerce sur cet objet un effort dirigé en sens inverse du mien, c'est-à-dire suivant la verticale descendante et je divinise cet homme hypothétique que j'appelle la *pesanteur*. Désormais, au lieu de faire intervenir la terre dans les descriptions géométriques de mes systèmes, j'imaginerai, tirant sur chaque objet suivant la verticale descendante, une *action* résultant d'un effort de la pesanteur et que j'appellerai une *force*.

La sensation d'effort étant assez obtuse, il faut imaginer un appareil purement mécanique qui la mesure avec précision. Mais, justement, nous n'éprouvons pas seulement cette sensation d'effort en soulevant un poids, nous l'éprouvons également en essayant de déformer certains systèmes matériels, par exemple ceux que nous appelons des ressorts. Nous constatons que, dans un ressort bien conditionné, nous obtenons une certaine déformation, toujours la même pour la même sensation d'effort, et nous convenons, par suite, de remplacer la constatation obtuse de l'effort personnel exécuté en soulevant un poids par l'étude optique de la déformation d'un ressort soulevant le même poids. C'est le principe du *dynamomètre*. Ainsi, la notion humaine de force se dissimule derrière un instrument, purement mécanique, de mesure; cela est déjà mieux, au point de vue de la précision, mais il reste néanmoins un inconvénient tenant à ce que la graduation du dynamomètre ne peut être qu'empirique, le ressort n'étant lui-même pas susceptible d'une étude mécanique complète.

Quoi qu'il en soit, on constate aisément que cette notion humaine de force suffit à remplacer complètement la terre dans les systèmes matériels. Il suffit de supposer, tirant sur chaque corps suivant la verticale descendante, une force que l'on appelle le *poids* du corps.

Les mesures faites à ce sujet ont démontré que, pour un corps donné, cette force varie suivant la position de ce corps à la surface de la terre (et cela était à prévoir, puisque la terre tourne et aussi puisqu'elle n'est pas sphérique et que, par conséquent, l'ensemble géométrique formé par la terre et par un litre d'eau situé à la hauteur d'un mètre à Paris, n'est pas superposable à l'ensemble formé par la terre, et un litre d'eau situé à la hauteur d'un mètre à Tombouctou). Ces mesures ont montré aussi que, en un même point, à la surface de la terre, le poids des corps varie dans le même sens que leur masse, c'est-à-dire que le dynamomètre accuse une déformation plus considérable pour un corps de masse plus grande.

Or, nous avons remarqué que la graduation d'un dynamomètre est purement empirique : la sensation d'effort est, d'autre part, très obtuse et, d'ailleurs, cette sensation appartenant à un canton qui n'est pas recouvert par le canton optique, LE LANGAGE MATHÉMATIQUE NE LUI EST PAS APPLICABLE ainsi que nous l'avons vu précédemment. Il a donc fallu choisir *conventionnellement* une échelle de mesure des poids[1] et on l'a choisie naturellement de manière à rendre les calculs aussi simples que possible. On a constaté que, ce qu'il y a de plus commode à ce point de vue, c'est de convenir que, en un point donné, les nombres qui mesurent les poids seront proportionnels aux nombres qui mesurent les masses. Il suffira alors de fixer, en un lieu choisi, le poids d'une masse donnée et cela fait, pour connaître le nombre qui mesure le poids d'un corps quelconque au lieu considéré, on se contentera de mesurer sa masse ainsi que nous l'avons appris plus haut et on calculera le poids par une simple proportion.

Ainsi le poids reste un nombre tout à fait conventionnel.

---

1. Dans ses principes de mécanique, JEAN PERRIN donne bien comme une convention l'application de l'arithmétique aux forces : « On *dira* (p. 4) que la tension d'un fil est double que celle d'un autre fil si le premier détermine le même allongement du fil de comparaison que deux fils ayant même tension que le second et agissant simultanément sur ce fil de comparaison. » Mais dans la plupart des ouvrages de mécanique on escamote la difficulté de la *numération* appliquée aux forces et on donne souvent comme théorème ce qui est une pure convention : la numération, en dehors du canton optique, ne signifie plus rien.

mais si on l'introduit dans les calculs on constate bien vite que, grâce aux conventions précédentes, ce nombre se trouve lié d'une manière fort simple aux variables purement mécaniques du système dont fait partie le corps considéré, ce qui va permettre, après toutes ces tortures, d'introduire la notion de poids dans le canton optique et de donner du poids une définition purement mécanique qui n'aura plus d'ailleurs qu'un rapport fort éloigné avec la sensation primitive d'effort.

Étudions le système formé par la terre et un corps pesant situé à une certaine hauteur au-dessus du sol; lorsque ce corps pesant est lâché, il se meut vers le sol, d'un mouvement vertical qu'on appelle *chute*, et il est facile, au moyen d'un enregistreur (la machine de Morin, par exemple) de constater quelles ont été, pendant cette chute, les relations entre le temps et l'espace parcouru par le corps pesant; la formule est évidemment parabolique.

$$e = kt^2.$$

La vitesse à un moment donné de la chute est la dérivée

$$v = 2kt$$

cette vitesse n'est pas constante, mais varie uniformément avec le temps; l'accélération, dérivée de la vitesse, est le nombre $g = 2k$.

Si l'on s'arrange de manière à pouvoir négliger la résistance de l'air, on constate que, en un point de la surface de la terre, la formule est la même pour tous les corps pesants connus et l'on donne au coefficient g, qui est constant en un point de la terre le nom d'accélération de la pesanteur.

A partir de ce moment, le langage va changer et devenir anthropomorphique. Tout à l'heure nous nous en tenions, pour la narration des phénomènes, à une série de descriptions géométriques faites à des moments bien déterminés dans le temps et, lorsque nous connaissions un nombre de descriptions géométriques antérieures suffisant pour nous permettre de prévoir une description géométrique ultérieure à un moment quelconque, nous définissions *causes* les descriptions antérieures et nous appelions *effet* la description ultérieure que les *causes* permettaient de prévoir. Ce langage était parfaitement scientifique, en ce sens qu'il ne faisait aucune hypothèse et permettait néanmoins une étude complète des phénomènes.

Maintenant nous modifions du tout au tout notre notion de causes. Au lieu d'une série de descriptions géométriques successives, nous étudions le *mouvement* en lui-même et les variations dans la *qualité* de ce mouvement qui nous est le plus directement sensible, la *vitesse*. Nous parlons du mouvement et de la vitesse d'un corps considéré seul et nous sous-entendons volontairement l'existence des objets voisins qui faisaient partie des descriptions géométriques successives dans notre premier langage, de sorte que les métaphysiciens arrivent à croire que nous savons ce que signifie le mot *mouvement d'un corps* d'une manière absolue, sans dire par rapport à quoi ce corps se ment[1]. Cette considération du mouvement avec ses qua-

1. Voici à ce propos comment s'exprime M. Bergson au début de son introduction à la métaphysique :

« Si l'on compare entre elles les définitions de la métaphysique et les conceptions de l'absolu, on s'aperçoit que les philosophes s'accordent, en dépit de leurs divergences apparentes, à distinguer deux manières profondément différentes de connaître une chose. La première implique qu'on tourne autour de cette chose ; la seconde, qu'on entre en elle. La première dépend du point de vue où l'on se place et des symboles par lesquels on s'exprime. La seconde ne se prend d'aucun point de vue et ne s'appuie sur aucun symbole. De la première connaissance on dira qu'elle s'arrête au *relatif* ; de la seconde, là où elle est possible, qu'elle atteint l'*absolu*.

« Soit, par exemple, le mouvement d'un objet dans l'espace. Je le perçois différemment selon le point de vue, mobile ou immobile, d'où je le regarde. Je l'exprime différemment, selon le système d'axes ou de points de repère auquel je le rapporte, c'est-à-dire selon les symboles par lesquels je le traduis. Et je l'appelle *relatif* pour cette double raison : dans un cas comme dans l'autre, je me place en dehors de l'objet lui-même. Quand je parle d'un mouvement absolu, c'est que j'attribue au mobile un intérieur

lités va être très commode au point de vue pratique et
même très féconde, mais elle est dangereuse au point de
vue philosophique.

Nous considérons donc le mouvement avec ses qualités
actuelles et immédiatement sensibles, la vitesse et la
direction, et nous étudions la variation de ces qualités
actuelles avec le temps; nous faisons, si l'on veut, l'étude
physiologique du mouvement considéré comme un être
et nous remarquons principalement ses variations de
vitesse et de direction, ce que nous appelons son accélération[1]. Quand un enfant fait tourner une toupie à coups
de fouet, nous disons, dans notre langage courant, que
c'est l'enfant, avec son fouet, qui est la *cause* du mouvement de la toupie et de ses variations de vitesse. C'est
l'origine de l'affirmation du Docteur Angélique : « *omne
quod movetur ab alio movetur.* » Dans l'ensemble formé
par la terre, l'enfant et la toupie, il y a un élément tellement complexe, l'*enfant*, que nous devons renoncer à en
faire les descriptions géométriques successives; nous nous
tirons de cette difficulté dans le langage courant en syn-
thétisant l'enfant dans une appellation unique et en lui
attribuant la propriété de créer du mouvement, de modifier les mouvements qui l'entourent; nous disons que
l'enfant *fait* tourner la toupie; *voilà la notion humaine de*
CAUSE; elle provient de notre incapacité à analyser entiè-

et comme des états d'âme, c'est aussi que je sympathise avec les états et que
je m'insère en eux par un effort d'imagination. Alors, selon que l'objet
sera mobile ou immobile, selon qu'il adoptera un mouvement ou un autre
mouvement, je n'éprouverai pas la même chose. Et ce que j'éprouverai ne
dépendra ni du point de vue que je pourrais adopter sur l'objet, puisque
je serai dans l'objet lui-même, ni des symboles par lesquels je pourrais le
traduire, puisque j'aurai renoncé à toute traduction pour posséder l'origi-
nal. Bref, le mouvement ne sera plus saisi du dehors, et, en quelque sorte,
de chez moi, mais du dedans, en lui, en soi. Je tiendrai un absolu. »
(H. Bergson. *Revue de métaphysique et de morale*, janvier 1903.)

1. Voy. plus bas, chap. XVIII les raisons pour lesquelles nous sommes
amenés fatalement à considérer la vitesse et la direction comme les qualités humaines du mouvement et à définir par conséquent l'accélération
ou *changement* du mouvement, par la variation de la vitesse et de la direction.

rement les géométries de l'enfant. Cette notion de cause n'est plus du canton optique: nous voyons le mouvement et non les *causes* du mouvement.

Nous devrions donc éviter avec soin l'introduction d'un pareil langage dans l'étude des mouvements beaucoup plus simples dans lesquels n'intervient aucun être vivant. mais l'homme trouve toujours que rien n'est plus simple que l'homme, et il croit simplifier les questions en y introduisant des êtres semblables à lui; nous avons vu tout à l'heure comment on a remplacé la terre par une divinité imaginaire, la pesanteur, qui suspend à chaque corps un homme tirant ce corps vers le sol avec un effort qu'on appelle le poids du corps.

Et puisqu'un corps, tombant en chute libre, change de vitesse, il est tout naturel de dire que c'est l'*homme poids* qui est la *cause* de ce changement de vitesse, comme l'enfant est la *cause* du mouvement de la toupie; on dit donc que c'est la pesanteur qui est la *cause* de l'accélération du mouvement d'un corps en chute libre.

Par un procédé très ingénieux, la machine d'Atwood permet de diminuer l'accélération d'un système convenablement choisi et de ralentir, autant qu'on le veut, le mouvement de ce système: on constate ainsi, expérimentalement, que si la cause du mouvement d'une masse totale M est réduite à l'action de la pesanteur sur une masse plus petite *m*. c'est-à-dire au poids d'une masse plus petite *m*, l'accélération correspondante est diminuée précisément dans le rapport de *m* à M. Et par conséquent, *si l'on est convenu d'avance de mesurer le poids d'un corps par un nombre proportionnel à sa masse*, on constate que les forces qui sont les causes du mouvement d'une masse donnée sont entre elles comme les accélérations qu'elles impriment à cette masse. Et cette constatation satisfait le besoin de logique de l'homme qui aime bien que les causes soient proportionnelles à leurs effets. On peut même croire que c'est de cette remarque que vient la convention de la proportionnalité des poids aux masses.

Ce cas de la machine d'Atwood est intermédiaire au cas de la chute libre et à celui d'un mouvement quelconque auquel il nous conduit; dans la machine d'Atwood, nous constatons que le poids p d'une masse m, *tirant* sur une masse M (masse totale et qui comprend m), lui communique une accélération amoindrie γ qui, par rapport à l'accélération g de la chute libre, est :

$$\gamma = \frac{m}{M}\, g.$$

Cette relation peut s'écrire :

$$M\gamma = mg.$$

ou, en langage courant : pour une même *force* motrice, le produit d'une masse par l'accélération qu'elle subit est constant. Si donc nous constatons qu'une certaine *force* inconnue donne à une masse M, une accélération γ, nous pouvons prévoir l'accélération que donnerait la même force à une autre masse quelconque M'; l'effet de cette force peut donc être prévu dans tous les cas; il est tout simple de prendre le nombre $M\gamma$ pour mesure de la force inconnue qui est, dès lors, déterminée en grandeur. Et, puisque, en chute libre tous les corps tombent également vite, leur accélération commune g se trouve être le rapport commun que nous sommes convenus d'établir en un point donné entre le poids et la masse d'un corps.

Voilà une définition purement mécanique du poids : c'est le produit du nombre qui mesure la masse par celui qui mesure l'accélération de la pesanteur en un point donné de la terre. Je n'ai pas besoin de montrer combien le poids ainsi défini est loin de la sensation d'effort qui lui a donné naissance. Nous pouvons même oublier maintenant cette sensation d'effort et donner du poids la définition mécanique :

$$p = mg$$

La machine d'Atwood nous a conduits à une définition plus générale

$$p = mg = M\gamma\,;$$

dans cette définition, p, qui est le poids de la masse m, n'est plus qu'une force quelconque par rapport à la masse quelconque M; mais elle est définie entièrement en tant que force par l'accélération γ qu'elle imprime à la masse M. Et ceci nous conduit à la généralisation mécanique de cette notion anthropomorphique de force.

Je considère la déformation d'un système quelconque et la série des positions d'une certaine masse de ce système qui décrit dans l'espace une courbe quelconque, fonction du temps. Dans notre première conception de la mécanique, nous considérions comme *causes* les états précédents du système et comme effet, un état ultérieur quelconque. Nous allons maintenant changer notre manière de parler.

Nous considérons la masse M à un certain moment de son mouvement; elle a à ce moment une certaine vitesse et une certaine direction. Un instant après elle a une autre vitesse et une autre direction, c'est-à-dire qu'elle a subi une accélération γ. Cette accélération γ nous pouvions la calculer et la prévoir si nous connaissions assez d'états précédents du système pour en avoir établi l'équation mécanique en fonction du temps; mais au lieu de considérer sans cesse l'ensemble complexe dont se compose le système, bornons-nous à considérer le seul mobile, de masse M, dont nous connaissons le mouvement, de même que nous l'avons fait précédemment pour la chute libre d'un corps en supprimant la terre; *quoique sachant parfaitement que le corps considéré fait partie d'un système*, nous pouvons raconter son histoire, à lui tout seul, puisque nous avons l'équation de son mouvement; nous pouvons la raconter sans hypothèse, mais cela ne nous satisferait pas et nous préférons en donner une narration humaine avec des explications humaines. Alors, au lieu de dire que, à un moment donné, le corps est l'objet d'une accélération donnée, *nous imaginerons un homme tirant dessus pour modifier son mouvement*, et nous dirons que, au moment considéré, le corps est soumis à une FORCE choisie de telle manière qu'elle produise précisément l'accélération actuelle. Remarquons que cette *force* nous la définirons *après coup*, de manière qu'elle produise l'accélération qui s'est manifestée : nous la déduirons mathématiquement de la masse du corps et du changement qui se manifeste à chaque instant dans son mouvement, en vitesse et en direction ; et si nous l'avons bien calculée, nous pourrons ensuite raconter l'histoire du mobile observé sans tenir aucun compte des autres parties du système dont il fait partie.

Nous aurons alors changé du tout au tout notre langage mécanique primitif ; *nous ne raconterons plus l'histoire d'un corps*, NOUS RACONTERONS L'HISTOIRE D'UNE FORCE QUI MODIFIE A CHAQUE INSTANT LE MOUVEMENT DE CE CORPS[1], et nous finirons par croire que cette force, imaginée après coup pour donner une forme plus humaine à notre narration mécanique, que cette force, dis-je, EXISTE ; nous discuterons sa nature métaphysique ; nous nous en servirons comme terme de comparaison et elle nous servira même à expliquer (?) l'activité humaine, de la narration de laquelle elle provient (voy. chap. XXXI, Ame et force).

Au fond, cette entité nouvelle, nous ne la connaissons que par ses effets ; elle provient seulement du besoin que nous avons éprouvé de raconter le mouvement d'un corps en l'isolant de son système. Mais, comme toutes les notions humaines, la notion de force nous devient immédiatement si familière que nous nous imaginons savoir ce que c'est qu'une force sans qu'on ait besoin de nous l'ex-

----

1. Voy. plus bas. chap. XVIII, *Le mystère de la ligne droite.*

pliquer. Et voici ce qui en résulte pour le langage :

Nous mesurons la force par la variation de la vitesse et de la direction d'un mobile; d'où, *par définition même*[1]. la force qui agit sur un corps dont la vitesse et la direction ne changent pas, est nulle; autrement dit, *le mouvement rectiligne et uniforme ne subit l'action d'aucune force* : proposition que l'on renverse ordinairement en disant: *Tout corps qui n'est soumis à aucune force, ne peut avoir qu'un mouvement rectiligne et uniforme* ; ou encore, avec une narration encore plus humaine et dans laquelle on oppose implicitement le mobile à un homme vivant : *Un corps ne peut changer* PAR LUI-MÊME *son état de repos ou de mouvement.*

C'est ce qu'on appelle LE PRINCIPE DE L'INERTIE ; on voit aisément que ce principe n'est qu'une conséquence de la définition même du mot force. On a souvent objecté à ce principe qu'il est impossible d'en réaliser une démonstration expérimentale ; mais ce principe ne peut pas être démontré puisque c'est une définition ; nous ne connaissons aucun mouvement qui se maintienne indéfiniment rectiligne et uniforme ; si nous en connaissions un, nous déclarerions que le corps qui en est l'objet n'est soumis à aucune force et voilà tout.

Le mot force est une *manière de parler* dont nous nous servons pour raconter dans un langage anthropomorphique l'histoire du mouvement d'un corps ; au lieu de dire, par exemple, que, dans un système formé de la terre et d'un corps situé à une certaine hauteur sans vitesse initiale, ce corps tombe sur la terre d'un mouvement vertical uniformément accéléré, nous disons que la terre fait naître dans ce corps une force constante en intensité et en direction, et, avec ce que nous venons de voir précédemment, ces deux narrations sont identiques.

---

1. Je discuterai un peu plus loin (chap. XVIII) les objections faites à cette remarque que le principe de l'inertie n'est qu'une définition retournée.

Une fois cette notion de force introduite dans le canton optique avec sa définition précédente, le langage devient très facile pour rechercher, en particulier, les conditions d'équilibre d'un système donné, c'est-à-dire les égalités qui doivent être réalisées dans un système pour que son mouvement devienne nul. La statique est un cas particulier de la dynamique.

On représente les forces par des lignes droites ayant une longueur proportionnelle à leur valeur et l'on fait de la géométrie sur ces segments de droite. Le problème le plus important de la mécanique est celui qui consiste à remplacer un système de forces par un autre système équivalent. On appelle systèmes équivalents deux systèmes de forces tels que chacun d'eux, appliqué successivement à un corps, lui donne le même mouvement ; mais comme un système quelconque fait évidemment équilibre à un système égal et directement opposé, on pourra déclarer équivalents deux systèmes tels que l'un d'eux fasse exactement équilibre à un système égal à l'autre, mais directement opposé à cet autre. Les règles de la composition des forces résultent de celles de la composition des mouvements rectilignes et uniformes, etc... Tout se réduit désormais à des questions de mathématiques. Mais à force de parler des forces et de les représenter sur le papier, il est à craindre qu'on finisse par oublier le point de départ et par croire qu'elles sont quelque chose de réel, par croire surtout que l'on sait ce qu'elles sont.

Les philosophes font, du mot force, un usage désordonné ; on est très fier quand on a comparé la vie à une force... Quand on veut *expliquer* (?) le mouvement d'un système, on déclare que ce système est soumis à des forces, mais, si l'on veut déterminer ces forces, on est obligé d'étudier le mouvement et de définir ensuite la force qui sollicite chaque masse par le produit $m\gamma$ de cette masse et de son accélération au moment considéré. *On définit la force* APRÈS COUP, sous peine d'être exposé à se tromper, de même qu'on définit le plus apte, dans la lutte pour l'existence, celui qui a survécu après la bataille[1]. La force n'est, comme la sélection naturelle, qu'une manière de parler.

Mais on finit par croire que les forces existent! Et cependant le théorème le plus important de la statique suffirait à rappeler sans cesse qu'elles sont une notion conventionnelle. On peut remplacer le système de toutes les forces appliquées à un corps solide par un système extrêmement simple et exactement équivalent au premier, et ceci d'une infinité de manières! Comment conçoit-on alors ces forces entités? Et comment reconnaîtra-t-on le système des forces *réelles* parmi tous les autres systèmes équivalents et imaginaires, puisque le seul moyen de constater l'existence d'une force c'est de mesurer son effet et que l'effet est le même pour tous ces systèmes équivalents?

1. Voy. *Traité de biologie*. p. 7 et p. 274. sq. (Paris. F. Alcan).

CHAPITRE XVI

PREMIÈRE NOTION DES LOIS NATURELLES

Je n'ai pas la prétention de faire ici un traité de mécanique ; je m'excuse, au contraire, de m'être étendu aussi longuement sur des questions aussi spéciales, mais il était indispensable de mettre en évidence d'une manière bien nette le rôle de l'expérience humaine dans les éléments de cette science puissante.

Il y a deux parties dans la mécanique :

Une première partie, que l'on pourrait appeler la *physique du mouvement des corps*, et qui est une science expérimentale comme les autres parties de la physique ; mais c'est une science expérimentale plus poussée que les autres parties de la physique, plus avancée, parce que l'homme a de tout temps été aux prises avec le mouvement et s'y est forcément intéressé de bonne heure.

Une deuxième partie qui est ce qu'on peut appeler le *langage mathématique appliqué au mouvement*. Cette deuxième partie de la science mécanique est très avancée aussi et permet d'établir des relations entre des phénomènes qui paraissent au premier abord très éloignés les uns des autres, autrement dit, de prévoir beaucoup de phénomènes sans les avoir étudiés expérimentalement, parce que l'on connaît d'autres phénomènes qui suffisent à nous renseigner sur la marche des premiers. Cela restreint évidemment beaucoup le nombre d'expériences à faire, puisque, d'un certain nombre d'expériences déjà faites,

on peut tirer des conclusions qui rendent inutiles de nouvelles expériences ; on est même en droit de se demander
aujourd'hui si nous ne connaissons pas tout ce qui, dans
la mécanique du mouvement, est justiciable de l'expérience.

Le résultat connu d'une expérience est ce qu'on
appelle *une loi naturelle* ; on exprime par là le caractère
de fatalité qui se manifestera dans l'ordre des choses
lorsque l'on réalisera un système matériel identique à
celui sur lequel on vient d'expérimenter ; si le système
nouveau est réellement identique à l'ancien, le résultat
sera certainement le même que la première fois ; si ce
résultat se montre différent, nous n'hésiterons pas à conclure qu'il y avait entre les deux systèmes une différence
qui nous a échappé, tellement s'est ancrée en nous, par
l'expérience ancestrale, la croyance au déterminisme.

On réserve en général le nom de *loi naturelle* à des
vérités expérimentales *généralisées* au moyen du langage
mathématique. Si par exemple je dis que, à Paris, un
corps suspendu en l'air a mis une seconde à tomber de
$4^m,9$ de haut, ce sera une vérité expérimentale d'un
caractère fatal et qui, par conséquent, pourrait être appelée
une *loi naturelle*, mais nous ne lui donnerons pas ce nom.
Au contraire, si, par un grand nombre d'expériences faites
au même endroit avec des hauteurs de chute différentes,
nous arrivons à établir une relation mathématique entre
la hauteur et le temps de la chute, nous aurons établi une
loi naturelle :

$$e = 4,9 \times t^2$$

au moyen de laquelle nous pourrons calculer à l'avance
le temps que mettra un corps à tomber, à Paris, d'une
hauteur choisie arbitrairement. Cette loi naturelle est
susceptible de plusieurs autres expressions mathématiques équivalentes, comme tout le monde le sait, grâce

à des définitions de variables nouvelles liées à l'espace et au temps par des relations mathématiques. La vitesse, par exemple, est la dérivée de l'espace par rapport au temps ; l'accélération en est la dérivée seconde. On peut formuler la loi précédente en disant : Si un corps tombe, partant du repos, à Paris, il a au bout du temps t une vitesse égale à $9,8 \times t$, ou encore : l'accélération du corps qui tombe en chute libre est constante et égale à $9^m,8$. Ou encore, avec la définition de la force par le produit de la masse et de l'accélération : Il naît à Paris, dans chaque corps situé au voisinage de la terre, une force proportionnelle à sa masse et dirigée suivant la verticale descendante.

Voilà différentes expressions équivalentes d'une même *loi naturelle* ; l'une d'elles permet de retrouver toutes les autres, grâce à des définitions mathématiques. La dernière forme est celle qui plaît le plus, ou du moins qui frappe le plus, parce qu'elle parle directement à l'imagination humaine ; la terre se comporte comme un homme qui tirerait sur tous les corps pesants en prenant bien soin d'appliquer à chacun d'eux un effort proportionnel à sa masse. Et l'on ne manquera pas de s'extasier sur la nécessité d'une intelligence sans cesse en éveil qui se préoccupe de proportionner, à chaque instant, les efforts, de manière que chaque corps pèse exactement ce qu'il *doit* peser et rien de plus. Voilà l'inconvénient du langage anthropomorphique au point de vue philosophique. Si l'on s'en tient au langage mathématique, cette notion de force est au contraire extrêmement commode ; c'est elle qui a permis au génie de NEWTON de généraliser aux phénomènes astronomiques le résultat acquis par les expériences sur la chute des corps au voisinage de la terre et d'énoncer l'admirable loi de l'attraction universelle.

Et il est évident que le grand Philosophe a été très préoccupé de l'idée humaine qu'éveille la notion de force.

la notion d'attraction, puisqu'il a pris soin de formuler sa loi de la manière suivante : *Tout se passe comme si les corps, etc...,* précaution qui eût été tout à fait inutile s'il avait considéré que la seule définition possible de la force est $m\gamma$, le produit de la masse et de l'accélération.

L'étude de l'astronomie est évidemment du canton optique ; les lois de KÉPLER sont exprimées dans le langage du canton optique, et sont par conséquent tout à fait adéquates à leur objet. La loi de NEWTON, qui ne se vérifie que par des mesures justiciables du canton optique, doit pouvoir s'exprimer entièrement au moyen du langage du canton optique, et elle l'eût été en effet, d'une manière évidente, si elle eût été établie en fonction des accélérations ; elle l'est également en réalité, quoiqu'exploitant la notion de force, puisque la notion mathématique de force n'est qu'une conséquence mathématique de la notion d'accélération, mais à cause du mot *force*, elle *semble* appartenir au canton de la sensation d'effort, et ainsi, elle prend l'apparence d'une *explication humaine* des faits ; elle parle à l'imagination anthropomorphique.

L'utilité de la science est de nous fournir une narration des faits passés dans un langage qui nous permette de prévoir des événements futurs ; il n'y a là évidemment rien qui ressemble à une interprétation métaphysique des phénomènes, mais une simple constatation de l'ordre des choses de la nature ; le meilleur langage est donc, à ce point de vue, celui qui fait le moins d'hypothèses *et aussi celui qui nous donne le moins d'explications.* Car ce que nous appelons des explications, ce sont des comparaisons avec les faits qui nous sont familiers ; les faits qui nous sont familiers sont des parties de l'activité universelle découpée à l'échelle humaine et il n'y a aucune raison pour que les faits familiers à l'homme, et dont le choix dépend de la nature de l'homme, aient un rapport quelconque avec les phénomènes astronomiques ; les astres se mouvaient avant qu'il y eût des hommes et nous ne croyons plus comme les astrologues du moyen âge, que les mouvements des astres aient directement influencé l'évolution de l'espèce humaine.

A ce point de vue, la *forme* des lois de KÉPLER est préférable à la forme de la loi de NEWTON ; les lois de KÉPLER étaient uniquement descriptives ; la loi de NEWTON contient un semblant d'explication ; beaucoup de philosophes croient que NEWTON a pénétré les secrets de la nature, et discutent à perte de vue sur cet admirable agencement de forces à distance.

La meilleure narration des faits serait celle que nous proposions au début de ces considérations sur la mécanique, et qui se composait d'une série de descriptions géométriques successives, permettant de prévoir une description ultérieure ; les lois de KÉPLER sont dans ce cas. Malheureusement le nombre des systèmes matériels auxquels cette méthode est applicable est extrêmement restreint ; en dehors des systèmes planétaires, on ne peut guère l'appliquer qu'à des ensembles conventionnels formés de pendules, de poulies, de leviers, etc., et choisis par l'homme à cause de la simplicité de leur étude. Le génie de LAGRANGE a cependant permis de parler en langage mathématique de la déformation d'un système presque quelconque.

Mais, même en admettant qu'on pût étudier tous les systèmes matériels d'une manière complète au point d'en prévoir les destinées ultérieures, l'étude de chaque système serait personnelle à ce système et n'avancerait en rien pour l'étude des systèmes différents, si l'on n'arrivait pas à découvrir dans l'étude successive des divers systèmes, des particularités mathématiques qui sont communes aux différents corps de la nature. Ce sont ces particularités communes que nous appelons en fin de compte, les *lois naturelles*. Ces lois naturelles ne sauraient en aucune manière être considérées comme nous donnant l'explication de la nature ; *ce sont des formules essentiellement humaines, dans lesquelles on a condensé le plus possible de l'expérience humaine.*

L'une de ces lois est, par exemple, celle de la conservation de la masse, que l'on peut exprimer ainsi : il existe pour chaque corps *bien défini*, un coefficient particulier que ce corps apporte avec lui dans tous les systèmes dont il fait partie, ce qui fait que, lorsqu'on a calculé ce coefficient en étudiant un nombre suffisant de systèmes, c'est autant d'économie pour l'étude d'un système nouveau dans lequel on introduira ce corps. Et tous les corps que nous connaissons peuvent être catalogués d'avance avec la masse correspondante. Si l'on découvre un jour une formule simple qui permette de remplacer ce catalogue encombrant dans la mémoire des hommes, ce sera encore tout bénéfice. A ce point de vue, la loi de Newton est beaucoup plus commode que celle de Képler, puisqu'elle permet de retrouver mathématiquement, non seulement les formules de Képler, mais encore bien d'autres formules ; la meilleure loi naturelle est celle qui condense le plus de faits.

Ces deux lois, loi de la conservation de la masse et loi de Newton sont de véritables lois expérimentales[1]. Au contraire, le principe de l'inertie est, nous l'avons vu, une simple définition qui prend l'apparence d'une loi pour ceux qui croient que les forces sont des entités. Il serait essentiel que l'on distinguât nettement, dans les traités de mécanique, ce qui est physique du mouvement et ce qui est formule mathématique ; mais, précisément parce que la mécanique mathématique est très avancée, les notions expérimentales indispensables pour faire toute la

---

1. Elles ne sont démontrées que pour les corps sur lesquels on a expérimenté. Quand on a découvert le radium, il a été possible à un physicien de se demander si un pendule formé de radium oscillerait aussi vite qu'un pendule formé d'une balle de plomb. Si le pendule avait oscillé moins vite, cela aurait prouvé que le radium transforme en radioactivité une partie de sa gravité ; c'aurait été une équivalence d'un nouvel ordre.

mécanique se réduisent de plus en plus, à mesure qu'on sait relier entre eux un plus grand nombre de phénomènes. Toutes les lois de la chute des corps sont comprises dans la loi de Newton, et ces lois prennent des expressions variables suivant qu'on s'occupe de l'espace parcouru, de la vitesse, de l'accélération, etc... On a encore introduit d'autres variables, fonctions simples des variables initiales, masse, espace, et temps, et auxquelles on a donné des noms qui les ont fait prendre pour des entités; nous avons déjà vu la *force* qui est, dans un mouvement rectiligne, le produit de la masse et de l'accélération, c'est-à-dire de la dérivée seconde de l'espace par rapport au temps; il y a en outre le *travail* qui est le produit de la force par le chemin parcouru dans sa direction; par exemple le travail produit par la chute d'un corps est égal au produit de son poids par la hauteur de chute. La *force vive* est le demi-produit de la masse par le carré de la vitesse; la *quantité de mouvement* est le produit de la masse par la vitesse, etc... On conçoit aisément qu'il sera facile, avec une seule loi expérimentale, d'en énoncer plusieurs dans lesquelles les variables choisies auront changé et qui paraîtront des lois nouvelles quoique, en réalité, on puisse passer aisément de l'une à l'autre par de simples calculs. C'est surtout quand on s'occupe des autres parties de la physique, que ces variables nouvelles, le travail et la force vive principalement, sont d'un emploi commode, mais il ne faut jamais oublier que ce sont des notions purement mathématiques quoique leur signification humaine se conçoive. Cette signification humaine, si précieuse en apparence parce qu'elle fait appel à des notions familières, est, au contraire, souvent nuisible, ainsi que nous le verrons plus tard, au moins au point de vue philosophique.

Ainsi donc, la physique du mouvement se réduit à un

très petit nombre de lois expérimentales qui jouent en mécanique mathématique le rôle des axiomes en géométrie. C'est pour cela qu'on est tenté d'enseigner la mécanique « comme une science déductive et *a priori* », et, chose assez étrange, ceux-là précisément s'en plaignent, qui appliquent à l'arithmétique et à la géométrie ce mode d'enseignement *a priori*. Si l'on a cette tendance, cela prouve que la mécanique commence à être une science finie, comme les mathématiques élémentaires ; cela prouve aussi, que la plupart des lois expérimentales qui suffisent à l'exposé de toute la physique du mouvement nous sont, depuis longtemps, si familières, qu'elles font partie, soit de notre bagage héréditaire, soit, au moins, du bagage de connaissances courantes que nous acquérons de bonne heure et comme en nous jouant ; on peut se demander, par exemple, si la loi de la conservation de la masse n'est pas aujourd'hui une sorte d'axiome, de vérité ancestralement acquise par une longue expérience.

Ainsi, nous avons étudié, jusqu'à présent, des sciences expérimentales assez avancées pour que la partie expérimentale, encore nécessaire aujourd'hui à leur exposé complet, se réduise à un petit nombre de vérités très condensées ; à cause du grand développement mathématique qui supplée, précisément, à cette rareté des notions expérimentales, ces sciences sont considérées aujourd'hui comme des sciences mathématiques ; ce sont, l'arithmétique et la géométrie d'une part, qui ne s'occupent pas du temps, et la mécanique, qui étudie les changements survenant avec le temps. Nul doute que l'on ne puisse, si on le voulait, renoncer à ces perfectionnements mathématiques et revenir aux sciences expérimentales primitives ; on peut étudier un champ avec une chaine d'arpenteur et se rendre compte d'un mouvement au moyen d'un appareil enregistreur ; mais la science nous permet de profiter des travaux de nos anciens et d'éviter ainsi des besognes fastidieuses. On pourrait presque dire que *la science acquise et transmise de génération en génération est à l'évolution spécifique de l'homme ce que son intelligence est à son évolution individuelle*. La science nous permet de tirer parti de l'expérience ancestrale, l'intelligence nous permet de tirer parti de notre expérience personnelle.

La mécanique est donc, à peu de chose près, une science mathématique; elle a les avantages des sciences mathématiques, elle en a aussi les dangers; nous avons vu que l'arithmétique et la géométrie nous permettent de parler de figures de dimensions quelconques, beaucoup plus grandes que les plus grandes que nous connaissons ou beaucoup plus petites que les plus petites dont nous faisons l'observation, même avec nos instruments les plus puissants; la langue mathématique ne connaît pas de limites et cependant, nous ne devons pas oublier que notre logique est à l'épreuve, *uniquement* dans le domaine des faits accessibles à l'homme; dès que nous sortons de ce domaine, nous n'avons plus le droit de raisonner, même en langage mathématique. Eh bien! on oublie cette règle, aussi bien en mécanique qu'en géométrie. Quand on parle de l'Energie de l'Univers ou de son Entropie, on sort des limites dans lesquelles notre logique est valable; j'étudierai cette question quand j'aurai passé en revue les principales questions de physique générale; c'est seulement alors aussi que nous arriverons à la généralisation du principe de la conservation de l'énergie, principe qui, nous allons le voir maintenant, n'est, comme le principe de l'inertie, qu'une simple définition quand il s'agit de systèmes complets dont la seule activité est du ressort de la mécanique du mouvement visible.

CHAPITRE XVII

LES SYSTÈMES COMPLETS ET LES SYSTÈMES PRATIQUEMENT COMPLETS
LA CONSERVATION DE L'ÉNERGIE MÉCANIQUE

La méthode que nous avons suivie jusqu'à présent a consisté à ne considérer comme mesurable que ce qui est rigoureusement et directement du domaine optique; ce qui est mesurable revient en effet à ce qui est susceptible d'addition et de soustraction, de numération, d'arithmétique, en un mot.

Nous avons pu appliquer cette méthode sans défaillance, toutes les fois que la connaissance d'un certain nombre de géométries successives du système considéré nous a permis de prévoir une géométrie ultérieure du même système à un moment quelconque. Pour que cela fût possible, il était évidemment nécessaire que le système considéré contînt en lui-même son devenir. Mais il n'était pas essentiel pour cela que ce système fût un système complet; par exemple, un pendule *placé dans une certaine position* par rapport à la terre a son devenir déterminé si on l'écarte d'une certaine façon de sa position d'équilibre. Et pourtant ce n'est pas un système complet; ce n'est, nous l'avons vu, qu'une partie, choisie spécialement, d'un système formé par la terre et le pendule. Et d'ailleurs, ce système incomplet n'est pas en mouvement à moins que n'intervienne *un homme* qui l'écarte de sa position d'équilibre; nous pouvons prévoir son devenir *lorsque nous lui imprimons un certain mouvement*; si nous nous contentions d'observer un pendule suspendu à un point fixe depuis longtemps, nous constaterions que ce pendule n'est pas doué de mouvement visible; il ne se mouvra que si nous le mettons en mouvement et c'est là ce qu'on exprime en énonçant, sous sa forme anthropomorphique, le principe de l'inertie.

En général, les systèmes qu'étudie l'homme ne sont pas des systèmes complets et l'homme se borne en effet à prévoir leur devenir, à la suite d'une impulsion qu'il choisit lui-même, lorsque ces systèmes incomplets sont placés d'une certaine manière, par rapport aux autres masses qui complètent le système. Dans la plupart des cas, le système complet étudié comprend un ou plusieurs hommes (mise en train, etc...); c'est toujours le cas, du moins, pour ce que nous appelons les machines. Il en est autrement pour certains systèmes incomplets qui se meuvent devant nous sans notre intervention, comme les êtres vivants, les cours d'eau, le vent, etc... Mais dans le cas de ces derniers systèmes incomplets, nous ne pouvons jamais prévoir leur devenir qui dépend de trop d'éléments placés *en dehors* du système incomplet observé ; nous aurons beau étudier en détail le cours d'une rivière, nous ne pourrons pas prévoir ses inondations...

L'étude d'un système incomplet ne peut nous donner les résultats attendus que si nous avons préalablement choisi ce système, de manière à en connaître les éléments importants dans certaines conditions; nous étudions en mécanique certains systèmes incomplets que nous appelons des machines.

Mais nous pouvons *parler* de systèmes complets quoique, en réalité, nous n'en connaissions pas à la surface de la terre ; nous en connaissons peut-être en astronomie ; il est vraisemblable, par exemple, que le système solaire est un système complet, c'est-à-dire qu'il porte en lui-même son devenir, indépendamment de sa position par rapport aux mondes stellaires; du moins cela paraît-il devoir rester *pratiquement* vrai tant que ce système ne s'approchera pas trop d'une étoile quelconque; mais, théoriquement, il me paraît difficile d'admettre que les étoiles, *agissant* sur moi par l'intermédiaire de mes yeux, n'agissent pas, faiblement au moins, sur le système dont je fais partie.

Dans tous les cas, nous pouvons parler de systèmes complets, puisque nous pouvons les définir et la définition même d'un système complet pourra se traduire sous forme de principes, de même que plus haut (p. 108) la définition même de la *force* s'est traduite dans le principe de l'inertie.

Un système complet est un système qui porte en lui-même son devenir indépendamment de tous les autres systèmes existant et par conséquent de sa position par rapport à ces autres systèmes. Le devenir d'un pareil système pourra être apprécié différemment par un observateur suivant la position que cet observateur occupe à chaque instant par rapport au système considéré, et c'est là une difficulté pour le langage.

Au lieu de dire *système complet*, expression qui résulte immédiatement de la définition de la mécanique par les géométries successives, on dit aussi *système isolé*, expression qui résulte au contraire de la notion anthropomorphique de forces, et l'on entend par cette expression que le système considéré a son devenir assuré indépendamment de tout ce qui lui est extérieur, autrement dit, n'est soumis à aucune *action*, à aucune *cause*, à aucune *force*, provenant de quelque chose qui ne fait pas partie de lui-même.

Supposons, par exemple, que toutes les masses qui composent le système considéré soient soumises à une attraction lointaine de l'ordre de la gravitation universelle; le mouvement du centre de gravité du système serait par là même l'objet d'une *accélération*; une accélération, quelle qu'elle soit, imprimée au centre de gravité du système serait imputable à une *force*, à une *cause* extérieure que l'on mesurerait par cette accélération même ; on peut donc dire que, par définition, le centre de gravité d'un système isolé n'est soumis à aucune accélération, ou, si l'on veut que le mouvement du centre de gravité d'un système isolé ne peut être que rectiligne et uniforme.

Ce langage a quelque chose de choquant, car on ne peut parler du mouvement d'un système isolé que par rapport à quelqu'un qui l'observe et si ce quelqu'un est en dehors du système isolé on peut se demander comment il l'observe sans faire cesser son isolement, ne serait-ce qu'à cause de la gravitation ; si, d'autre part, l'observateur est placé sur l'une des masses du système et que cette masse soit animée d'un mouvement varié, il est évident que le mouvement du centre de gravité du système n'est pas rectiligne et uniforme pour cet observateur. Il faut parler du mouvement d'un système isolé par rapport à des repères fixes assez éloignés pour ne pas faire cesser, pratiquement du moins, l'isolement du système considéré[1]. Nous parlerons, par exemple, du mouvement du centre de gravité du système solaire par rapport à des étoiles lointaines et, alors, par rapport à ces étoiles, nous pouvons énoncer indifféremment ces deux affirmations équivalentes : le système solaire est un système complet ; ou bien : le centre de gravité du système solaire n'a, par rapport aux étoiles, aucune accélération. Ce dernier énoncé est, pour un système isolé, l'équivalent du principe de l'inertie pour un corps isolé ; pour ce dernier corps nous aurions en effet les deux énoncés équivalents : tel corps est un corps isolé ; ou bien : le centre de gravité de tel corps n'est soumis à aucune accélération, par rapport à des repères fixes ; énoncés que l'on résume en un seul qui devient celui du principe

---

1. Voy. dans le *Traité de chimie-physique* de J. PERRIN, vol. I §§ 35-39 les considérations sur le choix des axes auxquels il faut rapporter les mouvements.

de l'inertie : tout corps qui n'est soumis à aucune force a un mouvement rectiligne et uniforme.

Ce ne sont là que des définitions; on peut les transformer en d'autres définitions par des changements de variables. Par exemple, on traduit de plusieurs manières saisissantes, celle que nous venons de donner relativement aux systèmes isolés.

Supposons un système isolé formé de deux masses M et m. Nous pouvons affirmer qu'à une accélération G de M correspond une accélération g de m telle que la conséquence de ces deux accélérations simultanées soit, pour le centre de gravité, une accélération nulle. *C'est le principe de* L'ÉGALITÉ DE L'ACTION ET DE LA RÉACTION.

On donne encore à ce principe une autre forme extrêmement célèbre en faisant intervenir la variable mathématique appelée travail; on traduit dans ce nouveau langage notre définition précédente du système isolé de la manière suivante :

Le travail total d'un système complet est nul. C'est le *principe de* LA CONSERVATION DE L'ÉNERGIE MÉCANIQUE[1].

Ce principe est extrêmement commode dans certains cas, comme procédé pour mettre en équation les problèmes de la mécanique. Supposons en effet que nous ayons à étudier un système placé en un certain point de la surface de la terre et dont le fonctionnement se réduise à des mouvements visibles; si ce système n'est soumis à d'autres actions que celle de la gravitation et si son centre de gravité n'a pas bougé nous serons sûrs que la somme totale des travaux exécutés par ses diverses parties est nulle; si

---

1. Ou plutôt, de l'énergie d'un système purement mécanique. On appelle en effet énergie d'un système purement mécanique une quantité liée à la quantité de travail fournie par le système, par cette condition que le travail fourni est précisément égal à la diminution de l'énergie de système : on voit qu'il y a là un symbole rappelant le cas où le système serait amené à produire tout le travail qu'il *peut* produire : il aurait alors une énergie nulle, mais ce n'est là qu'un symbole et l'énergie n'est définie qu'à une constante près.

nous avons, d'autre part, des moyens commodes d'évaluer séparément le travail de chacune de ses parties, une simple addition nous donnera l'équation cherchée.

Ceci sera surtout commode quand nous aurons étudié les activités des cantons thermique, électrique, etc., car c'est précisément la notion mathématique de travail qui nous permettra d'établir un pont entre ces divers cantons; une fois que nous aurons établi expérimentalement l'équivalence mécanique de la chaleur, par exemple, nous donnerons une forme plus générale au principe de la conservation de l'énergie; mais alors ce principe ne sera plus simplement une définition; il contiendra l'énoncé de résultats expérimentaux relatifs à l'équivalence mécanique de la chaleur, seulement, cet énoncé sera introduit dans l'ancienne formule qui n'était qu'une définition et qui perdra ainsi ce caractère particulier.

CHAPITRE XVIII

LE MYSTÈRE DE LA LIGNE DROITE

M. Poincaré fait, au sujet du principe de l'inertie, une remarque fort intéressante [1] :

« Un corps qui n'est soumis à aucune *force* ne peut avoir qu'un mouvement rectiligne et uniforme. Est-ce là une vérité qui s'impose *a priori* à l'esprit? S'il en était ainsi, comment les Grecs l'auraient-ils méconnue? Comment auraient-ils pu croire que le mouvement s'arrête dès que cesse la *cause* qui lui a donné naissance? Ou bien encore que tout corps, si rien ne vient le contrarier, prendra un mouvement circulaire, le plus noble de tous les mouvements? Si l'on dit que la vitesse d'un corps ne peut changer, s'il n'y a pas de *raison* pour qu'elle change, ne pourrait-on soutenir tout aussi bien que la position de ce corps ne peut changer, ou bien que la courbure de sa trajectoire ne peut changer, si une *cause* extérieure ne vient les modifier. »

J'ai souligné, dans cette citation, les mots force, cause, raison. Pour ceux qui ont lu attentivement les pages précédentes, il est évident que la difficulté signalée par M. Poincaré vient de l'emploi que l'on fait de ces mots sans en avoir donné à l'avance une définition précise; et si on les emploie ainsi, c'est à cause de l'idée métaphysique qui amène les gens à croire qu'ils *savent* ce que ces mots signifient.

Tenons-nous-en à la méthode rigoureuse que nous avons tirée de la considération des cantons sensoriels: quand

1. *La science et l'hypothèse, op. cit., p. 113.*

nous sommes dans le canton optique, nous n'avons le droit de parler que de ce que nous pouvons voir et mesurer au moyen de notre vision des formes[1]; or nous voyons des espaces parcourus, nous voyons des mouvements, nous constatons des changements dans les qualités de ces mouvements et c'est au moyen de ces constatations que nous définissons certaines fonctions mathématiques, les *forces*, que nous ne voyons pas.

Nous avons, naturellement et sans effort, considéré comme un changement d'une qualité du mouvement, toute modification de la *direction* de ce mouvement. Ici notre langage se heurte à une difficulté, parce que le mot *direction* comprend précisément l'idée de ligne droite et qu'il nous est bien difficile d'imaginer un mot qui supplée à celui-là et ne contienne pas l'idée de ligne droite. Je sais bien que cette difficulté n'en est pas une pour tout le monde et que le Dr Bard a défini la vie : « une force à direction circulaire ! » Mais je préfère ne pas m'éloigner aussi librement de la signification étymologique du mot direction; nous verrons d'ailleurs que l'union de l'idée de ligne droite à l'idée que nous représentons par le mot *direction* a une origine très justifiée dans notre expérience ancestrale. Au lieu de dire *direction*, je supposerai donc que, par un enregistreur ou autrement, la trajectoire que décrit un mobile soit tracée; je pourrai alors parler de la *forme* du mouvement, et, suivant la *qualité* de cette forme que je considérerai plus particulièrement courbure en chaque point, angle de la tangente en chaque point avec l'axe des x, etc.), je serai amené à me faire telle ou telle idée de ce que j'appellerai *changement* dans le mouvement[2].

---

1. Nous nous servons aussi de notre sensation de durée, comme nous l'avons vu plus haut (p. 84). Mais d'ailleurs nous avons appris à mesurer le temps avec nos yeux.

2. Nous parlons du mouvement comme d'une chose sensible à l'homme, et en effet, nous avons vu précédemment que le mouvement est un aspect humain d'une succession de synchronismes ou géométries.

Je suppose par exemple que je m'en tienne à la considération de la courbure de la trajectoire ; alors, si j'observe
un mouvement circulaire, je constaterai que cette qualité
du mouvement *ne change pas* et, puisque ma seule manière
de définir les forces est de les calculer mathématiquement
d'après les changements des qualités du mouvement, je
déclarerai simplement qu'un corps qui est l'objet d'un
mouvement circulaire n'est soumis à aucune force, et je
pourrai ensuite, m'en tenant à cette définition spéciale
du mot force, établir ce nouveau principe de l'inertie :
« que tout corps qui n'est soumis à aucune force, prend
un mouvement circulaire, le plus noble de tous les mouvements. »

Mais une difficulté se présentera aussitôt ; je puis définir
autant de cercles que je veux ; chacun, suivant son rayon,
a une courbure spéciale ; or, par deux points je puis faire
passer une infinité de cercles ; pour aller d'un point à un
autre (et c'est là ce qui nous intéresse en mécanique), un
mobile pourra donc parcourir indifféremment une infinité
de trajectoires, sans que, au cours de son déplacement, il
soit l'objet d'une force quelconque qui modifie la forme de
son mouvement. Et comment se déterminera, au début,
la courbure de la trajectoire choisie ? Cette difficulté n'existerait pas si nous avions considéré le mouvement comme
naturel, le long d'un cercle DONNÉ et non le long de n'importe quel cercle ; la force serait nulle pour une courbure
donnée ; pour une autre courbure, elle serait calculée à
chaque instant par la nécessité de transformer dans cette
courbure particulière, la courbure du *cercle naturel*. Mais
pourquoi choisir un cercle comme *naturel* plutôt qu'un
autre ; aucune expérience ne nous le permet, et si nous
nous décidons au hasard, notre définition de la force devient
ridicule, en même temps qu'elle nous prépare des calculs
fort compliqués.

La ligne droite a sur toutes les autres lignes géométriquement définies, cette supériorité incontestable, au point de vue de la commodité, qu'elle est *unique* et entièrement déterminée dans sa forme par son nom. Toutes les lignes droites sont superposables et, chose essentielle pour étudier le mouvement d'un point à un autre, *par deux points on ne peut faire passer qu'une droite ;* de plus, vérité *expérimentale* qui n'est pas à dédaigner, *la trajectoire rectiligne est la plus courte.* Il est donc assez compréhensible que nous ayons été amenés depuis longtemps à introduire la ligne droite dans toutes nos considérations sur les mouvements et à créer le mot *direction* dont, aujourd'hui, nous ne pouvons plus nous passer ; nous considérons donc naturellement la *direction* comme une *qualité* du mouvement et il est naturel que nous considérions comme un changement important dans le mouvement, une modification de cette qualité, la direction. De plus, dans les mouvements familiers que nous constatons tous les jours, celui d'une bille de billard, celui de la balle d'un jeu de tennis, nous modifions des *directions* de mouvement grossièrement rectilignes, par des coups que nous portons aux mobiles ; nous employons notre effort à *produire* des changements de direction et non des changements dans la courbure des trajectoires ; la notion de force ayant comme origine première la sensation humaine d'effort, il n'y a rien d'anormal à ce que nous définissions la force par le changement de *direction.*

Nous avons les mêmes raisons expérimentales grossières pour définir la force par les changements de vitesse car nos efforts augmentent ou diminuent la vitesse des mobiles auxquels nous portons des coups ; et c'est à ce point de vue que l'on peut dire que le principe de l'inertie est un principe expérimental. Nous constatons grossièrement, mais ordinairement dans des cas où intervient un homme ou un corps mû plus ou moins directement par l'homme, que l'intervention d'un facteur étranger modifie la vitesse et la direction d'un mobile ; d'où l'énoncé qu'un mobile sur le mouvement duquel nous n'agissons pas, ne subit pas ces variations brusques de vitesse et de direction que nous avons remarquées dans les cas précédents. Évidemment ce n'est là qu'une constatation grossière et qui ne permettrait pas d'énoncer un principe ayant quelque précision. Je répète donc ici ce que j'ai déjà dit plus haut à propos de la géométrie, que malgré son origine expérimentale lointaine, le principe de l'inertie est d'une rigueur absolue, puisque ce n'est aujourd'hui qu'une définition.

Voici comment nous procéderons pour indiquer la part de l'expérience ancestrale ou personnelle dans cette question. Notre observation ancestrale ou personnelle nous a amenés à considérer comme particulièrement importantes deux qualités particulières du mouvement : la vitesse et la direction[1] ; nous attachons donc une importance spéciale aux variations de ces qualités, et en souvenir des résultats grossiers de l'effort humain, nous appelons force une grandeur mathématique qui est définie par la variation de ces deux qualités ; cette grandeur mathématique étant définie avec précision nous retournons ensuite cette définition en une autre définition également précise qui est le principe de l'inertie : *Un corps, qui n'est soumis à aucune force, a un mouvement rectiligne et uniforme.*

On pourrait aussi bien, dit M. Poincaré, soutenir que, en dehors de l'action d'une cause extérieure, ce n'est pas la vitesse du corps qui reste constante, mais sa position ; cela cadrerait avec cette croyance « que le mouvement s'arrête dès que cesse la *cause* qui lui a donné naissance ». Il est évident que ce serait là, simplement, une autre définition du mot *force* ou *cause*, qui aurait seulement le désavantage de ne pas cadrer avec l'expérience grossière

---

1. Pour employer le langage qui m'a déjà servi plus haut je dirais volontiers que la vitesse et la direction sont les *dimensions humaines* du mouvement.

des hommes lançant des projectiles; il suffirait de définir la force par la vitesse; on dirait aussitôt avec une certitude absolue : le mouvement s'arrête dès qu'il n'a plus de force, c'est-à-dire de vitesse, et en effet, c'est là une locution employée par les enfants et par les joueurs de boules [1].

1. On a d'ailleurs donné le nom de *force vive* à une quantité qui s'annule en même temps que la vitesse.

LIVRE III

LES AUTRES CANTONS

CHAPITRE XIX

L'ÉTUDE OPTIQUE DU SON

Quoique le son ne soit pas la plus importante des qualités sur lesquelles nous renseignent nos sens, c'est par le son que nous allons commencer notre étude de l'activité extérieure, parce que, d'une part, le canton acoustique est celui qui a été le plus complètement et le plus immédiatement recouvert par le canton optique, et que, d'autre part, c'est l'étude optique du son qui a fourni le *modèle* le plus commode pour les interprétations optiques des qualités des autres cantons.

Et cependant, le son a d'abord été étudié uniquement au moyen de l'oreille; une langue cantonale a été créée, langue parlée et langue écrite, la langue musicale; c'est dans cette langue seulement que l'on peut parler de l'agrément de tels ou tels assemblages de sons; la musique, science cantonale, s'occupe de grouper des sons de manière à provoquer une jouissance chez l'homme; c'est un art.

Dans le langage musical on distinguait trois qualités d'un son : l'intensité, la hauteur et le timbre. L'intensité est cette qualité du son qui varie avec la distance entre l'observateur et un instrument producteur fonctionnant d'une manière uniforme ; on l'entend plus *fortement* si l'on est près, plus *faiblement* si l'on est loin ; ces mots *fort* et *faible* sont, d'autre part, en relation assez intime avec la notion humaine d'effort, puisque, sans s'éloigner d'un instrument on peut en recevoir un son plus fort ou plus faible suivant que l'instrumentiste fait, pour mettre l'instrument en branle, un effort plus grand ou plus petit. Considérons, par exemple, un diapason ; c'est un véritable dynamomètre à ressort ; le son qu'il rendra sera d'autant plus fort que l'on écartera davantage ce dynamomètre de sa position d'équilibre. L'intensité de la sensation sonore varie donc dans le même sens que l'intensité de la sensation de l'effort nécessaire pour produire le son avec un instrument donné ; cette remarque est intéressante puisqu'elle nous permet de comparer deux sensations appartenant à deux cantons différents et relatives à une même activité extérieure, la mise en train d'un instrument. Ces deux sensations varient dans le même sens et par conséquent il est possible, par une convention appropriée, de les mesurer d'une manière qui mette en évidence leur communauté d'origine.

Si l'on met un diapason en branle, il ne résonne pas indéfiniment ; son intensité sonore décroît progressivement jusqu'à devenir nulle et passe par des valeurs que l'on aurait pu obtenir en commençant l'expérience au moyen d'un effort plus faible ; l'intensité sonore correspond précisément à chaque instant à l'effort nécessaire pour donner au diapason le mouvement qu'il a à cet instant.

Ce n'est pas le mouvement même du diapason que nous percevons par l'oreille, mais bien le mouvement que le diapason communique à l'air ambiant ; l'intensité du son que nous percevons est donc l'intensité du mouvement de l'air et non celle du mouvement du diapason, mais on peut passer mathématiquement de l'amplitude des vibrations du diapason aux variations de pression de l'air. Je n'ai pas à m'occuper ici de ces calculs qui font d'ailleurs appel à des notions du canton thermique ; je voulais seulement montrer que nous avons, dans l'intensité des perceptions sonores, quelque chose d'*analogue* à l'intensité de la sensation d'effort[1]. Ni l'une ni l'autre de ces intensités n'est du canton optique ; nous n'avons donc le droit d'appliquer ni à l'une ni à l'autre notre langue mathématique à moins de conventions particulières. Or nous avons déjà fait certaines conventions relatives à la mesure des poids et par conséquent des pressions ; si nous voulons que notre langage s'unifie, nous devrons nous arranger pour que les nombres par lesquels nous représenterons conventionnellement l'intensité de nos sensations sonores soient liés d'une manière simple à ceux qui mesurent les variations de pression de l'air atmosphérique auxquelles elles correspondent.

Voilà donc une première qualité du son, rapprochée d'une autre qualité perçue dans un autre canton, celui de la sensation d'effort. Jusqu'à un certain point et dans certains cas, on peut penser qu'un homme privé du sens de l'effort y suppléerait par l'oreille...

Une autre qualité du son, que l'on néglige le plus souvent d'indiquer, c'est sa direction ; nous avons déjà vu que l'homme est renseigné par l'oreille sur la direction dans laquelle se trouve par rapport à lui l'objet sonore ; cette notion de direction ne diffère pas essentiellement de celle que nous procurent la vue, l'odorat, etc.

* *

---

1. Un instrumentiste exercé sait proportionner son effort à l'intensité sonore qu'il veut obtenir ; c'est là une affaire d'habitude et dans laquelle le calcul est inutile ; cette habitude s'acquiert par une longue comparaison de la sensation de l'effort produit et de la sensation de l'intensité sonore obtenue.

Déjà les considérations que nous avons faites sur l'intensité du son nous ont fait voir que les sensations auditives nous renseignent sur des *mouvements* de corps extérieurs à nous, mouvements qui se transmettent à l'air et de l'air à notre oreille. Du moment qu'il s'agit de mouvements nous sommes certains de pouvoir les étudier complètement au moyen des méthodes du canton optique, *mais nous n'avons aucune raison de penser* A PRIORI *que les* QUALITÉS *qui sont remarquables lorsque nous étudions les sons avec notre oreille, correspondront précisément à des caractères également remarquables dans l'étude optique des mouvements qui produisent les sons.*

Faisons donc l'étude d'un mouvement sonore comme nous faisions l'étude d'un mouvement quelconque, au moyen d'un appareil enregistreur qui détermine les positions successives d'un mobile en fonction du temps. Nous voyons immédiatement que le mouvement d'un corps sonore est analogue à celui d'un pendule. C'est un mouvement vibratoire qui se répète, semblable à lui-même, tant que le son perçu ne change pas.

Une fois ce mouvement vibratoire enregistré on peut l'analyser dans tous ses détails en tant que mouvement; si l'on a étudié un son simple[1] et qui se maintient semblable à lui-même, on constate que toutes les vibrations successives se ressemblent et que par conséquent l'étude d'une seule vibration suffit à la connaissance de toutes les autres.

La durée d'une vibration est l'un des caractères les plus immédiatement saillants à l'étude optique; or, si l'on étudie successivement plusieurs sons simples de hauteurs croissantes, on constate que les durées des vibrations correspondantes vont en décroissant, et cette remarque établit une relation imprévue entre une qualité saillante du mou-

1. V. plus bas, chap. XXVII, *les lois approchées.*

vement étudié au point de vue optique et une qualité
saillante du son correspondant. Dans le langage du canton
des sons, dans le langage musical, on parlait de sons
plus ou moins *hauts*, de sons plus *graves* ou de sons plus
aigus sans avoir aucunement la prétention d'appliquer
l'arithmétique à ces *qualités*; mais voilà maintenant que
nous trouvons une relation entre cette qualité indéfinis-
sable, la hauteur, et une qualité mesurable du canton
optique, la vitesse du mouvement vibratoire. Ces deux
qualités varient dans le même sens; plus un mouvement
vibratoire est rapide, plus nous trouvons *haut* le son qu'il
produit. Non pas que nous puissions établir un rapport
mathématique entre la vitesse vibratoire et la hauteur;
il faudrait pour cela savoir mesurer arithmétiquement la
hauteur et cela est impossible puisque la hauteur n'est
pas une qualité du canton optique; nous pouvons dire
qu'un mouvement est deux fois plus rapide qu'un autre
mouvement, nous ne comprendrions pas celui qui préten-
drait qu'un son est deux fois plus haut qu'un autre son.
mais puisqu'une *hauteur* déterminée correspond à une
vitesse vibratoire déterminée, nous pouvons *caractériser*
chaque hauteur par la vitesse vibratoire correspondante,
ou plutôt, ce qui revient au même et qui a été adopté définitivement, par le nombre des vibrations qu'exécute en
une seconde le corps sonore dont le son a la hauteur considérée.

Voilà une première constatation fort importante; ce
qui est un caractère très saillant au point de vue de
l'étude par l'oreille est également un caractère très
saillant au point de vue de l'étude par l'œil; et ceci
n'est pas vrai seulement de la hauteur qui varie dans
le même sens que la vitesse vibratoire, mais aussi
de l'intensité qui varie dans le même sens que l'amplitude vibratoire. Les deux caractères les plus saillants
de l'étude optique du mouvement correspondent préci-

sément aux deux caractères les plus saillants de l'étude auditive du son. Bien plus, l'intensité sonore qui correspond à l'amplitude optique est également, nous l'avons vu, en relation avec une sensation d'un troisième canton, la sensation d'effort. Ceci établit une certaine parité entre ces trois cantons et nous fait entrevoir le **monisme humain**.

Avant d'avoir introduit la méthode du canton optique dans l'étude des sons, on avait déjà poussé très loin la science cantonale appelée musique. La gamme a préexisté à la science acoustique; voyons maintenant comment vont se traduire en langage du canton optique les qualités musicales des sons choisis pour constituer les gammes. Nous n'avons aucunement le droit de penser à priori qu'il nous sera facile d'effectuer cette traduction; nous savons seulement, chaque note étant caractérisée par sa hauteur, c'est-à-dire, en langage optique, par sa vitesse vibratoire, que la gamme, série de notes, sera représentée par une série de vitesses vibratoires. Or, chose très importante pour le biologiste, *toutes les vitesses vibratoires des notes de la gamme sont entre elles dans des rapports arithmétiques simples*. Ce qu'on appelait l'intervalle de deux notes en musique se représentera maintenant en langage arithmétique par une fraction simple. L'intervalle de seconde est en langage arithmétique $\frac{9}{8}$, l'intervalle de tierce $\frac{5}{4}$, etc..., l'intervalle d'octave est **2**; si au lieu de comparer toutes les notes de la gamme à l'*ut* initial on compare chacune d'elles à la précédente on a le *ton majeur* dont la valeur arithmétique est $\frac{9}{8}$, le *ton mineur* dont la valeur arithmétique est $\frac{10}{9}$ etc...

Il n'est pas inutile d'insister sur ces considérations pour bien montrer la différence de la langue musicale et de la langue acoustique. L'*ut* du 3ᵉ octave a une vitesse vibratoire *double* de celle de l'ut du 2ᵉ, et cependant il ne vient

à l'idée de personne de dire que l'ut_3 est le *double* de l'ut_2 ;
cela ne signifierait rien ; en langage musical le double ne
veut rien dire ; on dira que l'ut_3 est à l'*octave* de l'ut_2 et
cette phrase du langage musical se traduira en cette
phrase du langage acoustique : La vitesse vibratoire du
mouvement qui nous donne la sensation ut_3 est *double*
de celle du mouvement qui nous donne la sensation ut_2.
Cette traduction introduit le langage mathématique dans
la narration des phénomènes qui, en tant que phénomènes
musicaux, *n'en étaient pas justiciables*. L'emploi des
mathématiques dans le langage musical pur est absurde ;
il en est de même de l'emploi des mathématiques dans
le langage cantonal de tout autre canton sensoriel. mais
dans les autres cantons l'absurdité est moins évidente
quoiqu'aussi réelle, et c'est pour cela que l'on a pu considérer *comme un théorème* la proportionnalité du poids à
la masse, alors que c'est là. une simple convention destinée à définir, en langage mathématique, des *forces* auxquelles n'est pas applicable une méthode de mesure res-
sortissant au canton optique.

Cette remarque faite, revenons sur la simplicité des
rapports qui existent entre les diverses notes. N'est-il pas
singulier par exemple que le rapport des vitesses vibratoires de deux notes soit toujours 2 quand ces notes sont
dites à l'octave ? N'est-il pas tout à fait curieux que, sans
se douter qu'on pourrait un jour compter avec précision
le nombre de vibrations à la seconde des notes de musique.
on ait donné le même nom *la* par exemple (la_1, la_2, la_3.
la_4, etc.), à des notes dont les vitesses vibratoires sont précisément entre elles comme les nombres entiers 1, 2, 3.
4, etc... Cette coïncidence ne se serait pas produite s'il y
avait eu disparité essentielle entre la sensation auditive
et la connaissance visuelle du mouvement. A mesure que
nous trouverons des faits de cet ordre, nous serons amenés
à établir, de plus en plus, le monisme humain, sur les

ruines des *qualités* dont une observation superficielle nous amène à doter le monde extérieur.

.
. .

Comme je relisais ces pages, avant de les envoyer à l'impression, j'ai été ébloui par un éclair qui a été suivi, au bout de quelques secondes, d'un violent coup de tonnerre. Cela m'a fait songer à cet exemple, le meilleur qui se trouve dans la nature, d'un phénomène, l'étincelle électrique jaillissant entre deux nuages, qui vient à notre connaissance par deux voies différentes : la voie optique, l'éclair ; la voie auditive, le coup de tonnerre.

Nous sommes renseignés avec la même précision sur la nature du phénomène électrique, par l'éclair et par le tonnerre ; de plus, le temps qui s'écoule entre nos deux perceptions différentes nous apprend une chose qu'un seul de nos sens ne nous permettrait pas de connaître, la distance à laquelle l'orage a éclaté.

CHAPITRE XX

LES MASSES THERMIQUES

Les sensations que nous fournit notre sens thermique sont très obtuses ; et d'abord, notre sens thermique n'est pas localisé dans un endroit particulier de notre corps ; partout où notre peau est sensible à la chaleur elle est aussi douée de sensibilité tactile, de sorte que, en touchant un corps, nous n'éprouvons jamais une sensation thermique pure, mais une superposition de sensations thermiques et de sensations de palper ; cette superposition nous empêche de comparer facilement les sensations thermiques que nous procurent deux corps dont le palper est différent.

Pour un même corps, ou pour deux corps de même apparence tactile, nous pouvons comparer entre elles deux sensations thermiques différentes ; nous employons, pour comparer ces sensations, les mêmes expressions que pour les sensations sonores ; nous disons que la *température* (c'est le mot par lequel nous représentons la qualité particulière de nos sensations thermiques) est plus *haute* ou plus *basse* ; nous avons cependant des mots spéciaux au canton thermique, les mots *chaud* et *froid*, et nous disons que les corps sont plus chauds ou plus froids, ce qui équivaut exactement à l'expression précédente de température plus haute ou plus basse.

Nous serions bien embarrassés pour faire l'étude précise des températures si nous n'avions à notre disposition que notre sens thermique ; la science cantonale du canton thermique est réduite à presque rien. Heureusement, les variations dans la température d'un corps s'accompagnent toujours de variations dans sa géométrie, et ce sont ces variations dans la géométrie des corps que nous pouvons observer par les méthodes du canton optique.

Ainsi donc, la variation de la température est liée à une déformation, à un mouvement des corps, et nous nous rendons compte aisément, par une expérience quotidienne, que le même corps subit toujours la même déformation quand, dans des conditions données, il passe d'une température déterminée et que nous avons su apprécier, à une autre température déterminée, et que nous avons également su apprécier par notre sens thermique. Évidemment cette observation manque de précision ; *tant que nous n'aurons pas éliminé de nos recherches toute détermination de température par le sens thermique, nous ne pourrons pas parler de mesures.* Nous partons donc de l'observation grossière que nous venons de faire et *nous abandonnons notre notion de température du canton thermique pour la remplacer par une notion de température définie au moyen des méthodes du canton optique* ; nous imaginons le thermomètre, comme nous avions imaginé le dynamomètre pour les forces. Le thermomètre est un objet dont les variations géométriques sont facilement appréciables ; on le gradue empiriquement et l'on *oublie* la notion humaine de température ; une fois le thermomètre choisi, c'est cet instrument, avec sa graduation empirique, qui nous servira à définir la température (jusqu'à ce que nous trouvions une méthode de définition moins empirique).

Il a fallu néanmoins constater que les indications du thermomètre, dans les limites où nous nous en servons, varient *dans le même sens* que nos sensations thermiques ; un thermomètre à mercure *monte* quand nous sentons que la température monte, et baisse quand nous sentons que la température baisse ; il n'en eût pas été de même pour un thermomètre fait avec de l'eau, du moins au voisinage de son point de congélation ; et cette simple constatation nous montre combien est empirique notre détermination des températures au moyen d'un thermomètre choisi au hasard ; mais ce qui importe pour commencer, c'est que cette détermination soit *précise* ; nous devrons donc nous contenter, en débutant, de choisir un thermomètre *sensible* et dont les indications restent comparables à elles-mêmes[1], seulement nous ne devrons jamais oublier que le langage dans lequel nous raconterons nos expériences sera un langage empirique et provisoire. L'avantage que nous retirons de l'emploi des méthodes du canton optique est tel que nous nous résignons, pour pouvoir employer ces méthodes, à nous servir de ce langage qui n'a de scientifique que la précision.

Une des premières conquêtes que nous fassions au moyen de l'emploi du thermomètre choisi, c'est la constatation de l'existence de phénomènes qui, dans certaines conditions, ont lieu à des températures constantes ; par exemple les changements d'état des corps sous des pressions bien déterminées ; on prend quelques-unes de ces températures constantes pour points fixes dans la graduation des thermomètres, mais cela n'empêche pas que cette graduation soit tout aussi empirique qu'auparavant ; c'est seulement une règle commode pour fabriquer, n'importe où, des thermomètres dont la graduation soit équivalente à celle du thermomètre choisi pour étalon.

1. Nous avions dû de même choisir un dynamomètre sensible et dont les indications restassent comparables à elles-mêmes, c'est-à-dire qui ne fût pas susceptible de déformation permanente. Mais, pour le dynamomètre, nous avons su remplacer immédiatement la graduation purement empirique ; nous avons même su nous passer de dynamomètre après avoir trouvé une bonne définition de la force ; pour le thermomètre, ce sera plus difficile.

Naturellement, le premier phénomène qu'on ait étudié relativement aux températures, est la variation géométrique des divers corps connus, pour des changements connus de température; c'est ce qu'on appelle la dilatation des corps. Malheureusement, on a constaté que les divers corps ne suivent pas la même loi de dilatation, c'est-à-dire que si l'on fait des thermomètres avec deux substances différentes, une graduation en parties égales chez l'un ne correspondra pas d'une manière simple à une graduation en parties égales chez l'autre; nous avons déjà vu, pour l'eau, une exagération de cette particularité; cela nous empêche d'espérer que l'étude des dilatations puisse nous faire trouver, pour la définition des températures, un procédé moins factice, moins empirique que celui que nous avons choisi d'abord au hasard.

Il faut donc chercher ailleurs.

En faisant des expériences variées au moyen de différents corps (nous verrons, au paragraphe suivant, quelles expériences il convient de faire), et en comparant les résultats de ces expériences, nous sommes conduits à la considération de certains coefficients, spéciaux à chaque corps, et que chaque corps emporte avec lui dans les divers systèmes thermiques dont il fait partie; de même, en mécanique, nous avions été amenés à la découverte de certains coefficients, les masses mécaniques, qui accompagnaient les corps dans les divers systèmes mécaniques et qui permettaient de généraliser les formules pour un système géométriquement défini. Nous pouvons appeler provisoirement *masses thermiques* ces coefficients nouveaux. Par exemple, deux corps ayant même température et même masse thermique, produiront si on les plonge dans une masse donnée d'eau, la même élévation de température. Chose qui n'est pas sans intérêt, nous constatons aussi que, pour une substance homogène et chimiquement définie, *la masse thermique est proportionnelle à la masse mécanique,* c'est-à-dire que, par exemple, la masse thermique de deux kilogrammes de mercure est *double* de la masse thermique d'un kilogramme de la même substance.

Mais il reste une difficulté tenant à ce que la graduation des thermomètres est empirique. Si nous nous en tenons, par exemple à des phénomènes dans lesquels il y aura toujours passage d'une même température 25° à une autre température également déterminée, 33°, le calcul qui nous fournit les coefficients que nous avons appelés *masses thermiques,* nous donnera des résultats parfaitement constants quel que soit le système thermique considéré. De 25° à 33° il y a un intervalle de 8°; de même, de 325° à 333°, il y a aussi un intervalle de 8 degrés, mais, étant donné l'empirisme qui a présidé à la graduation de notre thermomètre, nous n'avons aucune raison de croire que 8 degrés, pris après le 325°, aient le moindre rapport avec 8 degrés pris après le 25°, et que, par conséquent, pour un système thermique fonctionnant entre 325° et 333° les coefficients calculés, les masses thermiques de corps donnés soient les mêmes que pour un système thermique fonctionnant entre 25° et 33°. Et, en effet, l'expérience prouve que ces coefficients ne sont pas les mêmes ; ils sont quelquefois, assez peu différents, et, dans la pratique, on pourra parler avec une approximation suffisante de la masse thermique d'un corps pour un intervalle d'un degré pris au hasard dans les régions moyennes de l'échelle thermométrique.

Ce qui interviendra dans les équations d'un système, ce sera, non pas la masse thermique du corps considéré, mais le produit de cette masse thermique par la variation de température qu'éprouve ce corps dans le fonctionnement étudié du système. On donne le nom de *quantité de chaleur* à ce produit. Cette expression est empruntée à une ancienne théorie dans laquelle on considérait la chaleur comme une substance ; quoique guidés par cette ancienne théorie, nous sommes arrivés à la notion de quantités de chaleur sans faire aucune hypothèse sur la nature des phénomènes thermiques, mais c'est une expression mathématique dans laquelle entrent des nombres dont la détermination est empirique.

On pourrait songer, par la considération des masses thermiques, à donner aux thermomètres une graduation qui ne fût plus empirique; il faudrait, pour cela, graduer le thermomètre en calculant les degrés successifs de manière que la masse thermique d'un corps fût rigoureusement la même à n'importe quelle température, autrement dit, que la quantité de chaleur nécessaire à un corps pour varier d'un degré fût constante. Ici encore, pour que cette graduation ne fût pas empirique, il faudrait que le choix du corps n'influât pas sur la graduation du thermomètre, c'est-à-dire qu'un thermomètre gradué en degrés correspondant à des quantités de chaleur égales pour un corps, se trouvât définir la température de manière à rendre constantes les masses thermiques de tous les corps connus. Nous allons trouver bientôt une méthode vraiment scientifique pour définir les températures et l'application de cette méthode introduira d'emblée la chaleur dans le canton optique.

LA CONSERVATION DE LA CHALEUR

Dans les lignes précédentes, nous avons laissé dans le vague les expériences par lesquelles nous avons été conduits à la notion de ces coefficients que nous avons appelés les masses thermiques. Ces expériences sont toutes du même modèle ou à peu près. Si l'on met un corps plus froid au contact d'un corps plus chaud, on constate que le corps plus froid s'échauffe et que le corps plus chaud se refroidit. Si, par exemple, nous prenons toujours le corps plus chaud à

33° et le corps plus froid à 25°, nous constatons que les deux corps finissent par acquérir une température commune t. Cette température finale t est la seule chose que nous puissions mesurer dans cette expérience ; elle varie avec le choix des corps mis en contact. Faisons dix expériences avec dix corps différents employés comme corps froids à 25° et en conservant le même corps chaud à 33°. Nous obtiendrons dix températures finales différentes t_1, t_2..., t_{10}. Soit M la masse thermique du corps chaud, nous pouvons nous proposer de calculer les masses thermiques des dix corps froids de manière que[1] pour chacun d'eux on ait :

$$m_1 (t_1 - 25) = \mathrm{M} (33 - t_1)$$

équation qui signifie dans notre langage, que la *quantité de chaleur* gagnée par le corps froid est égale à la quantité de chaleur perdue par le corps chaud. Nous calculerons de cette manière les masses thermiques m_1, m_2..., m_{10}. Ces nombres se trouvent calculés ainsi dans un cas spécial, *mais l'expérience vérifie que, pour les mêmes limites de température, ils restent accolés à chaque corps dans une expérience* QUELCONQUE.

Je suppose par exemple que je prenne maintenant le corps m_2 pour corps à 33° et le corps m_1 pour corps à 25°, le contact de ces deux corps produira une température finale θ qui vérifiera l'égalité.

$$m_1 (\theta - 25) = m_2 (33 - \theta)$$

Autrement dit, je pourrai *prévoir* le résultat de cette expérience à cause des expériences précédemment réalisées et c'est, nous l'avons vu, le but que nous nous proposons quand nous essayons d'établir des formules générales.

---

1. Cette idée nous est suggérée évidemment par la vieille théorie qui considérait la chaleur comme une matière.

La manière dont nous avons défini les masses thermiques
dans les lignes précédentes, peut se traduire dans un
principe qui n'est encore ici que la conséquence d'une
définition. Si nous considérons un système thermique
complet, c'est-à-dire un système qui contienne en lui-
même son devenir thermique, c'est-à-dire encore, un système dans lequel nous puissions calculer, comme nous
venons de le faire, la température finale θ, notre équation
précédente :

$$m_1 (t_1 - 25) = M (33 - t_1)$$

écrite sous la forme

$$m_1 (t_1 - 25) + M (t_1 - 33) = 0,$$

peut se lire de la manière suivante :

*La somme algébrique des quantités de chaleur gagnées
par un système complet est nulle.*

Ici encore, on emploie ordinairement l'expression : *système isolé thermiquement*, au lieu de *système complet* ;
le calorimètre est le modèle des systèmes thermiquement
isolés. Le principe de la CONSERVATION DE LA CHALEUR dans
un système thermiquement isolé est, comme le principe de
la conservation de l'énergie dans un système mécaniquement isolé, l'envers d'une définition, celle de cette fonction
mathématique particulière que nous avons appelée « quantité de chaleur ».

De même que, pour les métaphysiciens qui attribuent
a priori un sens humain précis au mot *énergie*, le principe
de la conservation de l'énergie mécanique représente une
loi mystérieuse, de même aussi, le principe de la conservation de la chaleur représente une loi mystérieuse pour
ceux qui croient savoir ce que c'est que *de la chaleur*, quantité humainement mesurable. En réalité, la conservation
de la quantité de chaleur d'un milieu thermiquement isolé
est le résultat de la définition même des quantités de cha-

leur, et de la définition du milieu thermiquement isolé ou complet.

Ce qui est une vérité expérimentale, c'est la conservation de la masse thermique d'un corps, quel que soit le système thermique dans lequel on l'introduise, au moins pour les phénomènes qui se passent entre certaines limites de température.

CHAPITRE XXI

L'ÉQUIVALENCE MÉCANIQUE DE LA CHALEUR ET L'EXTENSION DU PRINCIPE DE LA CONSERVATION DE L'ÉNERGIE

Jusqu'à présent nous constatons un certain parallélisme entre les deux langages que nous avons été amenés à adopter, d'une part pour les phénomènes mécaniques, d'autre part pour les phénomènes thermiques.

L'étude optique des phénomènes de mouvement nous avait conduits à découvrir l'existence d'un certain coefficient, la *masse mécanique*, qui accompagne chaque corps dans tous les systèmes où il est successivement introduit ; de plus nous avions choisi certaines variables auxiliaires, fonctions des trois données initiales d'un système mécanique (espace, temps, masse) et de leurs dérivées premières ou secondes ; en particulier nous avions défini *force*, une variable auxiliaire que l'on obtenait en multipliant la masse par la dérivée de la vitesse, et nous avions imaginé une autre variable, le *travail de la force*, égale au produit de la force par le chemin parcouru dans sa direction ; nous avions conclu, de toutes ces définitions, que la somme algébrique des travaux des forces d'un système mécaniquement complet ou isolé, est nulle. Pour donner à cette conclusion une forme plus saisissante, nous avions imaginé une nouvelle quantité, l'énergie mécanique, que nous avions *partiellement* définie en disant que l'énergie d'un système diminue à chaque instant, précisément de la somme algébrique des travaux des forces du système considéré; si donc il s'agit d'un système mécaniquement complet, la somme algébrique des travaux étant nulle, l'énergie du système se conserve, ne varie pas. C'est le principe de la conservation de l'énergie; dans un système purement mécanique, il est évident que ce principe n'est qu'une définition retournée, ainsi que nous l'avons vu plus haut.

L'étude, faite au moyen du thermomètre, de mélanges de corps ayant des températures différentes, nous a conduits à découvrir l'existence d'un certain coefficient numérique, la masse thermique, qui accompagne chaque corps dans tous les systèmes thermiques où il est successivement introduit, de même que cela avait lieu pour la masse mécanique, mais avec cette différence que, du moins avec la graduation arbitraire du thermomètre empiriquement choisi, la masse thermique n'est pas rigoureusement constante aux diverses températures ; elle est cependant entièrement définie, à une température donnée, pour un corps donné; et nous avons remarqué (chose très curieuse étant donnée l'absence totale de tout rapport *apparent* entre les phénomènes thermiques et ceux du mouvement visible), que, pour une même substance chimiquement définie, la masse thermique est proportionnelle à la masse mécanique ; cette remarque imprévue doit nous suggérer des réflexions analogues à celles que nous avons faites précédemment quand nous avons constaté que deux sons à l'octave l'un de l'autre correspondent précisément à des nombres de vibrations dont l'un est double de l'autre ; nous commençons donc à nous demander s'il n'y a pas quelque rapport caché entre les phénomènes thermiques et les phénomènes mécaniques ; mais n'anticipons pas, et continuons notre comparaison du langage mécanique et du langage thermique.

Nous avons choisi une variable auxiliaire que nous avons appelée quantité de chaleur et que nous avons définie : le produit de la masse thermique par la différence des températures initiale et finale; nous en avons conclu (simple définition retournée), que, dans un système thermiquement complet ou isolé, la somme algébrique des quantités de chaleur gagnées est nulle. Ici le parallélisme avec le langage mécanique est tellement remarquable que nous sommes amenés immédiatement à imaginer une nouvelle variable, l'*énergie thermique*, définie par rapport aux *quantités de chaleur* comme l'énergie mécanique était définie par rapport aux travaux des forces ; et nous donnons alors, de notre conclusion précédente, cet énoncé nouveau : « *L'énergie calorifique d'un système thermiquement complet ou isolé est constante.* » C'est le principe (?) de la conservation de l'énergie thermique.

Jusqu'à présent, il n'y a, dans ce parallélisme des deux langages qu'une coïncidence heureuse et voulue. Comparons cependant les deux variables mécanique et thermique entre lesquelles se manifeste cette correspondance remarquable, le *travail* et la *quantité de chaleur*.

Le travail a pour définition dans le mouvement rectiligne, le produit de la force par l'espace parcouru e; or la force c'est le produit $m\,\gamma$ de la masse par l'accélération; on a donc pour expression du travail :

$$m\,\gamma\,e$$

La quantité de chaleur a pour définition le produit de la masse thermique par la différence des températures. Or, la masse thermique est proportionnelle à la masse mécanique et peut donc se représenter par une expression de la forme $m\,c$, c étant la masse thermique de l'unité de masse mécanique du corps considéré ; on appelle aussi c *chaleur spécifique* du corps chimiquement défini, ce qui revient à dire que c'est le coefficient relatif à la manière dont se comporte cette *espèce chimique* dans les phéno-

mènes thermiques. Ainsi, la quantité de chaleur a pour
expression :

$$mc\,(t_1 - t_2).$$

En comparant ces deux expressions $m\,\gamma\,e$ et $m\,c\,(t_1 - t_2)$,
nous constatons d'abord qu'elles contiennent le facteur
commun m qui est constant pour un corps donné ; quant
aux produits $\gamma\,e$ et $c\,(t_1 - t_2)$, il faut avouer que, au premier abord, ils ne se ressemblent guère ; γ est une fonction du temps et qui dépend, non pas de la nature du
corps de masse m, mais de la nature du mouvement qu'il
subit, mouvement qui peut être n'importe lequel; au contraire c dépend uniquement de la nature du corps de
masse m, et de la manière dont il se comporte dans les
phénomènes thermiques ; c varie d'ailleurs avec cette
variable empirique, la température ; quant au facteur $(t_1 - t_2)$
rien ne nous permet de le comparer à l'espace parcouru
quoiqu'il se mesure par une déformation géométrique.

Malgré cette analogie grossière des deux formules, nous
n'aurions aucun droit de supposer *a priori* qu'elles
représentent des quantités de même ordre, si l'expérience
ne nous apprenait cette chose imprévue et qui doit compter parmi les plus grandes découvertes humaines ; L'ÉQUI-
VALENCE *du travail mécanique et des quantités de chaleur !*

Considérons un système complet, isolé, tant mécaniquement que thermiquement; si ce système subit une
déformation *purement mécanique*, nous savons, par définition même du système complet, que la somme algébrique des travaux des forces est nulle ; c'est le principe
de la conservation de l'énergie mécanique ; si ce système
subit une déformation purement thermique, nous savons
que la somme algébrique des quantités de chaleur mises
en jeu est nulle ; c'est le principe de la conservation de
l'énergie thermique.

Supposons maintenant que le système considéré manifeste une déformation dans laquelle prennent place à la fois des phénomènes mécaniques et des phénomènes thermiques ; que va-t-il se passer ? Nous l'ignorons totalement et c'est l'expérience qui nous renseigne.

Il n'est pas impossible que, dans certains cas, le phénomène thermique et le phénomène mécanique se soient produits parallèlement et indépendamment l'un de l'autre ; alors ce sera comme si ces deux phénomènes s'étaient produits seuls et il y aura nullité, d'une part du travail, d'autre part de la quantité de chaleur ; ce cas ne présente rien d'intéressant.

Mais il y a des cas où ces deux phénomènes sont unis indissolublement et dépendent l'un de l'autre, car l'expérience prouve que la somme algébrique des travaux des forces peut ne pas être nulle ; *mais alors, la somme algébrique des quantités de chaleur n'est pas nulle non plus*. En d'autres termes, l'énergie mécanique peut varier, à condition que l'énergie thermique varie aussi !

Voilà un premier résultat extrêmement important puisqu'il établit une relation entre des quantités mesurables d'ordre aussi différent que le travail mécanique des forces et la quantité de chaleur. On peut raconter les expériences précédentes en disant que dans un système thermiquement et mécaniquement complet ou isolé, l'énergie mécanique peut augmenter à condition que l'énergie thermique diminue et réciproquement, phénomène auquel on donne une forme plus humainement saisissante en disant *que l'énergie mécanique peut se transformer dans de l'énergie thermique et réciproquement*.

Cette relation entre du travail et une quantité de chaleur ne saurait être actuellement une relation numérique, ou du moins avoir une signification quelconque en tant que relation numérique, *puisque notre détermination des quantités de chaleur se fait dans un système absolument empirique*, basé sur l'emploi d'un thermomètre quelconque ;

nous pouvons seulement dire que l'énergie thermique d'un système comme celui que nous venons d'étudier *croît* quand son énergie calorifique *décroît* et réciproquement.

De même, précédemment, nous avions constaté, en mécanique, que le poids d'un corps varie dans le même sens que sa masse et nous avions eu l'idée de mesurer, proportionnellement aux masses correspondantes, des poids qui n'étaient pas mesurables. Ici nous sommes conduits à une idée analogue ; du moment que l'énergie thermique d'un système varie en sens contraire de son énergie mécanique, ou, si l'on veut, que la quantité totale de chaleur du système décroît quand le travail total des forces croît, nous sommes amenés à mesurer la quantité de chaleur dépensée, *proportionnellement* à la quantité de travail produit ; nous avons parfaitement le droit de le faire, puisque, jusqu'à présent, nous n'avions qu'une détermination provisoire de la quantité de chaleur, dans un système d'unités provisoires basé sur un appareil empirique, un thermomètre arbitrairement choisi. Nous RENONÇONS DONC MAINTENANT A NOTRE DÉFINITION PRIMITIVE DES TEMPÉRATURES PAR LE THERMOMÈTRE et nous nous proposons de les définir de telle manière que la fonction *quantité de chaleur* soit, dans un système donné, proportionnelle à la fonction mécanique correspondante, *travail des forces*. (Je n'insiste pas sur la détermination des chaleurs spécifiques dans cette nouvelle convention ; il est évident que c'est le produit $c\,(t_1 - t_2)$ qui est fixé par la convention ; l'indétermination diminuera quand nous ferons intervenir le principe de Carnot.)

Malheureusement (au point de vue philosophique, mais heureusement au point de vue de la facilité des recherches de physique élémentaire) il n'y a pas un écart trop grand entre l'échelle des températures ainsi définies et celle que nous avions définie précédemment au moyen d'un ther-

momètre arbitraire; autrement dit, nous pourrons passer
facilement de la température définie par l'équivalence, à
la température définie par un thermomètre, au moyen
d'une simple proportion qui nous donnera une approximation suffisante, au moins dans certaines limites de température ; cette proportion nous donnera en particulier
une approximation vraiment remarquable quand il s'agira
du thermomètre à gaz hydrogène, et cela est, je le répète,
tout à fait regrettable au point de vue philosophique,
ainsi qu'on s'en aperçoit à la lecture des traités élémentaires de physique. Dans quelques-uns de ces traités en
effet, on donne comme un résultat expérimental : « qu'il
y a un rapport *constant*[1] entre la quantité de chaleur
dépensée par un système et le travail mécanique qui en
résulte. » On donne comme résultat expérimental ce qui
ne pouvait être que le résultat d'une définition, d'une
convention, puisque la température était définie empiriquement et que, par conséquent, s'il y avait proportionnalité, par hasard, pour des gens qui se servaient d'un
thermomètre, il n'y avait pas proportionnalité, évidemment, pour ceux qui employaient un thermomètre différent dont les indications n'étaient pas comparables à
celles du premier. Que, après coup, on ait reconnu le
parallélisme suffisant des indications du thermomètre à
gaz hydrogène et de la définition des températures par
l'équivalence, cela a deux conséquences ; d'abord, cela
nous donne un renseignement précieux sur la nature des
phénomènes thermo-mécaniques qui se produisent dans
l'hydrogène ; ensuite, cela nous permet de choisir, parmi
tous nos thermomètres empiriques, un thermomètre dont
les indications sont comparables aux températures définies par l'équivalence.

1. Nous avons déjà vu qu'on donne également pour résultat expérimental le rapport établi conventionnellement entre le poids et la masse, alors
que c'est là en réalité la définition du poids.

Mais il est tout à fait regrettable que, dans les traités élémentaires, on se serve de cette coïncidence constatée après coup, pour cacher aux enfants le principe de la définition de ce qu'on appelle *température normale*. On leur parle de *l'échelle normale* du thermomètre à gaz hydrogène, dans laquelle on définit empiriquement le degré de température par une graduation en 100 parties égales entre la température de la glace fondante et celle de l'eau bouillante, et on leur dit ensuite : « si on appelle t la température normale ainsi définie, la température absolue est $273 + t$. » On serait arrivé à la notion de température normale et de température absolue, même si aucun gaz n'avait suivi dans sa dilatation une marche parallèle à celle de la température normale [1].

Et une fois qu'on a fait cette définition, on a annoncé que l'expérience démontre la constance du rapport entre le travail mécanique et les quantités de chaleur, alors que c'est là, en réalité, la définition numérique des quantités de chaleur dans le langage du canton optique !

Ceci est très important, car de cette définition nouvelle des quantités de chaleur, on va tirer la généralisation du principe de la conservation de l'énergie. Appelons provisoirement J le coefficient de proportionnalité que nous avons choisi pour définir les quantités de chaleur Q par rapport au travail correspondant T des forces. On a par définition :

$$T - JQ = 0.$$

Et si, maintenant, nous appelons énergie thermique du système une quantité qui diminue de JQ quand le système

1. Le principe de l'équivalence nous conduit à la mesure des différences de température et par conséquent à la construction d'une échelle thermométrique dont les *degrés* seront calculés aisément, mais dont *l'origine* restera quelconque. C'est le principe de Carnot qui nous conduira à donner une origine précise à cette échelle thermométrique : il nous donnera la notion du zéro absolu, notion très intéressante au point de vue philosophique.

dépense la quantité de chaleur Q, nous voyons que pour une augmentation T de son énergie mécanique le système aura subi une diminution JQ de son énergie thermique et que par conséquent il y a compensation s'il s'agit de l'énergie totale; autrement dit, IL Y A CONSERVATION DE L'ÉNERGIE TOTALE D'UN SYSTÈME THERMO-MÉCANIQUE ISOLÉ

Si nous avions voulu, rien ne nous empêchait de prendre l'unité comme valeur de J et nous aurions eu alors une définition bien plus frappante de la quantité de chaleur; elle aurait été définie par le travail même et l'on aurait eu la formule : T — Q = 0; ce qui nous aurait permis de définir l'énergie thermique, comme nous l'avions fait précédemment, c'est-à-dire de la définir par rapport aux quantités de chaleur comme nous avions définie l'énergie mécanique par rapport aux travaux des forces. Ce qui fait que l'on n'est pas encore arrivé à cette forme de langage, c'est que l'on n'a pas suffisamment oublié l'ancienne échelle thermométrique et que l'on a voulu qu'il y ait cent *degrés* entre la température d'ébullition de l'eau et celle de fusion de la glace. Dans ces conditions le coefficient J a pour valeur environ 4,18.

Cela n'a pas grande importance, si ce n'est que cela complique le langage. Il aurait été plus simple de dire, en prenant J = 1 : nous connaissons deux catégories de phénomènes, les phénomènes de mouvement et les phénomènes thermiques; les éléments de ces phénomènes qui viennent à la connaissance de l'homme ne peuvent en aucune façon être comparés l'un avec l'autre, du moins directement; mais nous avons imaginé une certaine fonction de l'activité d'un système donné.

Cette activité peut se manifester à nous, d'une part par des mouvements visibles, d'autre part par des variations de température et nous avons appris à remonter de ces deux aspects différents à la valeur correspondante de la fonction unique caractéristique, à chaque instant, du système considéré ; cette fonction, nous l'appelons *l'énergie* du système ; *c'est le pont jeté par notre science entre deux aspects différents de l'activité d'un système ;* nous pouvons à chaque instant considérer la variation de cette fonction comme une somme de deux parties dont l'une est relative aux manifestations mécaniques, l'autre aux manifestations thermiques du système, mais les deux parties de cette somme sont des grandeurs mesurables de même nature et susceptibles par conséquent de s'additionner suivant la loi d'addition des grandeurs mesurables ; les éléments d'une partie de cette somme sont appelés des *quantités de travail,* parce que nous y remontons à partir de phénomènes de mouvement visible ; les éléments de l'autre partie sont appelés des *quantités de chaleur* parce que nous y remontons à partir de phénomènes thermiques, mais, comme le fait remarquer Jean Perrin, une fois la quantité de travail calculée, *elle perd son certificat d'origine ;* on ne sait plus si c'est une quantité de travail ou une quantité de chaleur ; c'est une partie de la somme qui représente à ce moment la variation de la fonction caractéristique de l'état du système considéré.

Si le système est isolé, cette fonction est constante, sa variation est nulle ; les deux parties de la somme sont donc égales et de signe contraire ; si l'une est 243 l'autre est (— 243), mais dans ce nombre 243 il n'est plus question de la nature des phénomènes auxquels il correspond ; le premier est calculé d'après une activité qui s'est manifestée à nous par l'abaissement d'un poids, le second, d'après une activité qui s'est manifestée à nous par l'échauffement d'une masse d'eau, mais ces deux nombres ne sont plus que des nombres dont la somme est nulle[1].

1. En toute rigueur même, si l'on se souvient de la manière dont nous avons déterminé par l'équivalence le facteur température, on a le droit de dire (en faisant $J = 1$) que la quantité de chaleur, c'est simplement le travail mécanique correspondant, nombre trouvé expérimentalement et que

Toutes les considérations précédentes ont donc eu pour résultat de nous amener, par une suite de conventions habiles, à calculer des nombres de deux manières : 1° en partant des phénomènes mécaniques d'un système ; 2° en partant des phénomènes thermiques de ce système, de telle manière que, pour un système isolé, la somme de ces deux nombres soit toujours nulle. Le premier nombre on l'appelle quantité de travail, le second nombre quantité de chaleur.

Il est évident qu'il y a là une grande part de convention, mais il y a aussi un résultat expérimental sans lequel nous n'aurions pu songer à calculer ces deux nombres complémentaires, c'est la constatation de l'équivalence du travail mécanique et de la chaleur. Ainsi donc, comme nous l'annoncions précédemment, alors que le principe de la conservation de l'énergie pour un système uniquement thermique ou uniquement mécanique est seulement le résultat de certaines définitions, le principe de la conservation de l'énergie dans un système à la fois thermique et mécanique provient de l'introduction, avec certaines conventions, dans les deux *définitions* précédentes, de la constatation expérimentale du principe de l'équivalence. Autrement dit, on peut affirmer qu'en parlant de la conservation de l'énergie dans un système thermo-mécanique isolé, on énonce *uniquement* ce résultat expérimental, qu'on peut tranformer de la chaleur en travail ou du travail en chaleur ; et ce principe devient même la véritable définition de la *quantité de chaleur* dans le langage du canton optique.

Cette possibilité de « transformer de la chaleur en travail » est d'ailleurs un résultat expérimental extrêmement précieux ; c'est ce résultat expérimental qui donne tant d'importance à la fonction *travail* que nous avons ima-

---

l'on convient *ensuite* d'écrire sous la forme $m c (t_1 - t_2)$. Et il en sera de même de toutes les autres formes d'énergie.

ginée en mécanique ; l'étude des autres phénomènes de l'activité extérieure nous montrera que, pour ces phénomènes comme pour les phénomènes thermiques, c'est toujours la fonction travail qui permet de jeter un pont solide entre le canton de la vision des formes et le canton propre des phénomènes étudiés ; autrement dit, quels que soient les éléments mesurables optiquement dans le canton étudié, nous devrons toujours nous proposer de rechercher laquelle des fonctions de ces éléments devient comparable à la fonction mécanique *travail* ; pour le canton thermique, cette fonction est la quantité de chaleur. Tout cela ne prouve pas que le travail soit une entité, que l'énergie existe ; mais l'énergie représentera pour nous une sorte de *commune mesure* applicable à des phénomènes qui se manifestent à nous de manière si étonnamment disparates.

CHAPITRE XXII

LES SOURCES DE CHALEUR ET LE PRINCIPE DE CARNOT

Nous avons sans cesse parlé de système thermique complet ou isolé, parce que cela est plus commode pour le langage ; par exemple, cela nous a permis d'établir, pour un pareil système, le principe de la conservation de l'énergie ; mais, le plus souvent, les systèmes étudiés ne sont pas réellement isolés ; ce ne sont que des parties d'un système isolé plus considérable, de même que nous l'avons constaté précédemment pour le pendule et la terre. Mais, pour le pendule, notre connaissance des phénomènes extérieurs nous permettait de ne considérer qu'une partie du système, le pendule, et de remplacer la terre dans le système par une divinité imaginaire, la pesanteur, qui se manifeste par des accélérations. Dès que nous étions certains de remplacer effectivement et complètement par la pesanteur le rôle de la terre dans le système, nous pouvions transformer notre langage de la manière suivante : Le principe de la conservation de l'énergie nous enseigne que dans le système complet formé par le pendule et la terre, le travail total est nul ; mais, si je considère séparément les deux parties du système, le travail ne sera pas nul dans chacune d'elle ; il sera égal, dans chacune d'elle, à celui qui s'effectue dans l'autre, pris avec le signe *moins*. En d'autres termes, le travail total *effectué* par le pendule sera égal au travail total *fourni* par la terre, c'est-à-dire au travail des forces de la pesanteur ; ce qui nous permettra d'écrire notre équation comme par le passé.

Ceci peut se généraliser et c'est là précisément que se manifeste l'avantage de la notion mathématique de travail. Lorsqu'un système n'est pas isolé, mais que l'on connaît tout ce qu'il reçoit de l'extérieur (travail, quantité de chaleur, etc.) on peut affirmer que l'énergie du système s'est accrue précisément de l'énergie qui lui a été *fournie* et qui a été perdue par l'ambiance, ce qui vérifie bien le principe de la conservation de l'énergie pour l'ensemble formé par le système et le milieu. Ceci n'est, on le voit bien, qu'un artifice mathématique très commode pour la mise en équation des problèmes.

On donne le nom de *source* à la partie du système complet qui est considérée comme fournissant de l'énergie au système partiel étudié ; ainsi, la terre est, pour le pendule une source d'énergie mécanique ; nous considérerons de même des *sources de chaleur*, fournissant de la chaleur à un système partiel, et nous pourrons étudier l'énergie de ce système lorsque nous serons sûrs que nous connaissons toutes les sources auxquelles il emprunte de la chaleur.

Cette expression *source* a l'avantage de parler à l'imagination, mais cet avantage est un inconvénient au point de vue philosophique, parce qu'il nous conduit fatalement à considérer l'énergie comme une substance qui se distribue, alors que ce n'est qu'une fonction mathématique des éléments connaissables de l'activité universelle. En particulier l'expression courante *quantité de chaleur* fait oublier bien vite la définition mathématique de cette fonction des éléments connaissables ; on parle de la chaleur comme d'une substance et même ceux qui ont pris la précaution de déclarer, à l'avance, que « l'expression *quantité de chaleur* est incorrecte », continuent à s'en servir, parce qu'elle est consacrée par l'usage, et en tirent des conclusions philosophiques dans le genre de celle-ci :

« la chaleur est une forme inférieure de l'énergie. » Si la science est une langue bien faite, il est dangereux d'y conserver des expressions reconnues mauvaises ; nous allons en avoir un exemple dans la discussion du principe de Carnot.

Commençons par imaginer un cas purement mécanique. Je considère un moulin à vent situé sur un sol qui est animé d'une vitesse v', et je suppose que, dans la direction même de cette vitesse v' souffle un vent doué d'une vitesse v. Au point de vue de ce qui aura lieu dans le moulin, c'est-à-dire, pour un observateur situé devant le moulin et entraîné avec lui, tout se passera comme si le moulin, situé sur un sol fixe, était actionné par un vent

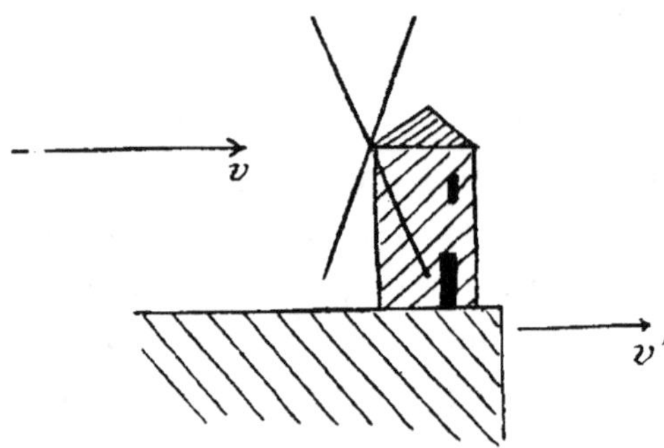

Fig. 2.

ayant, relativement au sol, une vitesse $(v - v')$; l'observateur situé devant le moulin et ignorant qu'il est lui-même entraîné avec une vitesse v', croira d'ailleurs que le vent souffle avec une vitesse $(v - v')$ et non avec une vitesse v, et il constatera que le travail fourni par le moulin dépend de cette vitesse ; il pourra dire que *toute la vitesse du vent* est détruite par le moulin et que le travail correspondant à l'accélération négative qui en résulte pour le vent est compensé par le travail que fournit le moulin.

Mais je suppose maintenant un observateur situé en dehors de la plate-forme qui porte le moulin, de manière à pouvoir apprécier les deux vitesses v et v' ; il lui viendra peut-être à l'idée de parler de deux *sources de mouvement* et de dire : Le moulin est une machine transformatrice de mouvement et fonctionne *entre deux sources de mouvement*, une source de mouvement, le vent, qui fournit du mouvement à la vitesse v et une autre source de mouvement, le sol, qui fournit du mouvement à la vitesse v'. Le moulin *recevra* du vent une quantité de mouvement proportionnelle à la vitesse v et *restituera* au sol une quantité de mouvement proportionnelle à la vitesse v', de sorte que la quantité de mouvement qu'il utilisera dépendra de la différence $(v - v')$. Si donc v' n'est pas nul, on pourra affirmer que le moulin est incapable de transformer en *travail de moulin* toute la *quantité de mouvement* qu'il a reçue du vent de vitesse v. (Je laisse de côté la possibilité pour le vent de vitesse v d'agir sur l'ensemble de vitesse v' en augmentant cette vitesse jusqu'à la valeur v'', auquel cas la quantité de mouvement transformable en *travail de moulin* sera encore plus petite et dépendra de $v - v''$. On dira alors que le moulin a restitué à la source de vitesse faible une quantité de mouvement capable d'augmenter sa vitesse.)

La narration que je viens de faire semblera immédiatement ridicule et pourtant cette narration est fidèlement calquée sur celle que l'on fait ordinairement des machines thermiques. Une machine thermique est une machine à transformer la chaleur en travail, et fonctionne *entre deux sources de chaleur ;* elle reçoit de la première une certaine quantité de chaleur qui dépend de la température de la première et restitue à la seconde une certaine quantité de chaleur qui dépend de la température de la seconde. En admettant donc que la machine considérée soit parfaite, elle ne pourra transformer en *fonctionnement de son mécanisme* que la différence entre la quantité de chaleur empruntée à la première source et la quantité de chaleur rendue à la seconde source.

De cette constatation on conclut, dans certains traités de physique, que « la chaleur est une forme inférieure de l'énergie, » parce qu'une *quantité de chaleur* donnée ne peut se transformer entièrement en travail mécanique ; c'est là une conséquence de cette expression fautive, *quantité de chaleur*. Remarquons que, dans l'application de la méthode des mélanges, nous n'avons jamais rencontré une expression correspondant à *la quantité de chaleur d'un corps à température donnée* ; nous n'avons jamais eu affaire qu'à des quantités de chaleur relatives à *un changement donné de la température d'un corps* ; la quantité de chaleur était une expression de la forme $mc\,(t_1 - t_2)$; elle ne dépendait ni de t_1, ni de t_2, mais uniquement de $(t_1 - t_2)$. Si nous nous en étions tenus à ces résultats expérimentaux, nous n'aurions pas rencontré la difficulté à laquelle nous nous heurtons aujourd'hui, mais, ayant imaginé ce mot *quantité de chaleur*, nous lui avons attribué une valeur absolue ; nous avons parlé de la quantité de chaleur que possède un corps à une température donnée, comme nous parlons de la quantité d'eau que contient un vase à un niveau donné et nous nous sommes étonnés de ce que nous ne pouvions pas, avec un certain nombre de *quantités de chaleur* empruntées à une source froide, fournir de la chaleur à une source chaude ; nous avons été stupéfaits en constatant qu'il n'était pas possible, « avec une quantité suffisante de boules de neige, de chauffer un four ! »

Voilà l'inconvénient de cette expression « quantité de chaleur ». En comparant les températures à des vitesses, nous avons réalisé un modèle qui nous permet de ne pas nous poser ces questions ; nous ne songeons jamais à nous demander si avec un certain nombre de mouvements de vitesse plus faible nous pouvons accroître la quantité de mouvement d'un système de vitesse plus forte ; il est évident que si ces mouvements se réalisent en un même endroit, c'est le mouvement de vitesse plus forte qui produira un travail positif dans les systèmes doués de mouvement à vitesse plus faible ; du moins, s'il ne produit pas de travail, il accroîtra leur vitesse...

Il y a longtemps que l'homme s'est décidé à ne plus parler de vitesse absolue mais de différences de vitesses : le principe du mouvement relatif est au début de tous les traités de mécanique ; cela tient à ce que la vie de l'homme n'a pas une place fixée dans l'échelle des vitesses ; nous ne soupçonnons pas la vitesse du mouvement de la terre qui nous entraîne ; au contraire, si j'ose m'exprimer ainsi. la vie de l'homme a sa place marquée dans l'échelle des températures ; pour nous, hommes, il y a des températures hautes ou basses *absolument ;* ce que nous appelons des points fixes dans l'échelle des températures, ce sont des points qui sont fixes par rapport à nous, en même temps qu'ils nous paraissent fixes par rapport à un ensemble de phénomènes extérieurs : nous osons parler de température absolue parce que nous avons nous-mêmes une température fixe et que nous ne pouvons pas concevoir que le monde ne changerait pas si on augmentait toutes ces températures de cent degrés centigrades. L'homme est n'importe où dans l'échelle des vitesses ; il est quelque part dans l'échelle des températures. Nous aurons à revenir ultérieurement sur cette *place de la vie humaine* dans l'échelle des activités extérieures. C'est là l'origine des *qualités.*

LE ZÉRO ABSOLU

L'exemple de notre moulin à vent nous conduit à cette considération nouvelle : de même que les quantités de mouvement empruntées à la source de vitesse v et rendues à la source de vitesse v', sont *proportionnelles* aux vitesses v et v', ne pouvons-nous pas nous proposer de déterminer le terme arbitraire température, de manière que les quantités de chaleur empruntées à la source chaude et rendues à la source froide, et qui dépendent des températures de ces sources soient *proportionnelles* à ces températures. Cette question aurait été facile à résoudre si nous n'avions pas déjà choisi une échelle de température d'après le principe de l'équivalence ; il est vrai que cette échelle avait une origine arbitraire ; servons-nous de notre nouvelle considération pour déterminer cette origine au moyen de deux sources bien déterminées ; nous constaterons ensuite que l'échelle ainsi déterminée vérifie, pour toutes les températures, la loi de proportionnalité établie pour les deux températures choisies d'abord, autrement dit, que la loi de proportionnalité dont nous venons de nous servir, s'accorde avec la définition précédemment donnée des températures au moyen du principe de l'équivalence.

Nous avons donc maintenant une échelle de température entièrement définie (pourvu que nous ayons choisi le coefficient de proportionnalité qui fait correspondre les quantités de chaleur aux travaux équivalents). Cette échelle a une origine, un point de départ, un zéro que nous appelons le zéro absolu.

C'est à Carnot que l'on doit d'avoir montré cette relation entre la température des sources et la quantité de chaleur qu'elles doivent recevoir ou fournir dans une machine thermique. Si l'on appelle T la température de la source chaude et Q la chaleur qu'elle fournit, t la température de la source froide et q la chaleur qu'elle reçoit, on a l'égalité :

$$\frac{Q}{q} = \frac{T}{t} ;$$

ou encore :

$$\frac{Q}{T} = \frac{q}{t} ;$$

T et t étant les températures absolues ; en d'autres termes

la quantité de chaleur vraiment utilisée par la machine est
$Q - q$, quantité proportionnelle à $T - t$; donc, dans une
machine thermique à rendement parfait, le travail produit est proportionnel à la différence des températures des
sources.

* *

La comparaison que nous venons de faire avec le
moulin à vent nous permet d'énoncer le principe de
Carnot sous une forme pittoresque : *Les températures sont
de la nature des vitesses ; en raisonnant sur les températures
comme sur les vitesses on ne sera conduit à aucune contradiction*[1].

Cette conclusion est fort intéressante pour le biologiste ;
déjà en mécanique nous avons vu que la principale qualité *humaine* du mouvement, c'est la vitesse ; ce que nous
sentons devant un mouvement, ce sont des vitesses et des
variations de vitesse ; en acoustique, la principale qualité
du son, la *hauteur*, est caractérisée par la vitesse du mouvement vibratoire ; voici que dans le canton thermique,
nous faisons une remarque analogue : la température, qualité humaine de la chaleur, est de la nature des vitesses ;
si l'on accepte les théories actuelles de l'optique, la *couleur* est également caractérisée par une vitesse de mouvement vibratoire ou, tout au moins, par une vitesse
dans des changements périodiques d'état électrique... En
résumé, la qualité humaine de l'activité extérieure, au
moins dans les cantons que nous venons de passer en

---

1. Dans cette comparaison, la température du zéro absolu correspondrait
à une vitesse nulle ; on peut se demander ce que veut dire le mot vitesse
nulle, dans l'exemple de notre moulin à vent, puisque nous ne connaissons
que des mouvements relatifs : il n'en est plus de même quand il s'agit d'un
mouvement vibratoire ; là le mot vitesse nulle a une signification bien
précise ; nous verrons précisément tout à l'heure que, quand on a voulu
imaginer un *modèle* mécanique de l'activité thermique, on a cherché à la
comparer au mouvement vibratoire dont le *son* nous a donné un premier
type.

revue, c'est la vitesse. *Nous connaissons surtout des vitesses !*
Cette remarque ne doit pas s'appliquer à l'homme seul,
mais à tous les êtres vivants ; il est en effet fort compréhensible que la notion de vitesse soit une conséquence de
la propriété de mémoire, conséquence elle-même de l'assimilation, et par laquelle les êtres vivants se distinguent
des corps bruts.

LES QUALITÉS D'ÉNERGIE

Dans la pratique, nous constatons que tous les systèmes
destinés à « transformer de la chaleur en travail mécanique » n'effectuent pas cette transformation intégralement ; c'est comme si le moulin à vent dont nous parlions
tout à l'heure, acquérait, du fait du vent, une certaine
vitesse v'' plus grande que v' ; nos machines à transformer
la chaleur en travail s'*échauffent* nécessairement, ou, tout
au moins, si on prend la précaution de les refroidir sans
cesse, restituent à l'extérieur, sous forme de chaleur, non
seulement la quantité de chaleur qu'elles doivent rendre
à la source froide en vertu du principe de Carnot, mais
encore une autre quantité de chaleur qui représente, pour
employer le langage courant, une partie non utilisée de
l'*énergie utilisable* fournie à la machine.

Cette remarque doit se généraliser même quand
l'énergie fournie à une machine est purement de l'énergie
mécanique, les machines les plus parfaites n'arrivent
jamais, dans la pratique, à en rendre l'équivalent total
sous forme de travail utilisé ; il y a toujours transformation d'une partie de cette énergie en chaleur ; il y a
échauffement de l'appareil par les frottements ; et si l'on
se souvient que les traités actuels considèrent la chaleur comme une forme inférieure de l'énergie, on com-
prendra que ces mêmes ouvrages racontent, comme il suit,
le phénomène que nous venons de signaler : « Il y a tou-

jours *dégradation* d'une partie de l'énergie fournie à une machine; la machine la meilleure est celle où cette dégradation est le plus soigneusement évitée. »

Réfléchissons un peu aux conséquences de cette particularité. Supposons que, dans un système isolé, nous connaissions, à un certain moment, toute l'énergie thermique et toute l'énergie mécanique, et voyons de quelle nature seront les changements qui peuvent intervenir dans ce système. D'abord, il est évident que la partie utilisable de l'énergie thermique du système considéré dépendra de la température la plus basse réalisée dans ce système, ou plutôt des différences qui existent entre les températures plus hautes et les températures plus basses de ce système.

Considérons une partie de ce système qui joue le rôle de machine thermique; son fonctionnement transformera une partie de l'énergie thermique en énergie mécanique : si cette transformation était totale, l'énergie mécanique ainsi obtenue pourrait ensuite être transformée réciproquement en énergie thermique et restituer intégralement la quantité précédemment dépensée d'énergie thermique; on pourrait concevoir le retour au point de départ. Mais une partie de l'énergie thermique fournie ne réapparaît pas sous forme mécanique; elle réapparaît sous forme d'énergie thermique, par l'échauffement de la machine.

On pourrait conclure de là que rien n'est perdu, puisque toute l'énergie thermique fournie se retrouve, soit sous forme mécanique, sois sous forme thermique, et c'est en effet là le principe de la conservation de l'énergie.

Mais, arrêtons-nous un instant à cette quantité d'énergie thermique empruntée à la source chaude et qui se retrouve sous forme d'énergie thermique; elle se retrouve en quantité égale à celle dont elle provient, mais sous une forme différente, ou, si vous voulez à une température moyenne *moins élevée ;* et par conséquent (même en admettant que, dans l'opération considérée, la température la plus basse du système étudié n'ait pas monté), la partie de cette quantité d'énergie thermique qui, en vertu du principe de Carnot, est utilisable dans le système considéré *a diminué*.

Ainsi donc, chaque fois qu'il se produit un travail mécanique quelconque dans le système isolé considéré, quoique l'énergie totale du système ne puisse pas changer, il y a une partie de cette énergie totale qui perd de sa valeur *utilisable dans le système*.

Jean Perrin a montré que le principe de Carnot peut être considéré comme un principe d'*évolution ;* la remarque que nous venons de faire va nous permettre d'appliquer à l'évolution d'un système le langage de la sélection naturelle.

Quand un enfant s'introduit un épi d'orge dans la manche, les barbes tournées vers l'extérieur, il sait prévoir à l'avance que cet épi d'orge montera vers son aisselle ; pourquoi ? Il ne dirige aucunement dans ce but les mouvements de son bras, mais il sait que, parmi ces mouvements, ceux qui tendraient à faire redescendre l'épi seront annulés par la résistance des barbes ; au contraire, ceux qui tendront à le faire monter, le feront effectivement monter ; il y aura sélection naturelle des mouvements ascendants et de ceux-là seulement ; l'épi montera.

De même, dans un système isolé, il y aura deux sortes de phénomènes : les uns auront pour résultat de diminuer la valeur *utilisable dans ce système*, d'une partie de l'énergie du système ; les autres transformeront une autre partie de cette énergie sans changer sa valeur utilisable et par conséquent ne détruiront pas l'effet des premiers : de sorte que l'on constatera somme toute, au sujet de l'énergie totale du système, uniquement des variations *dans le sens de la diminution de l'énergie utilisable.*

On a imaginé une fonction mathématique des éléments d'un système isolé, *l'entropie*, qui varie en sens inverse de l'énergie utilisable de ce système, et on s'en est servi pour énoncer des principes philosophiques plus ou moins acceptables. Je n'entrerai pas ici dans ces considérations qui exigent l'emploi d'un appareil mathématique considérable.

J'ai fait remarquer avec soin, qu'il s'agit de l'énergie utilisable *dans un système donné* ; cette énergie utilisable dépend de la température la plus basse réalisée dans le système, température qui doit monter petit à petit pendant que baissent les températures les plus élevées ; ainsi l'on constate simplement une tendance à l'uniformisation des températures dans un système isolé.

Mais si l'on met ce système isolé en communication avec un autre système à température plus basse, une nouvelle quantité d'énergie redeviendra utilisable ; seulement, notre théorème précédent deviendra applicable à l'ensemble de nos deux systèmes ; l'énergie utilisable de l'ensemble de ces deux systèmes ira en décroissant et ainsi de suite...

Ce qui donne de l'importance à ces constatations, c'est, nous l'avons vu, que la vie de l'homme occupe une place déterminée dans l'échelle des températures. Les sources froides qui sont disponibles à la surface de la Terre sont limitées comme importance et comme température, mais, puisque nous avons eu la notion du zéro absolu, nous pouvons dire que si nous avions à notre disposition une source froide inépuisable et ayant la température du zéro absolu, toute l'énergie thermique serait utilisable ; seulement l'utilisation de cette énergie thermique abaisserait la température moyenne et rendrait la vie impossible...

En réalité quand nous nous basons sur le théorème de Carnot pour déclarer que l'énergie thermique est de *qualité inférieure* nous abusons de ce que nous avons, de la température, une notion *plus absolue* que celle que nous possédons de la vitesse, par exemple, à cause de la place de la vie dans l'échelle des températures.

Supposons que nous connaissions la vitesse de la terre dans un certain système d'axes ; nous pourrions affirmer que, par rapport à un autre astre doué d'un mouvement parallèle (comme dans l'exemple du moulin à vent) la quantité de mouvement utilisable du système des deux astres formant une machine serait proportionnelle à la différence de leurs vitesses : et si la terre communiquait un peu de sa vitesse à l'autre astre, cela diminuerait l'énergie utilisable du système ; les deux astres finiraient par avoir même vitesse et alors l'énergie utilisable du système deviendrait nulle (en tant qu'il s'agit de l'énergie résultant de la différence des deux vitesses). Le langage serait parallèle à celui de la thermo-dynamique.

Défions-nous donc des conséquences philosophiques que l'on a tirées de la considération du principe de Carnot et de l'inégalité de Clausius ; nous y tenons compte de la nature des phénomènes vitaux de l'homme ; c'est de l'anthropomorphisme.

Je résume en quelques lignes ces considérations déjà trop longues.

Le principe de l'équivalence nous a permis de donner une définition précise et impersonnelle des différences de température ;

Le principe de Carnot nous a permis de donner une *origine* à l'échelle des températures ainsi définie, autrement dit, de définir le zéro absolu. Si nous avons choisi un coefficient d'équivalence égal à l'unité, de manière que le nombre qui mesure une quantité de chaleur soit le même que celui qui mesure le travail équivalent, notre échelle des températures est entièrement définie dans son origine et dans sa graduation.

Pratiquement, dans de grandes limites de température.

la définition par l'équivalence correspond à la graduation du thermomètre à gaz hydrogène, ce qui nous fait connaître une propriété précieuse de ce gaz ; nous sommes conduits à définir, à ce point de vue, *gaz parfait* un gaz qui ne s'écarte jamais, dans ses indications thermométriques, de la graduation basée sur l'équivalence ; nous faisons également correspondre ce gaz à notre origine basée sur le principe de Carnot ; nous définissons le 0 absolu, par la condition que la pression d'un volume constant de gaz parfait devienne nulle, ce qui aurait une signification précise dans la théorie cinétique des gaz.

Ainsi, la température étant définie en fonction de données précises de la mécanique, par le principe de Carnot et le principe de l'équivalence, le canton thermique se trouve recouvert par celui de la vision des formes.

LIVRE IV

LES EXPLICATIONS

CHAPITRE XXIII

LE MODÈLE ATOMIQUE

Nous avons rapidement passé en revue les fondements de l'étude du son et de la chaleur ; il n'est pas nécessaire d'avoir étudié les autres cantons de la physique, pour comprendre l'avantage résultant du fait que le canton optique a entièrement recouvert les domaines acoustique et thermique, et pour en tirer des conclusions.

Pour le son, l'envahissement par le canton optique a été si aisé et si rapide que nous avons pu considérer l'acoustique comme un chapitre particulier de la mécanique, la mécanique du mouvement vibratoire ; en réalité même, quand le son était assez grave, nous avons presque pu *voir* vibrer les corps sonores ; dans tous les cas, nous avons pu appliquer, à l'étude de ce mouvement rapide de masses matérielles vibrantes, la méthode d'enregistrement qui nous avait déjà servi dans la mécanique du mouvement visible ; le phonographe est calqué sur la machine de Morin. La conclusion de nos études acoustiques a donc été que nous connaissons, par nos oreilles, des mouvements vibratoires plus ou moins analogues à ceux d'un pendule, lorsque ces mouvements vibratoires sont trop petits et trop rapides pour frapper directement nos yeux, et pourvu aussi qu'ils ne dépassent pas une certaine vitesse au delà de laquelle l'oreille même ne nous renseigne plus à leur sujet.

Nous avons même pu étudier ensuite la propagation de ce mouvement vibratoire dans l'air; la vibration d'une masse d'air revient à une alternance de compressions et de dilatations que l'on peut étudier au moyen des lois de la mécanique des gaz, et qui donnent des résultats mathématiques très rigoureux pourvu qu'on tienne compte de certains phénomènes thermiques qui prennent naissance au cours de ces variations de pression ; cette étude mathématique permet de prévoir ce qui se passera dans un tuyau sonore, dans une corde ou une plaque vibrante, etc. Et l'on peut encore vérifier par l'œil l'exactitude des résultats du calcul, en mettant en évidence, par des poussières légères, le mouvement des *ventres* et le repos des *nœuds*.

C'est donc bien là une véritable extension du canton optique aux phénomènes sonores; notre imagination n'a pas été gênée par cette extension ; elle s'est facilement pliée à cette idée qu'il y a des mouvements vibratoires plus petits et plus rapides que ceux que nous pouvons connaître par les yeux, mais qui néanmoins sont tout à fait de même ordre et régis par les mêmes lois ; autrement dit, nous avons dans les mouvements vibratoires de grande amplitude et, par suite, visibles, *un modèle* immédiat pour nous représenter les mouvements qui produisent des sons; et quand nous disons que le son est dû un mouvement vibratoire, c'est une vérité mécanique que nous exprimons; ce n'est pas un symbole.

De plus, les mouvements vibratoires que nous connaissons sous forme de sons, ne sont pas extrêmement petits par rapport à nous; nous pouvons *voir* ces mouvements quand ils sont enregistrés, sinon directement à l'œil, du moins avec une loupe ou un microscope. Nous ne sommes donc pas, en réalité, sortis du canton optique proprement dit.

Pour la chaleur, les choses n'ont pas été aussi simples. Nous avons bien constaté, dès le début, une variation de volume plus ou moins facile à observer par les yeux et qui prouvait bien qu'il ne doit pas y avoir un abîme infranchissable entre les phénomènes thermiques et les phénomènes mécaniques; mais notre observation se bornait à une mesure unique, celle d'une déformation variable avec les divers corps.

Néanmoins ce maigre document nous a été précieux parce qu'il nous a permis de *définir* provisoirement les températures avec la précision que comportent les méthodes de mesure optique. Mais cette définition était purement empirique malgré sa précision, ainsi que nous l'avons vu précédemment pour les forces définies par le dynamomètre; en particulier nous ne pouvions pas faire d'arithmétique sur les températures; nous ne savions pas parler d'une température double d'une autre.

Une première conquête a été celle de l'existence de certains coefficients que nous avons appelés masses thermiques par comparaison avec les masses mécaniques et de la considération du produit de ces masses par des différences de températures. Ce produit précieux, nous l'avons appelé *quantité de chaleur*, nous inspirant en cela d'une vieille théorie, celle de la chaleur fluide ou du calorique, vieille théorie qui a eu du moins l'avantage de nous permettre provisoirement d'introduire l'arithmétique et l'algèbre dans le canton thermique, grâce à une *convention* qui se traduit par le principe de la *conservation de la quantité de chaleur* dans un système thermiquement isolé.

C'était déjà très bien d'avoir ainsi le moyen de nous servir des mathématiques dans le canton thermique, mais tout cela était empirique et le canton thermique n'en restait pas moins entièrement isolé de celui de la vision des formes.

Le pont a été jeté entre les deux cantons par la découverte du principe de l'équivalence, qui a permis de donner à la thermométrie une base empruntée à la mécanique; ce produit que nous avons appelé quantité de chaleur se trouve lié mystérieusement à la fonction mécanique appelée travail, un peu comme la force mesurée empiriquement au dynamomètre se trouvait liée à la masse mesurée par des considérations purement mécaniques. Ce qui nous a réussi naguère pour la force, nous convenons de le faire maintenant pour la *quantité de chaleur*, c'est-à-dire que nous déclarons désormais *proportionnelle* au travail équivalent, cette quantité qui contenait un terme absolument empirique, la température. Ce faisant, *nous abandonnons complètement notre notion humaine de température ;* nous nous préparons à quitter le canton thermique par le canton mécanique, émigration qui va nous être rendue plus facile par le principe de Carnot, grâce auquel nous verrons que les températures précédemment définies se comportent comme des *vitesses*. De même, nous avions été amenés à introduire la force dans le canton mécanique, en oubliant la sensation d'effort et en définissant la force par le produit de la masse et de l'accélération.

Ainsi donc, les températures sont de la nature des vitesses! des vitesse de quoi? Voilà immédiatement la question qui se pose à notre imagination.

En acoustique nous avions trouvé aisément que les *hauteurs* des sons varient dans le même sens que les vitesses des mouvements vibratoires des corps sonores et nous avions remplacé la notion musicale de hauteur par la notion mathématique de vitesse vibratoire. Voici que nous sommes amenés, dans le canton thermique, à remplacer la notion cantonale de température par celle d'une autre qualité qui varie dans le même sens et qui calculée mathématiquement en fonction de phénomènes mécaniques se montre également de la nature des vitesses !

J'ai déjà montré l'intérêt biologique de cette constatation que toutes les qualités directement sensibles à l'homme sont de la nature des vitesses. Une comparaison avec les phénomènes acoustiques nous fait penser tout de suite à chercher, dans les phénomènes calorifiques, un mouvement *vibratoire* de quelque chose, mais c'est là, peut-être, une induction trop rapide, quoique le mouvement vibratoire ait l'avantage de nous donner une représentation aisée de la vitesse nulle correspondant au zéro absolu; peut-être serait-il préférable de chercher, dans la vitesse d'un mouvement non vibratoire, le *modèle* de ce que nous appelons température [1].

Voilà une première hésitation; nous en trouvons une seconde dès que nous nous demandons, non plus quelle est la nature du mouvement dont la vitesse se révèle à nous, mais bien quel est l'*objet* de ce mouvement.

En étudiant les phénomènes sonores, nous avons déjà retrouvé notre vitesse vibratoire dans deux phénomènes qui, *a priori*, semblaient d'ordre très différent :

D'abord, dans la vibration d'une corde ou d'une plaque, nous avons vu le mouvement vibratoire d'un corps solide, c'est-à-dire un véritable mouvement au sens où nous l'entendons dans la mécanique du mouvement visible.

Ensuite, dans la transmission par l'air à notre oreille, nous avons constaté (outre le mouvement de transmission qui a une certaine vitesse, la vitesse du son), une variation périodique, en un point de l'air, de cette qualité des gaz que nous appelons *la pression*.

Que cette variation périodique de la pression d'un gaz ne soit pas un phénomène *essentiellement* différent du

---

1. C'est ce qui a été fait, par exemple, dans la théorie cinétique des gaz.

mouvement vibratoire d'un corps solide, c'est ce que nous fait penser la relation de cause à effet constatée entre ces deux ordres de phénomènes; la vibration de la plaque peut faire vibrer l'air; la vibration de l'air peut faire vibrer la plaque. Néanmoins, jusqu'à plus ample informé, nous devons constater que nous connaissons déjà, en acoustique, deux formes de mouvements vibratoires, le mouvement vibratoire d'un corps solide qui est un véritable mouvement au sens mécanique du mot et le mouvement vibratoire d'un gaz qui est une variation périodique de pression, c'est-à-dire un changement périodique dans l'*état* de quelque chose.

Et voilà déjà deux *modèles* qui nous sont fournis par la simple étude de l'acoustique ; ces deux modèles parlent directement à notre imagination; ils sont de l'ordre de ceux que connaît directement notre personne et auxquels, par conséquent, notre bon sens est applicable. Lequel de ces deux modèles devons-nous choisir pour *illustrer* notre découverte que la température est de la nature des vitesses ? Nous n'avons aucune raison de préférer l'un à l'autre et d'ailleurs l'histoire de la physique nous montre un engouement successif pour ces deux modèles, au moins dans l'étude des phénomènes lumineux ; à la théorie de Fresnel qui voyait dans la lumière le résultat du mouvement vibratoire d'un corpuscule, a succédé celle de Maxwell qui interprète le même phénomène par une variation périodique de l'*état* électromagnétique de quelque chose.

Cette simple remarque doit nous faire réfléchir ; après avoir rapproché du canton optique les phénomènes du canton thermique par des conventions qui permettent d'introduire la chaleur et le mouvement dans une équation algébrique, nous voulons maintenant rapporter les phénomènes du canton thermique à des *modèles* qui parlent à notre imagination visuelle. S'il ne s'agissait que d'une simple satisfaction de notre imagination, cela n'aurait pas grande importance, mais il y a autre chose :

La langue mathématique, pour précise et féconde qu'elle soit, ne nous permet pas de nous servir de notre *bon sens;* une fois un problème mis en équation, le savant n'existe plus ; il pourrait être remplacé par une machine à résoudre les équations. Il n'en est plus de même si les diverses opérations effectuées sur les équations ont, à chaque instant, une traduction suffisamment claire dans le langage courant. La recherche du *modèle* aura donc l'avantage, en substituant le langage courant au langage mathématique, de nous permettre de *raisonner* sur des phénomènes élémentaires, et cela peut être très fécond.

Donc, partant de la découverte de l'équivalence de la chaleur et du travail et de la conviction que les températures sont de la nature des vitesses, nous nous proposons d'abord de *calquer,* sur les phénomènes qui sont à l'échelle humaine, un modèle accessible à notre imagination visuelle et qui nous permette de parler, en langage courant, des mouvements élémentaires dont une particularité nous est enseignée directement par notre sens thermique.

Il ne s'agit donc pas, au moins au début, *d'expliquer,* comme beaucoup se l'imaginent, le monde connu de l'homme par les phénomènes inaccessibles d'un monde plus petit, mais, au contraire, de voir s'il est possible, en calquant un modèle de ce monde plus petit sur des phénomènes du monde connu de l'homme, d'obtenir, de ce monde plus petit, une représentation qui ne conduise à aucune contradiction.

On voit combien cette tâche est délicate ; le monde connu de l'homme est déterminé par la nature de l'homme et il n'y a aucune raison, *a priori,* pour que les phénomènes inaccessibles à l'homme soient du même modèle que les phénomènes accessibles et puissent être racontés avec les mêmes mots. Et puis, comment choisirons-nous, parmi les phénomènes à l'échelle humaine, ceux qui doivent nous fournir des modèles pour le monde plus petit que nous voulons construire? Nous connaissons, à notre échelle, des solides, des liquides et des gaz, nous connaissons des mouvements vibratoires de deux natures au moins (vibration d'un solide et variation périodique de la pression d'un gaz) sans compter les mouvements de translation dont la forme et les propriétés varient à l'infini; comment allons-nous donc nous y prendre pour construire notre modèle minuscule? Évidemment, nous devrons procéder par approximations successives, en laissant à chaque instant à notre modèle, toute l'indétermination qui pourra lui être laissée et en l'astreignant seulement à être adéquat à la narration du phénomène, humainement constatable, en vue duquel il est construit. Par exemple, du principe de l'équivalence et du principe de Carnot, nous tirerons cette seule conclusion que la chaleur est un mouvement dont la température nous fait connaître la vitesse, mais nous devrons laisser indéterminée, non seulement la nature du mouvement, mais encore la nature de l'objet du mouvement; nous attendrons d'avoir étudié d'autres phénomènes pour introduire avec précaution, dans notre énoncé, une précision plus grande.

Il est possible que nous soyons arrêtés dans cette voie par des manifestations de l'activité extérieure dont la narration ne puisse se faire au moyen de mouvements d'un monde plus petit, calqué sur le monde connu de l'homme; cela est possible, car nous n'avons, je le répète, aucune raison de croire, à priori, que les mondes plus petits soient calqués sur le nôtre; c'est là une idée qui ne peut venir que de la notion géométrique de similitude et cette notion géométrique de similitude a déjà conduit les savants à des comparaisons reconnues depuis erronées; par exemple on a cru autrefois qu'il y avait, dans le spermatozoïde, un petit *homunculus* semblable à l'homme adulte, et cela est faux; il n'y a pas plus de raison *a priori*, pour que le monde atomique ressemble au système planétaire du soleil...

Et cependant, si nous voulons fabriquer un modèle du monde plus petit, il faut bien que nous le fassions semblable à quelque chose que nous connaissons, d'abord parce que l'imagination de l'homme n'est pas créatrice et ne peut pas sortir de ce cadre des choses observées, ensuite parce que, si ce modèle n'est pas formé d'éléments calqués sur ceux du monde connu de l'homme, nous ne tirerons aucun avantage du fait de l'avoir imaginé, puisque nous ne pourrons lui appliquer ni notre langage courant, ni notre bon sens.

Nous sommes donc tentés de créer de toutes pièces un modèle de microcosme; mais il est évident que, à moins d'un hasard tout à fait invraisemblable, nous ne tomberons pas du premier coup sur un modèle irréprochable; il faudra faire à notre modèle des retouches successives. Il serait plus prudent d'opérer comme nous l'avons expliqué plus haut, en laissant toujours au modèle que nous choisissons toute l'indétermination que lui permet l'explication des phénomènes en vue desquels il est construit; cette indétermination diminuera progressivement à mesure que nous aurons considéré plus de phénomènes à la fois, et que notre modèle devra être adéquat à ce nombre accru de phénomènes.

S'il arrive un moment où nous avons étudié assez de choses pour qu'*aucune* indétermination ne subsiste plus dans notre modèle de microcosme, le microcosme ainsi constitué devra être adéquat à l'explication de tous les autres phénomènes que l'on découvrira ensuite; il pourra même permettre de les prévoir et aura par conséquent une valeur scientifique.

C'est cette valeur de premier ordre que l'on a voulu

accorder à des systèmes faits tout d'un coup, la théorie cinétique des gaz, par exemple; aussi a-t-on eu des déboires [1]. Pour avoir voulu donner, dès le début, trop de précision au système des atomes, les atomistes ont prêté le flanc à ceux qui, oublieux des services rendus par cette hypothèse, se sont surtout attachés à mettre en évidence les cas dans lesquels, sous sa forme trop étriquée, trop parfaitement déterminée, elle ne cadrait pas avec des phénomènes bien connus.

Il faut donc se résigner à chercher à tâtons, et par approximations successives, un modèle de microcosme de plus en plus adéquat à la narration des faits humainement observables; mais il ne faut tirer de chaque fait observé que l'élément de détermination qu'il comporte pour le microcosme correspondant; par exemple, l'étude de la lumière a permis de connaître des vitesses de mouvements vibratoires, mais n'a pas autorisé à faire une hypothèse sur la nature de l'objet vibrant; la chimie a tiré un parti énorme de l'hypothèse atomique, mais n'a aucunement renseigné sur la nature des atomes; l'étude des phénomènes électromagnétiques est celle qui a le plus considérablement restreint le cadre du microcosme et nous ne pouvons pas prévoir jusqu'où cela ira. La *chimie physique* peut être considérée aujourd'hui comme la science qui cherche à préciser de plus en plus la détermination du monde très petit, de manière à ce que le modèle ainsi créé nous permette de raconter une part de plus en plus grande des phénomènes humainement connaissables.

Si ce modèle se trouvait un jour entièrement arrêté dans toutes ses lignes et adéquat à tous les phénomènes connus de l'homme, la science humaine serait finie, c'est-à-dire que, si l'on découvrait un jour un nouveau

___

1. Je comparerai volontiers l'histoire de ces systèmes atomiques faits tout d'un coup à celle du système de Weismann en biologie.

phénomène à l'échelle humaine, ce phénomène devrait être *prévu* par le modèle précédemment établi; si, par hasard, le modèle rigoureusement déterminé par les études précédentes ne cadrait pas avec ce nouveau phénomène, cela prouverait, soit qu'on s'est trompé et qu'on a trop hâtivement déterminé l'une des inconnues du microcosme, soit qu'un tel microcosme, calqué, dans ses éléments, sur le monde connu de l'homme, et adéquat à tous les phénomènes de notre physique et de notre chimie, *n'existe pas ;* et cette dernière conclusion n'aurait rien d'extraordinaire puisque nous n'avons aucune raison *a priori* de supposer qu'il y a similitude entre les petites choses et les grandes.

Et d'ailleurs, si ce microcosme ressemblait réellement au monde décrit à l'échelle humaine, il est certain que toute son activité ne se réduirait pas à une mécanique calquée sur celle de notre mouvement visible; puisque, dans notre monde il y a, outre des phénomènes de mouvement visible, des phénomènes de chaleur, de lumière, etc..., il devrait y avoir aussi dans le microcosme calqué sur notre monde, outre des phénomènes purement mécaniques, d'autres phénomènes analogues à nos phénomènes thermiques et qui nécessiteraient encore la construction d'un modèle de microcosme d'ordre plus petit, et ainsi de suite[1]...

---

1. On oublie ordinairement cette nécessité, parce que le langage courant nous permet de parler de la connaissance des choses sans spécifier la nature de l'être qui connaît : mais ici, il s'agit d'*échelle* et nous ne pouvons nous dispenser de tenir compte de la place qu'occupe la vie de l'observateur dans l'échelle des phénomènes extérieurs : si nous imaginons par exemple, un homunculus tel que les mouvements thermiques soient pour lui la mécanique homunculaire, il y aura d'autres mouvements plus petits qui prendront pour cet homunculus, l'apparence d'une qualité (comme cela se passe pour nous relativement au son, à la chaleur, etc.).

La narration moniste de cet homunculus l'amènera donc lui-même à faire une nouvelle hypothèse atomique, c'est-à-dire, au fond, à imaginer un homunculus plus petit, dont la mécanique homunculaire corresponde précisément à ce qui était qualité pour l'homunculus précédent, et ainsi de suite. Encore devons-nous supposer que ces homunculus peuvent *voir* dans leur monde, comme nous pouvons voir dans le nôtre, ce qui n'est rien

Même si l'on obtenait un modèle de microcosme adéquat à tous les phénomènes humainement connaissables, on ne connaîtrait pas pour cela l'essence de la nature, mais simplement une narration *en termes humains* de l'activité qui a son siège dans les corps de petite dimension. En réalité nous n'aurons pas *expliqué* les planètes par les atomes, mais, si j'ose m'exprimer ainsi, nous aurons illustré les atomes par les planètes.

Ce sera comme si nous avions été mis au courant de la connaissance qu'aurait, du monde des atomes, *un homme qui serait une réduction de nous à l'échelle des atomes* et qui penserait et qui sentirait dans ce microcosme comme nous pensons et sentons dans le nôtre. Car il ne faut pas l'oublier, nous ne connaissons que des faits à *l'échelle humaine*; des êtres différents de nous pourraient avoir des mêmes objets une connaissance différente, à leur échelle propre. Raconter l'histoire des atomes en termes humains, c'est supposer implicitement un homunculus, fait comme nous et pour lequel les phénomènes qui sont pour nous phénomènes de chaleur seraient de la mécanique du mouvement visible ou de l'astronomie.

moins qu'assuré, au moins pour l'homunculus qui sera de la dimension de la lumière.

En général on ne se préoccupe pas de savoir *qui* connait les phénomènes atomiques sous forme de mécanique macroscopique. L'homme se fait observateur unique et suppose seulement que chaque phénomène microcosmique est grossi à son tour suivant les règles de la similitude géométrique, de manière à pouvoir être *vu* de lui comme un phénomène de mouvement visible. Mais un grossissement unique, s'il amène certains phénomènes microcosmiques à la dimension de notre mécanique devra laisser aux autres phénomènes leur aspect de qualité. Voilà ce que l'on oublie ; on y pense davantage si au lieu de supposer le monde grossi à l'échelle de l'homme, on fait l'hypothèse équivalente et aussi illégitime de l'homme réduit à l'échelle du monde à observer.

Une hypothèse microcosmique ne nous permet donc pas l'emploi d'un langage moniste, puisque, à chaque instant, nous ne pouvons nous placer, en imagination, qu'en un point de l'échelle des faits. Le seul langage qui puisse être unifié dans cette hypothèse est le langage mathématique qui, dans une même phrase parle de dix millions d'années et d'un trillionième de seconde. Mais le langage mathématique ne parle pas à l'imagination, et alors, nous ne tirons pas de notre hypothèse microcosmique l'avantage que nous y cherchions.

Nous aurons beau faire, nous ne sortirons jamais de cette nécessité qui nous est imposée à tout jamais, de n'avoir qu'une connaissance humaine des choses et de ne pouvoir nous imaginer que des choses semblables à celles que nous connaissons. Autrement dit, au point de vue philosophique, la théorie atomique, même définitivement établie sur un modèle qui serait adéquat à tous les phénomènes physiques et chimiques connus, ne nous avancerait guère ; elle ne ferait que donner un modèle, calqué sur le monde connu de l'homme, et traduire un ensemble d'activités dont le monisme essentiel aurait déjà été manifesté pour nous par la possibilité de trouver une commune mesure à des fonctions bien choisies de ces diverses activités.

Mais nous en retirerions un grand avantage pratique au point de vue de la narration imagée des phénomènes ; nous pourrions dire que l'ensemble des lois naturelles dont nous avons besoin pour prévoir les phénomènes est résumé dans la connaissance du microcosme : nous aurons d'ailleurs à revenir sur ce sujet quand nous aurons compris ce qu'est une loi naturelle, et ce qu'on doit entendre par « l'explication mécanique des choses ».

Par exemple, nous avons vu précédemment que la quantité de chaleur $m c (t_1 - t_2)$ était équivalente à une quantité de travail $m \gamma e$. Il faudra que le modèle mécanique qui représente notre chaleur à l'échelle de l'homunculus de tout à l'heure nous conduise à une formule de la forme $m \gamma e$; il faudra que le mouvement dont la vitesse nous donne l'impression de température soit tel par rapport à la disposition du microcosme observé par l'homunculus, que cette vitesse tende à s'uniformiser dans un milieu donné, ce qui se traduira pour nous par l'échange de quantités de chaleur entre le corps plus chaud et le corps plus froid[1], etc...

1. L'expression « quantité de chaleur » a des inconvénients que j'ai déjà signalés précédemment. En particulier cette manière de parler qui fait

Bien des gens ont cru possible d'établir tout d'un coup un modèle atomique répondant à tous nos desiderata et c'est pour cela que d'autres ont cru pouvoir crier à la déroute de l'atomisme. Il faut considérer l'établissement d'un modèle atomique comme un but que se propose la science et non comme un point de départ. Un modèle atomique provisoire peut servir provisoirement pour permettre d'expliquer en langage courant certaines découvertes, mais il faut être prêt à y faire des retouches qui seront nécessitées par d'autres découvertes; et surtout, il ne faut pas tirer de conclusions hâtives de ce modèle provisoire qui n'est sûrement pas entièrement adéquat à la structure des choses.

envisager la chaleur comme une matière a conduit des gens à se demander pourquoi avec des boules de neige on ne pourrait pas chauffer un four. On se demande aussi quelquefois comment il peut « rayonner du froid ».

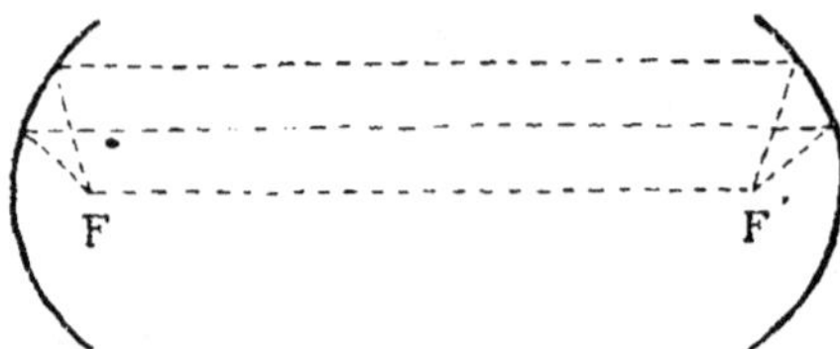

Fig. 3.

Soient deux miroirs conjugués (fig. 3). Un morceau de charbon allumé étant placé au foyer de l'un d'eux, le thermomètre placé au foyer de l'autre indique une augmentation de température; si on remplace le morceau de charbon par un morceau de glace, le thermomètre descend au-dessous de la température de la pièce. C'est que chaque corps, à une certaine température, disperse dans l'ambiance, par rayonnement, la vitesse vibratoire caractéristique de sa température. Et cette vitesse se trouvant superposée au foyer à celle des particules du thermomètre, augmente cette vitesse si le corps origine était plus chaud; il la diminue s'il était plus froid.

CHAPITRE XXIV

L'ÉTHER ET LES ENTRAVES DU BON SENS

C'est, m'a-t-il semblé, l'étude mécanique du son qui nous a conduits à imaginer un modèle mécanique pour les autres activités physiques ; or, le son *se propage* dans l'air, dans l'eau ou dans les solides, d'une manière que nous avons pu étudier ; la propagation du son dans les milieux pondérables élastiques est un mode de mouvement que nous connaissons. Du moment que nous sommes amenés, par le principe d'équivalence, à imaginer un modèle *analogue* pour les phénomènes thermiques par exemple, nous devons penser que le mouvement ainsi défini *se propage* d'une manière analogue.

Mais le son ne se propage qu'à travers des corps pondérables ; une expérience fort célèbre prouve qu'il ne se propage pas dans le vide obtenu au moyen de la machine pneumatique. Au contraire, la chaleur et la lumière peuvent nous venir du soleil à travers les espaces interplanétaires et peuvent traverser un récipient clos que l'on a privé artificiellement de son contenu gazeux.

Aussi Newton imagina que la lumière est constituée par de *petits projectiles* que les sources lumineuses lancent avec une très grande vitesse. Une telle hypothèse n'est pas *a priori* en désaccord avec ce que nous savons des phénomènes d'ensemble de l'optique. Ces petits projectiles beaucoup plus petits que tous les corps pondérables connus, ne pourront jamais être *vus* de l'homme puisque ce sont eux qui rendent les corps visibles; ils ne pourront pas être directement connus de nous; nous devrons donc chercher à leur assigner des propriétés qui s'accordent avec les différents phénomènes que nous constatons à l'échelle humaine; rien ne nous limite dans les hypothèses que nous pouvons faire à leur sujet; il faudra seulement que ces hypothèses nous permettent de raconter, au moyen du même langage, toute l'optique physique.

Reprenant une idée soutenue d'abord par Descartes et Huygens, Young, puis Fresnel, montrèrent qu'il est plus commode d'imaginer, non plus des projectiles comme ceux de Newton, mais un milieu également hypothétique, l'éther, à travers lequel se propage le mouvement lumineux, comme le son se propage à travers les corps pondérables. Ici encore, l'hypothèse avait libre carrière: il fallait chercher à assigner à l'éther des propriétés telles que tous les phénomènes de l'optique pussent, une fois ces propriétés choisies, se raconter dans un langage unique.

Fresnel songea à des vibrations *transversales*, perpendiculaires à la direction de propagation et cette hypothèse lui fit faire un pas immense; mais si les phénomènes connus permettaient de calculer la vitesse de ces vibrations et leur longueur d'onde, il restait encore une grande indétermination quant à la nature de *l'objet* du mouvement vibratoire.

Dans l'étude du son, nous avons rencontré deux sortes de vibrations, le déplacement pendulaire d'un corps solide, ou la variation périodique d'un *état*; et nous avons vu d'ailleurs que la première sorte de vibration faisait naître la seconde dans le gaz ambiant. L'étude de la lumière seule ne permettait pas de choisir entre ces deux formes de mouvements.

Ayant constaté une relation entre les phénomènes lumineux et des phénomènes plus récemment étudiés, les phénomènes électro-magnétiques, Maxwell eut l'idée de considérer la vibration lumineuse comme une variation périodique de l'*état* électro-magnétique du milieu transmetteur, et les expériences de Hertz ont permis de *construire* une lumière sur ce modèle particulier.

Les études actuelles de chimie physique, tendent à préciser de plus en plus le modèle microcosmique destiné à raconter dans un langage unique toute l'activité du monde connu de l'homme : il y a, naturellement, de grandes divergences de vues entre ceux qui travaillent à cette œuvre de synthèse, et personne n'a encore le droit de croire qu'un modèle définitif est trouvé ; mais il est possible qu'on y arrive sans trop tarder.

Même si l'on y arrive, la narration totale des faits sera moins simple qu'on ne l'avait espéré d'abord, en ce sens que, probablement, il faudra admettre des modes de mouvement de plusieurs natures ; par exemple, certaines lumières récemment découvertes, comme les rayons cathodiques, les rayons α et β du radium, etc... semblent devoir se rapporter à des mouvements balistiques analogues à ceux que Newton avait imaginés pour la lumière solaire, tandis que d'autres radiations se laissent plus facilement comparer à des propagations de mouvements vibratoires...

Il ne faudrait pas, évidemment, que le modèle microcosmique auquel on s'arrêtera fût aussi compliqué que le monde connu de l'homme, sans quoi, son invention ne présenterait pas grand avantage ; ce serait pourtant déjà un pas sérieux dans la voie de l'unification du langage, dans la voie du monisme, par conséquent, si l'on arrivait, même avec des modèles très compliqués, à rapporter toutes les manifestations de l'activité connue de l'homme à des mouvements comparables à ceux qu'étudie notre mécanique du mouvement visible.

Ce que nous connaissons de notre monde doit nous faire penser qu'il y a des mouvements aux échelles les plus diverses. Nous connaissons des mouvements macroscopiques, ceux de la mécanique; des mouvements plus petits, déjà fort difficiles à voir et que nous percevons par l'oreille; et enfin d'autres mouvements desquels il nous est impossible de reconnaître la nature de mouvement autrement que par les principes d'équivalence. Les rayons cathodiques et les rayons lumineux semblent devoir être, pour l'homunculus que nous avons supposé dans le monde des atomes, ce que sont pour nous les phénomènes balistiques et les phénomènes vibratoires, etc...

Outre cette difficulté qui provient de la complication vraisemblable du microcosme dont nous cherchons le modèle, il y a un inconvénient dans la méthode même que nous suivons pour la détermination de ce modèle.

Par le fait même que nous essayons de chercher un microcosme auquel nous puissions appliquer notre langage courant, *le langage de notre bon sens*, nous restreignons par avance les possibilités du microcosme en le supposant formé d'éléments qui, à une échelle plus petite, se comportent comme le font, à l'échelle humaine, les éléments du monde humain.

Autrement dit, nous supposons que notre bon sens, qui résulte de l'expérience qu'ont eue nos ancêtres des phénomènes à l'échelle humaine, est applicable aux éléments du microcosme, et c'est là une hypothèse que rien ne justifie *a priori*; ce sera seulement l'avenir qui nous apprendra si un microcosme, dont aucune activité ne heurte notre bon sens, pourra suffire à raconter toute l'activité du monde humain.

Il s'est déjà produit, à ce sujet, un fait très remarquable. L'éther étant *plus subtil* (?) que les gaz, on avait pensé qu'il ne pouvait transmettre que des vibrations longitudinales, comme le gaz. Le génie de Fresnel s'affranchit des entraves du bon sens et supposa que l'éther pouvait transmettre des vibrations transversales comme les solides; son audace fut féconde, mais il devint, du coup, bien plus difficile à l'homme de s'imaginer l'éther, comme cela est nécessaire si l'on veut en parler dans le langage courant.

Beaucoup de gens se demandent si l'on est sûr que l'éther existe. Cette question dissimule une préoccupation d'ordre métaphysique. L'homme ne connaît que les faits qui sont à l'échelle humaine et il les raconte dans le langage humain qui est le langage de la qualité; il parle donc de mouvement, de son, de chaleur, c'est là une narration à l'échelle humaine et la seule qui, pour l'homme signifie quelque chose; les phénomènes d'équivalence l'empêchent de croire à l'existence de différences *essentielles* entre ces diverses manifestations de l'activité extérieure et il est amené à penser que les différences qu'il perçoit entre elles tiennent uniquement à sa nature personnelle et à la place qu'occupent les phénomènes vitaux dans l'échelle des mouvements. Supposons pour un instant qu'il existe des êtres capables de connaître, et dont les phénomènes vitaux occupent, dans l'échelle des mouvements, une autre place que la nôtre[1]; chacun de ces êtres aura, du monde, une connaissance spéciale, et qui

---

1. Quand nous parlons d'êtres capables de connaître et dont les phénomènes vitaux occupent, dans l'échelle des mouvements, une autre place que la nôtre, il ne s'agit pas seulement d'êtres plus petits que nous quant aux dimensions d'ensemble de leur corps. Une bactérie, par exemple, est bien plus petite que nous, et cela lui donne une situation à part vis-à-vis des mouvements qui nous donnent l'impression du son et qui sont peut-être pour elle ce que sont les vagues de la mer pour les noctiluques. Mais vis-à-vis des phénomènes thermiques ou lumineux, la bactérie occupe la même place que nous en ce sens que ses phénomènes vitaux, ses phénomènes intraprotoplasmiques sont de même dimension que les nôtres. La vie est un phénomène chimique, elle est de dimension chimique, c'est-à-dire de l'ordre de grandeur des mouvements que nous appelons réactions chimiques. Un être construit sur un modèle semblable au nôtre et qui serait capable de considérer comme mécaniques nos phénomènes thermiques, aurait un protoplasma justiciable d'une autre chimie, plus petite que la nôtre, réduite de la nôtre dans la proportion qui fait passer des mouvements de notre mécanique à ceux de notre chaleur. Ce serait une chimie d'atomules. Nous n'avons aucune raison de supposer qu'elle existe; c'est là une simple manière de parler et qui n'est peut-être pas sans péril.

dépendra de la place qu'il occupe dans le monde ; chacun d'eux aura un bon sens adéquat aux choses qu'il connaît et à celles-là seulement. Pour chacun d'eux, il n'existera, dans le monde, que ce qui retentira sur lui ; la description du monde sera spéciale à chacun de ces êtres. Et quand nous nous demandons si une chose *existe*, d'une manière absolue, c'est que nous avons imaginé à l'avance un être qui n'occupe aucune place dans l'échelle des activités extérieures et qui néanmoins les *connaît* toutes ; et c'est là, je le répète, une phrase qui me paraît dépourvue de sens...

La seule question que nous puissions nous poser en bonne logique est celle-ci : S'il y avait des êtres occupant, dans l'échelle des mouvements, une place autre que la nôtre, auraient-ils le même bon sens que nous ? En d'autres termes, feraient-ils les mêmes mathématiques que nous ?

Nous l'ignorons totalement, pourvu que nous ayons, de l'origine humaine des mathématiques, l'opinion que doivent professer les partisans de la théorie de l'évolution. Et alors, cette question qui, telle qu'elle était précédemment posée, ne paraissait pas avoir de portée, se ramène à celle-ci qui est plus intéressante : en appliquant notre langage mathématique aux phénomènes des microcosmes hypothétiques que nous imaginons, ne faisons-nous pas passer ces microcosmes dans un lit de Procuste ? Mais comment pourrions-nous faire autrement ?

Si nous arrivons un jour à un modèle microcosmique *unique* résumant toute l'activité connue de l'homme, la question sera résolue ; non pas que nous puissions être sûrs que ces microcosmes existent ; cela n'a pas de signification humaine ; mais du moins nous aurons obtenu l'introduction du monisme dans notre langage courant. En attendant, nous nous résignons à des modèles provisoires et incomplets dont chacun permet d'unifier le langage pour un canton plus ou moins étendu de l'activité extérieure ; la fécondité de ces modèles provisoires s'est montrée très grande, surtout en chimie ainsi que nous allons le rappeler en quelques mots dans le chapitre suivant.

Je n'ai étudié dans les pages précédentes que le mouvement visible, le son et la chaleur ; je n'ai pas l'intention de passer en revue tous les cantons de l'activité extérieure ; il faudrait faire un cours complet de physique. Chose curieuse, ce sont les phénomènes électriques (phénomènes qui n'ont joué, dans l'expérience ancestrale de l'homme, qu'un rôle à peu près nul, en ce sens que l'homme n'a pas connu directement ces phénomènes par un sens spécial[1]), qui paraissent aujourd'hui les plus importants ; ils sont partout, et cependant les animaux ne les connaissent pas et ne les exploitent pas, ce qui prouve bien que notre connaissance est relative, non pas à ce qui est important dans la nature, mais à ce qui est important pour nous.

1. L'homme sent bien une secousse d'un genre spécial au contact d'un corps chargé d'électricité, mais ce sens particulier n'a pas été développé par l'expérience ancestrale parce que, sauf dans les cas d'individus frappés par la foudre, il n'y a pas ordinairement de différences de potentiel électrique sensibles entre l'animal et les objets qu'il rencontre.

CHAPITRE XXV

LA CHIMIE ATOMIQUE

Depuis qu'on lui a appliqué la théorie atomique, la chimie a fait de tels progrès que la fécondité de cette théorie n'est plus mise en doute par personne. Et même, si on limite la chimie à ce que l'on considérait primitivement comme l'unique objet de cette science, on peut dire que la seule notion de l'existence des atomes et de leur groupement en molécules, permet de créer un langage parfait pour les phénomènes chimiques, sans qu'on ait besoin de fixer les hypothèses relativement à la nature des atomes. Bien plus, on a pu créer des modèles factices, *certainement* différents de la réalité des choses, et qui, permettant de se figurer, dans l'espace, la structure des molécules les plus compliquées, ont conduit à *prévoir* l'existence de certains isomères que l'on a découverts ensuite ; on a représenté, par exemple, pour l'usage des jeunes gens, l'atome tétravalent de carbone par un tétraèdre portant un crochet à chaque sommet, et des figurations aussi grossières suffisent pour expliquer aux élèves les admirables découvertes de Fischer sur les sucres.

Mais ces crochets hypothétiques sont loin de nous satisfaire dès que nous songeons aux affinités si bizarres qui existent entre les divers corps de la chimie, dès que nous songeons aux *réactions* chimiques : on pourrait dire que ces figurations grossières nous donnent un modèle convenable pour la *statique* chimique, mais ne nous permettent aucunement de prévoir les réactions possibles entre des corps, ce qui est le but de la science; elles nous sont seulement utiles pour cataloguer les produits et nous empêchent de croire à la possibilité de l'existence, à l'état stable de certains groupements moléculaires dont les valences ne seraient pas convenablement saturées; en d'autres termes, elles nous servent seulement à donner une figuration stéréochimique un peu plus précise aux vieilles formules par lesquelles on exprimait, dans chaque cas, la loi de Lavoisier, en écrivant que le nombre des mêmes atomes de corps simples devait se trouver le même dans les deux membres de l'équation. L'une quelconque de ces équations pourrait se renverser, c'est-à-dire qu'on pourrait mettre le premier nombre le second et le second le premier; l'équation serait tout de même vérifiée, et pourtant, du moins dans les conditions où l'on s'était placé primitivement, la réaction a lieu dans un sens et non en sens contraire, ce que rien ne met en évidence dans l'équation chimique.

En réalité, ces phénomènes de construction et de destruction de molécules ne sont pas des phénomènes *isolés* : une équation qui ne représente que l'égalité des quantités d'atomes et la stéréochimie des molécules est volontairement incomplète; une réaction chimique s'accompagne de phénomènes physiques et ne se produit que dans certaines conditions physiques: il est même facile de citer telle réaction qui, se produisant dans un sens donné à une certaine température et une certaine pression, se produise en sens inverse dans des conditions différentes...

Les réactions chimiques peuvent s'accompagner de manifestations physiques appartenant à n'importe quel canton de l'activité extérieure, activité mécanique, thermique, lumineuse, électrique, etc... Je n'ai pas à insister ici sur l'*équivalence* de ces diverses *formes* de l'énergie :

j'ai insisté suffisamment sur l'équivalence du travail mécanique et de la chaleur. Mais les corps chimiques ont ceci de particulier que, tant qu'ils ne sont pas en train de réagir, l'énergie qu'ils sont capables de produire est, pour ainsi dire, *latente*, parce que ces substances paraissent être au repos absolu. Ce sont donc des provisions, des magasins d'énergie.

Par exemple, un kilogramme de poudre à canon ne paraît pas, pour un observateur non prévenu, sensiblement différent d'un kilogramme de fer; placés en un même point de l'espace, ces deux masses égales ont la même énergie mécanique, mais la première contient une réaction chimique toute préparée et qui, amorcée par une étincelle, peut développer subitement une énergie mécanique formidable.

Telle autre réaction, la combustion d'une certaine masse de charbon, par exemple, produira, non plus directement du travail mécanique, mais, outre de la lumière, une quantité de chaleur qui pourra actionner une machine thermique douée d'une source suffisamment froide, et produira ainsi secondairement, du travail mécanique.

La dissolution d'une lame de zinc dans une eau acidulée s'accompagnera de production d'énergie électrique qui pourra être aisément transformée en travail ; etc...

Chose très curieuse, nous retrouvons pour les réactions chimiques une particularité analogue à celle que nous avons déjà remarquée pour les actions mécaniques; les réactions chimiques s'accompagnent, dans la règle, d'un dégagement de chaleur; nous avons vu que des considérations discutables sur la qualité inférieure de l'énergie thermique ont conduit certains physiciens à énoncer à ce propos la loi de la *dégradation de l'énergie*. Avec l'idée que nous nous sommes faite de l'analogie des températures avec des vitesses, nous pouvons nous *figurer* cette particularité d'une manière qui ne laisse plus trop de place à l'étonnement; la dimension des mouvements de la matière que nous connaissons sous forme de phénomènes thermiques est telle, par rapport à la dimension des phénomènes mécaniques et des phénomènes chimiques, que les phénomènes mécaniques et chimiques ne peuvent se produire sans donner une accélération positive à des mouvements thermiques; en d'autres termes, les mouvements thermiques seraient d'une dimension *moyenne* parmi les mouvements naturels, de manière à n'être pas indifférents aux variations qui se produisent dans les autres cantons à mouvements plus grands ou plus petits. Cette remarque et celle de la nécessité de l'uniformisation des vitesses de même ordre dans un milieu limité suffisent à la narration de la plupart des phénomène thermiques.

Ainsi donc, les composés chimiques qui se trouvent dans notre monde sont des magasins d'énergie; on peut donner de la structure de ces composés un modèle atomique qui explique à notre imagination le caractère latent de cette énergie chimique; il suffit de supposer que la molécule est comparable à un système planétaire dont les divers éléments sont en mouvement les uns autour des autres; ces mouvements, se produisant autour d'un centre, ont une amplitude inférieure à celle qui pourrait nous être directement sensible, et la destruction d'un tel système planétaire peut transformer des mouvements de petite dimension en mouvements visibles ou en mouvements thermiques..., etc.

La chimie n'est donc qu'un canton particulier de la physique; l'étude des phénomènes si merveilleux de la dissociation nous a montré, en effet, à partir d'une certaine température, spéciale à chaque composé, des phénomènes de décomposition et de recomposition qui se produisent sur le modèle ordinaire des phénomènes physiques de changement d'état; d'autre part, si nous savons produire du travail mécanique au moyen de réactions chimiques, par l'intermédiaire de l'électricité, nous savons aussi faire l'inverse et fabriquer au moyen de travail mécanique, par l'intermédiaire de l'électricité, des substances chimiques ou réservoirs d'énergie : c'est l'histoire des accumulateurs au moyen desquels nous emmagasinons, dans des composés chimiques, l'énergie des chutes d'eau des Alpes.

Tous les composés chimiques que nous connaissons aujourd'hui représentent peut-être de l'énergie qui a eu autrefois une autre forme, mécanique ou thermique ; c'est grâce à l'existence de ces réservoirs d'énergie jadis accumulés que nous pouvons espérer lutter quelque temps contre le refroidissement progressif de la terre, refroidissement progressif qui (malgré la conservation de l'énergie qui a lieu par définition dans notre système planétaire, si notre système planétaire est isolé) nous intéresse particulièrement, nous hommes, qui avons une place marquée dans l'échelle des températures [1].

Si, ce qui paraît aujourd'hui établi, le radium est en voie de décomposition chimique et produit sans cesse de l'énergie libre en même temps que de l'hélium, nous avons sous les yeux le fonctionnement d'un accumulateur qui rend actuellement ce qu'il a accumulé autrefois ; et la quantité d'énergie accumulée, par leur formation, dans les corps dits *simples*, nous paraît devoir être bien plus considérable que celle des corps composés les plus intéressants que nous savons faire et défaire ; de sorte que la provision d'énergie qui reste dans notre monde sous forme chimique serait infiniment plus considérable que nous ne l'aurions supposé : mais saurons-nous nous en servir ? Il

----

1. Je dis nous hommes, mais je pourrais parler des êtres vivants en général, même de ceux qui n'ont pas une température constante et qui ont néanmoins un optimum de température ainsi que le prouve leur engourdissement par le froid.

faudra le trouver avant que la terre soit assez refroidie
pour que la vie disparaisse.

D'ailleurs, si l'on en croit certains penseurs, cette mise
en liberté de l'énergie des corps simples ou composés se
fera d'elle-même dans certaines conditions et rendra à notre
monde un aspect analogue à celui qu'il a eu autrefois; et
il y aura une suite de recommencements ; dans tous les cas.
nous n'y serons plus !...

CHAPITRE XXVI

LES SYSTÈMES ISOLÉS

Qu'il se soit agi de manifestations mécaniques ou de manifestations thermiques, nous avons fixé le langage d'une manière particulièrement simple en supposant que nous avions affaire à des systèmes complets ou isolés.

Nous avons commencé par supposer que nous nous occupions de systèmes *purement* mécaniques et qui portaient en eux-mêmes leur devenir, c'est-à-dire que les manifestations des mouvements étaient indépendantes, dans ces systèmes, de toute autre forme d'activité (thermique, etc...). Dans ces conditions, la loi de la conservation de l'énergie mécanique s'est trouvée résulter pour nous de la définition même du *système isolé*. La loi de la conservation de l'énergie mécanique n'a été que la traduction dans un langage qui empruntait quelques-unes de nos connaissances mécaniques obtenues expérimentalement et quelques-unes de nos conventions précédemment acceptées, de cette affirmation : le système considéré est isolé mécaniquement, ou, si l'on préfère, porte de lui-même son devenir mécanique. La *loi* de la conservation de l'énergie mécanique n'était donc qu'une définition retournée.

Ensuite, nous avons imaginé un système *purement* thermique et isolé, portant en lui-même son devenir thermique, un calorimètre idéal, par exemple. La loi de la conservation de l'énergie thermique s'est trouvée résulter de la définition même de ce système isolé et des quantités de chaleur ; en d'autres termes, la loi de la conservation de l'énergie thermique n'a été que la traduction dans un langage qui empruntait quelques-unes de nos connaissances thermiques obtenues expérimentalement et quelques-unes de nos conventions précédemment acceptées, de cette affirmation : le système considéré est isolé thermiquement, ou, si l'on préfère, porte en lui-même son devenir thermique.

Puis, nous avons imaginé un système *thermo-mécanique* également complet ou isolé, et dans lequel se passaient uniquement des phénomènes thermiques et des phénomènes mécaniques. L'introduction du principe expérimental de l'équivalence et une convention numérique nous ont permis de tirer des deux définitions des systèmes précédents une loi nouvelle de la conservation de l'énergie totale dans un système thermo-mécanique.

Cette nouvelle loi revenait encore à l'affirmation que le système considéré est isolé, affirmation exprimée dans un langage qui se servait à la fois de nos conventions et de nos découvertes précédentes et de la découverte nouvelle de l'équivalence thermo-mécanique.

Nous n'avons pas étudié en détail les autres formes d'énergie, l'énergie électrique, l'énergie chimique, etc.... mais l'expérience nous aurait permis d'établir entre chacune de ces formes et l'énergie thermique ou mécanique. un principe nouveau d'équivalence.

Il nous eût été impossible d'imaginer, par exemple, un système *purement chimique* complet ou isolé, car nous ne connaissons pas de phénomène chimique qui se produise sans s'accompagner de manifestation thermique ou mécanique, etc. Nous n'aurions donc pas pu établir, pour un tel système, la loi de la conservation de l'énergie chimique ; mais il nous eût été facile, en constatant l'équivalence de réactions chimiques avec des réactions thermiques ou mécaniques, de faire des conventions numériques qui nous eussent permis de généraliser à un système thermo-mécano-chimique isolé, le principe de la conservation de l'énergie.

Et ainsi de suite; la constatation de la transformation d'une forme d'énergie en une autre forme d'énergie, c'est-à-dire, la constatation de la généralité de l'équivalence des formes d'énergie, nous aurait amenés à généraliser le principe de la conservation de l'énergie à un système isolé quelconque dans lequel se seraient manifestées indifféremment toutes les activités connues de l'homme.

Pratiquement, nous utilisons le principe de la conservation de l'énergie pour mettre en équation, d'une manière facile, l'activité de systèmes qui ne sont pas isolés, *mais auxquels nous savons ce que fournit l'extérieur*. Autrement dit, de même que nous avons naguère remplacé un système purement mécanique complet, dans lequel intervenait la Terre, par un système dans lequel nous introduisons *la pesanteur* remplaçant la Terre, nous étudions maintenant des portions de système complet, en substituant au reste du système des *sources d'énergie* (thermique, électrique, etc.), qui le remplacent pratiquement. Ainsi, dans la pratique courante, le principe de la conservation de l'énergie est une forme de langage très commode pour mettre les problèmes en équation.

Mais on a voulu tirer de ce principe général de la conservation de l'énergie, des conséquences philosophiques extraordinaires ; on a considéré l'énergie comme une divinité mystérieuse ou au moins comme une entité dont une divinité mystérieuse entretenait la conservation. On s'est demandé aussi si le principe de la conservation de l'énergie était l'expression d'une vérité rigoureuse, question qui ramène en réalité à celle-ci : Existe-t-il des systèmes isolés ? A cette question, nous ne pouvons pas répondre.

Le seul système que nous puissions pratiquement considérer comme isolé est le système solaire ; mais est-il réellement isolé, ne reçoit-il rien des étoiles qui agissent évidemment sur nous hommes, habitants du système solaire puisque nous les voyons. Cette question n'a rien à voir avec le principe même de la conservation de l'énergie, seulement, pour appliquer ce principe au système solaire dans le cas où ce système ne serait pas réellement isolé, il faudrait faire intervenir des sources *fournissant quelque chose* à ce système où lui empruntant quelque chose. Mais toutes les considérations philosophiques tirées du principe précédent au sujet de l'avenir de notre monde n'ont aucune valeur, puisqu'elles admettent forcément comme prémisses, l'équivalent de ce qu'elles veulent démontrer.

Depuis la découverte du radium, beaucoup de personnes ont annoncé que l'existence de ce corps renverse le principe de la conservation de l'énergie. C'est là une manière de parler fautive et qui provient certainement d'idées métaphysiques *a priori*. Le principe de la conservation de l'énergie a été établi progressivement pour un nombre croissant de formes d'énergie, par suite d'une série de conventions et aussi d'une série de découvertes expérimentales relatives à la transformation possible d'une nouvelle forme d'énergie en une autre forme d'énergie précédemment étudiée, autrement dit, par suite d'une série de découvertes relatives à des *équivalences*. Ce n'est qu'après avoir constaté ces équivalences que l'on a pu généraliser aux nouvelles formes d'énergie étudiées le principe de la conservation de l'énergie.

Mais, je l'ai fait remarquer plusieurs fois au cours de cet ouvrage, le bon sens de l'homme n'étant que le résultat de son expérience ancestrale, ne peut être considéré comme à l'épreuve que toutes les fois qu'il s'agit d'un corps dont nos ancêtres ont eu connaissance : c'est la même histoire que pour la chimiotaxie positive des microbes par rapport à certains poisons ; les protozoaires qui auraient été doués d'une chimiotaxie positive par rapport à des substances vénéneuses *existant fréquemment dans la nature* auraient forcément disparu ; la sélection naturelle a veillé à ce qu'il n'existe plus aujourd'hui que des protozoaires doués de la faculté de fuir les substances, *communes dans la nature*, qui leur sont nuisibles (ce que, entre parenthèses, plusieurs philosophes ont interprété en mettant dans le protozoaire un chimiste de génie) ; mais si cela est vrai évidemment pour tous les poisons auxquels se sont frottés les ancêtres des protozoaires actuels, il n'y a aucune raison pour que ce soit vrai des poisons nouveaux que nous fabriquons aujourd'hui et que leurs ancêtres n'ont pas connus ; et en effet nous savons fabriquer des corps qui attirent les protozoaires et qui sont pour eux des poisons mortels. Et ceci prouve, d'abord qu'il n'y a pas de chimiste dans les protozoaires, ensuite que notre bon sens ne nous permet de raisonner que sur les choses dont nos ancêtres ont eu une longue expérience.

Ce qui nous paraît une vérité évidente parce que jamais nous ni nos pères n'y avons constaté d'exceptions, peut n'être plus vrai en présence d'un corps nouveau que nos pères et nous n'avons pas connu ; notre logique n'est pas une chose surnaturelle, mais le résultat d'expériences prolongées et réitérées.

La découverte du radium, si ce qu'on a cru de lui avait été vrai, aurait simplement montré qu'il existe des corps, autres que ceux dont les hommes ont eu connaissance, et pour lesquels, des vérités qui sont indiscutables pour notre bon sens, ne sont plus vraies ; cela aurait donc prouvé que notre bon sens n'a pas la valeur absolue que lui prêtent les métaphysiciens, mais simplement la valeur d'une expérience accumulée.

L'étude de ce mystérieux métal ne nous aurait conduits à aucun principe d'équivalence, puisque nous aurions vu apparaître quelque chose sans qu'il y eût disparition de rien ; par conséquent, nous n'aurions pas pu établir de conventions numériques entre ce qui aurait apparu et ce qui aurait disparu, puisque rien n'aurait disparu. Donc, nous n'aurions pas pu faire intervenir le radium dans le principe général de la conservation de l'énergie, puisque c'est seulement grâce à la constatation expérimentale des équivalences que l'on a pu généraliser cet énoncé à toutes les formes d'activité précédemment connues. Et cela, je le répète, eût été excellent pour rappeler aux hommes l'origine expérimentale de leur logique et l'illégitimité de l'application de leur logique à des choses autres que celles qui ont été connues de leurs pères.

Il est vrai qu'on n'eût pas été embarrassé ; périsse tout plutôt qu'un principe ! Si le radium avait produit de l'énergie avec *rien*, nous aurions dit : il produit de l'énergie sans dépenser rien *de ce que nous connaissons,* mais puisque le principe de la conservation de l'énergie *doit* être vérifié partout et toujours, il *doit* s'appliquer au radium ; nous admettons donc que le radium, s'il n'emprunte rien à notre ambiance, emprunte quelque chose ailleurs, aux étoiles, par exemple, et que, par conséquent, le système solaire n'est pas un système isolé ; c'est ce qu'on exprimait en disant que le radium pouvait transformer, en radiations sensibles à l'homme, des radiations d'une autre nature, arrivant par l'éther, et que nous n'aurions pas su mettre en évidence sans lui. Cela d'ailleurs n'eût pas été impossible...

Malheureusement, le radium produit de l'hélium ! il se désintègre et ne fait que restituer l'énergie accumulée lors de son intégration. Et c'est vraiment dommage, puisque, en fin de compte, le radium était la seule découverte où nous pussions trouver réellement *quelque chose de nouveau !*

CHAPITRE XXVII

LES LOIS NATURELLES

Nous sommes maintenant à même de comprendre ce qu'il faut entendre par lois naturelles et de saisir tout ce qu'elles ont d'humain.

Beaucoup de personnes s'imaginent candidement, sur la foi du langage courant, que les lois naturelles sont, comme les lois humaines, édictées sous la forme dans laquelle les savants les ont exprimées après les avoir découvertes et que, par conséquent, les corps de la nature sont obligés de faire des raisonnements de la même nature que ceux que nous faisons, pour se mettre constamment en règle avec la loi qui leur a été imposée. Du moins, si les corps de la nature ne font pas ces raisonnements par eux-mêmes, *quelqu'un* doit les faire pour eux et s'occuper sans cesse de diriger chaque corps vers la place qu'il doit occuper ; ce *quelqu'un* doit parler comme un homme et penser comme un homme ; il est naturel de supposer que c'est lui-même qui a formulé et édicté les lois sous la forme que nous avons découverte. C'est lui qui a dit à l'eau dormante : « Ta surface sera plane et horizontale » ; voilà en effet l'exemple d'une des plus anciennes lois connues de l'homme ; il est vrai que si l'auteur de cette loi a regardé les choses d'un peu loin et d'un peu haut, il a plutôt dit à l'eau dormante : « Ta surface sera une sphère dont le centre est le centre de la Terre. » Tenons-nous-en à la première formule qui a l'avantage d'être plus réellement une formule à l'échelle humaine.

Les lois étant édictées ainsi sous forme humaine, il devient impossible de nier l'existence d'un être sans cesse agissant, sans cesse surveillant, et qui dirige chaque corps vers la place qu'il doit occuper à chaque instant sous peine de contravention ; autrement, voyez un peu quel serait le malheur d'une molécule d'eau que sa fortune particulière amènerait au périlleux honneur de faire partie de la surface libre d'un liquide en équilibre ! Songez aux efforts de cette pauvre molécule qui n'a ni yeux pour regarder, ni niveau à bulle d'air pour s'assurer qu'elle est bien dans l'alignement horizontal ! Son effarement doit égaler celui du conscrit peu dégourdi qui doit exécuter pour la première fois un mouvement compliqué de conversion. Et cependant, la loi est toujours respectée par les molécules d'eau, tandis que les conscrits se font souvent punir par le sergent parce qu'ils ont rompu l'alignement. En conclurez-vous que les molécules d'eau sont mieux douées, plus intelligentes que les jeunes hommes ! Évidemment, vous préférerez admettre l'existence d'un surveillant invisible, s'occupant de faire sans cesse respecter les lois qu'il a lui-même dictées à la nature en langage humain ; c'est en effet l'une des preuves que l'on donne couramment de l'existence de Dieu. Pour ceux qui raisonnent ainsi, le but de la science est de tâcher de connaître avec autant de précision que possible la formule des lois que Dieu a dictées à la nature ; les lois naturelles sont, comme les lois humaines, rédigées en langage humain ; nous avons naturellement prêté notre langage au Dieu que nous avons fait à notre image ; seulement elles sont mieux appliquées puisque nous n'y trouvons jamais d'exception.

Ceux que ne satisfera pas cette narration anthropomorphique de l'activité de la nature devront raisonner autrement.

Au lieu de regarder de l'eau qui descend dans une

vasque pour y former une nappe dormante, observons des
grosses pierres qui s'éboulent sur le flanc d'une montagne ; chacune d'elles roulera, sautera et finalement s'arrêtera *quelque part*. Nous ne pouvons pas prévoir la disposition ultime des pierres éboulées, mais nous verrons
aisément que chacune d'elles s'est arrêtée quand quelque
chose l'a retenue ; chacune d'elles *tombe*, suivant la pente
qui lui est offerte, tant que rien ne l'empêche de tomber ;
voilà une loi naturelle plus simple pour notre langage
humain que celle de l'horizontalité de la nappe d'eau et
cependant, en y regardant bien, nous constaterons que
les molécules d'eau, par le fait qu'elles sont des molécules
d'eau et glissent les unes sur les autres, ne peuvent être
en équilibre qu'avec une surface plane et horizontale [1],
uniquement parce que, comme les éboulis de la montagne,
chacune d'elles tombe lorsque rien ne l'empêche de
tomber.

Je ne dis pas que l'action de tomber soit encore infiniment simple ; au contraire, c'est déjà une propriété
merveilleuse que celle de tomber toujours précisément
suivant la verticale du point où l'on se trouve ; l'expression *tomber* est d'ailleurs encore empruntée à une narration humaine des faits ; toutes les fois que nous décrivons un phénomène, nous le décrivons tel que nous le
voyons, c'est-à-dire en introduisant dans cette description
quelque chose de nous, notre manière de voir.

Quoi qu'il en soit, voilà déjà une simplification, même
dans le langage humain, de ce fait que la surface libre
d'un liquide en équilibre est plane et horizontale ; ce fait
se ramène à celui-ci que la molécule d'eau tombe tant
que rien ne l'empêche de tomber et comme nous, hommes,
nous pouvons tomber sans regarder et sans réfléchir, nous
ne nous étonnons pas que la molécule d'eau fasse comme

---

1. Je laisse de côté dans cette narration les phénomènes capillaires.

nous, sans avoir du génie. Au contraire, pour dresser une surface horizontale, il nous faut des yeux et un niveau à bulle d'air.

Cette seule constatation nous montre que ce qui est, pour l'homme, un mode simple de narration des faits, peut très bien n'avoir aucune simplicité quant aux corps mêmes dont il s'agit de raconter l'activité. Les lois naturelles que nous découvrons sont rédigées en vue des hommes qui observent les faits ; ce sont des narrations à l'échelle humaine ; nous pouvons énoncer ces lois sans faire aucune métaphysique, sans avoir la prétention de rechercher les *causes* ; elles sont uniquement descriptives.

La première loi naturelle, sans laquelle aucune autre n'existerait, sans laquelle il n'y aurait pas de science, c'est la loi de l'enchaînement fatal des événements, la loi du *déterminisme* dont nous avons déjà parlé précédemment (voy. chap. XII) et que l'on énonce ordinairement en disant que les mêmes causes produisent les mêmes effets. Cette loi est écrite dans l'hérédité de l'homme ; elle résulte d'une expérience prolongée depuis que la vie a apparu sur la Terre.

Cette loi admise, le but que se propose la science est d'étudier suffisamment les conditions dans lesquelles s'est produit un phénomène pour pouvoir ensuite reconnaître ces conditions quand elles seront réalisées, ou même collaborer à leur réalisation, de manière à *prévoir* le phénomène une autre fois. Mais si elle se bornait à cela, la science se réduirait à un immense catalogue dont chaque numéro présenterait un ensemble de données permettant de prévoir un fait. Il y aurait autant de numéros au catalogue qu'il y aurait eu de faits étudiés, c'est-à-dire un nombre infiniment croissant.

La langue algébrique a permis de restreindre considérablement ce nombre de numéros, en unissant, dans une seule formule, ce qui est nécessaire à la prévision d'un très grand nombre de faits analogues ; je suppose par exemple que, au moyen de la machine de Morin, on ait étudié un très grand nombre de cas de chute de corps ; chacun d'eux, catalogué, nous permettra de prévoir ce qui se passera quand un corps déjà étudié tombera d'une hauteur dont on l'a déjà fait tomber ; mais si nous pouvons réunir toutes ces données numériques dans une même formule algébrique, cela nous permettra de prévoir le sort d'un corps quelconque tombant d'une hauteur quelconque ; la formule

$$e = ct + \frac{1}{2} gt^2$$

remplacera pour nous un volumineux catalogue et nous permettra de résoudre le problème, même dans des cas qui n'ont pas été soumis à l'expérience.

On donnera plus particulièrement le nom de *lois* de la chute des corps à ces généralisations d'observations précises, ce qui justifiera l'aphorisme célèbre : « Il n'y a de science que du général. »

Ayant établi entre les différentes variables *temps*, *masse*, *espace parcouru*, *vitesse*, *accélération*, *force*, etc.., des relations mathématiques qui définissent l'une quelconque de ces variables en fonction de plusieurs des autres, on pourra modifier mathématiquement, suivant le besoin de la cause, la formule précédemment établie. Un homme de génie, Newton, lui donnera une généralisation imprévue et énoncera la *loi*, beaucoup plus générale, de l'attraction universelle :

$$F = -f \frac{mm'}{d^2} .$$

On a l'habitude de réserver le nom de *loi naturelle* à la plus générale des formules obtenues ; dans le cas actuel, par exemple, la loi de Newton remplace toutes les autres ; mais, dans chaque cas particulier, on peut tirer mathé-

matiquement de cette loi générale une formule spéciale
qui présente le même caractère de certitude et qui, par
conséquent, est une *loi* aussi fatale que la première, et
appliquée à un cas plus restreint. Nous avons déjà vu
précédemment comment les lois de Képler se tirent de la
loi de Newton.

Il est évident que, par des transformations mathématiques et des changements de variables, on pourra donner
à une loi un grand nombre de formes différentes, utilisables avec plus ou moins de facilité suivant les problèmes. Mais cette facilité même que nous éprouvons à
changer la forme d'une loi prouve bien que ce que nous
appelons une loi n'est qu'une formule humaine relative
à la description généralisée d'une partie de la connaissance qu'a l'homme du monde ambiant. Les lois naturelles sont des formules dans lesquelles on a condensé le
plus possible de l'expérience humaine.

LES LOIS APPROCHÉES

La chute des corps, étudiée au moyen de la machine
de Morin, nous donne l'exemple de la méthode suivie en
général dans la recherche d'une loi naturelle ; mais tandis que, dans cette machine spéciale, l'enregistrement
automatique du phénomène réalise directement le graphique de la loi, dans le cas ordinaire on est obligé de
rapporter les résultats des expériences à des axes conventionnels, sur lesquels on porte les nombres correspondant
à chaque expérience, de manière que chaque expérience
soit représentée par un *point* rapporté à ces deux axes.
Pour obtenir ce résultat, il faut choisir les deux variables
entre lesquelles on cherche à établir une relation algébrique ; soient, par exemple, le volume et la pression d'une
masse d'un gaz donné à température constante. Je porte
sur l'axe oV une grandeur oB proportionnelle au nombre

qui, dans un certain système d'unités, mesure le volume
de la masse donnée à la pression mesurée par la grandeur
oA dans le système d'unités choisi pour les pressions. Le
point M représente le résultat de l'expérience, c'est-à-dire
de la mesure du volume oB correspondant à la pression oA.
En faisant varier la pression on obtient ainsi une série

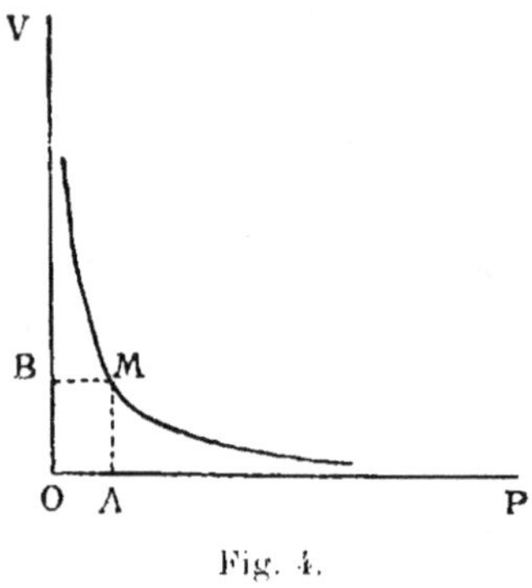

Fig. 4.

de points M que l'on joint par
un trait continu, par une courbe
qui représente la *loi* du phénomène étudié. Supposons par
exemple que le gaz sur lequel
nous avons expérimenté soit
l'hydrogène, on constatera que
pour des pressions qui ne s'é-
cartent pas trop de la normale,
la courbe en question est une
branche d'hyperbole ayant pour asymptotes oP et oV; or
l'équation d'une telle courbe est $PV = c^t$; c'est l'expression analytique de la *loi* découverte par Mariotte : « Le
nombre qui mesure le volume d'une masse d'hydrogène
est, à une température donnée, inversement proportionnel
au nombre qui mesure la pression qu'elle supporte. »

L'hydrogène est un gaz; nous connaissons beaucoup
d'autres gaz *différents* de l'hydrogène et pour lesquels il
faudra refaire les mêmes expériences si nous voulons connaître la loi relative à chacun d'eux. Mariotte, expérimen-
tant avec peu de rigueur et sans s'écarter considérablement de la pression normale, crut pouvoir affirmer que
la loi était la même pour tous les gaz, et cette loi très
simple et très générale fut accueillie par tout le monde
avec faveur. Mais il fallut bientôt renoncer à une formule
aussi commode. Les expériences plus précises de Regnault,
puis celles de Cailletet et Amagat qui allèrent jusqu'à
des pressions de plusieurs centaines d'atmosphères, montrent que la loi de Mariotte est une loi approchée. La

figure 5 donne une idée des résultats de ces expériences ;
au lieu de porter, sur l'axe des ordonnées les nombres qui
mesurent les volumes, nous changerons l'une de nos
variables et nous porterons sur cet axe les valeurs du
produit P $\times$ V ; cette idée nous est suggérée par la loi

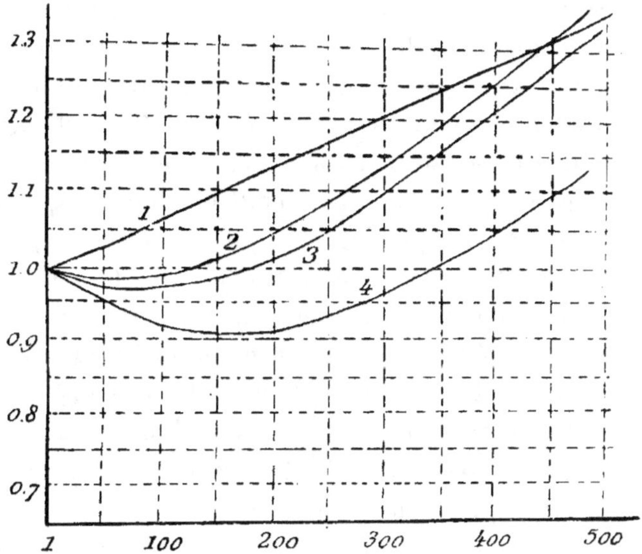

Fig. 5. — Les pressions de l'axe des abscisses sont évaluées
en atmosphères :

1. Courbe de l'hydrogène à 0°.   3. Courbe de l'air à 0°.
2. Courbe de l'azote à 0°.   4. Courbe de l'oxygène à 0°.

approchée que Mariotte a découverte ; si la loi de Mariotte
était vraie, la courbe obtenue serait pour chaque gaz, une
droite horizontale. Il suffit de consulter le tableau de la
figure 4 pour se rendre compte des écarts que présente
chacun des gaz étudiés par rapport à la loi approchée de
Mariotte.

Le tableau a d'ailleurs été arrangé de manière à gros-
sir considérablement ces écarts, ainsi qu'on le constate en
comparant la graduation très lâche de l'axe des produits
PV à la graduation très serrée de l'axe des pressions.

On constate par exemple que, pour l'hydrogène, l'azote,

l'air ou l'oxygène, l'écart jusqu'à 50 atmosphères est de moins de $\frac{1}{20}$, le produit PV étant toujours compris entre 0,95 et 1,05 au lieu d'être 1 comme l'exigerait la loi de Mariotte si elle était rigoureuse.

La loi de Mariotte est donc une loi approchée et non une loi exacte, mais, pour certains gaz et dans certaines limites de pression, elle est pratiquement suffisante ; et, en fait, on l'explique toujours dans les calculs élémentaires, parce que la simplicité de son énoncé évite l'emploi fastidieux des tables numériques d'expériences.

Dans cette *loi approchée*, il y a peut-être encore quelque chose à trouver, indépendamment des commodités que procure son énoncé simple pour les calculs élémentaires. A priori, nous n'avions aucune raison de supposer que les gaz, qui sont *différents*, ont la même loi de compressibilité ; tout au plus avions-nous le droit de prévoir, d'après la définition même de ce que nous appelons un gaz, que le volume d'une masse donnée de gaz diminuerait quand augmenterait la pression supportée.

Mais voilà que des expériences faites dans de certaines limites de pression, et avec une rigueur discutable, nous ont fait croire momentanément à l'unité de la loi ; cela ne nous a pas trop étonnés, car nous nous sommes dit : Nous connaissons tous les corps sous trois *états*, l'état solide, l'état liquide et l'état gazeux (cela n'était pas vrai du temps de Mariotte, mais est vrai aujourd'hui ou à peu près) ; nous les voyons passer de l'un à l'autre de ces états sous l'influence de certains phénomènes thermiques ; chacun de ces états doit donc correspondre à quelque chose qui est commun à tous les corps connus. Ce quelque chose de commun disparaît dans les solides et dans les liquides, sous la quantité considérable de caractères spécifiques particuliers à chacune des espèces chimiques étudiées. Chaque solide est plus ou moins solide, chaque liquide est plus ou moins liquide ; mais voici que cette complication disparaît chez les gaz ; tous les corps sont également gazeux malgré leurs différences chimiques, puisqu'ils se comportent tous d'une même manière en présence des variations de pression ; la loi de Gay-Lussac, loi également approchée, mais dont l'énoncé a fait croire d'abord que tous les gaz ont même coefficient de dilatation, augmentait ces présomptions ; on a pu se dire pendant quelque temps que, à l'état gazeux, les différences spécifiques disparaissent entre les corps, du moins quant aux variations de leur volume sous l'influence des variations de pression ou de température.

Des expériences plus précises et plus étendues nous ont contraint de revenir sur cette opinion première ; même en nous en tenant à un gaz d'une seule espèce chimique, nous constatons que si, au voisinage d'une certaine température et pour des pressions variant entre de certaines limites, ce gaz suit de très près la loi de Mariotte, il s'en écarte très notablement pour d'autres températures et d'autres pressions ; en particulier, les écarts deviennent très considérables si l'on étudie le gaz dans des conditions où il est sur le point de se liquéfier. De telle manière même que si, au lieu d'expérimenter d'abord sur des gaz comme l'air, l'oxygène, etc., qui à la température et à la pression ordinaire sont loin de leur point de liquéfaction. nous avions opéré sur des gaz comme la vapeur d'eau. nous n'aurions pas pu soupçonner une loi approchée ; les particularités relatives à la nature spécifique du corps étudié, l'auraient emporté, dans ce cas, sur les particularités communes à tous les gaz et dues à l'état gazeux. Autrement dit, les gaz nous auraient paru être distincts les uns des autres comme les solides et les liquides ; nous aurions compris que le mot *état gazeux* ne représente pas quelque chose d'entièrement défini, et qu'un corps peut être plus ou moins gazeux, de même qu'il peut être plus ou moins solide et plus ou moins liquide.

Mais grâce à un heureux concours de circonstances, nous avons commencé par découvrir une *loi approchée* et que nous avons crue rigoureuse ; des expériences plus précises nous ont montré que, pour chaque gaz, il existe des limites de température et de pression entre lesquelles cette loi est presque rigoureuse, mais que, en dehors de ces limites, les divergences deviennent telles qu'elles finissent par masquer la loi approchée ; pour l'azote, par exemple, aux environs de 3.000 atmosphères, le produit PV est quadruple de ce qu'il devrait être en vertu de la loi de Mariotte...

Quelle idée pouvons-nous nous faire de la signification de cette loi approchée ? Le raisonnement suivant me paraît acceptable.

La loi, en tant que loi approchée est commune à tous les gaz, au moins dans de certaines limites ; elle correspond donc à quelque chose de réel qui doit se passer dans tous les gaz ; elle est en relation avec l'état gazeux. Mais les divergences entre cette loi et la réalité sont individuelles à chaque corps chimiquement défini, ainsi que le montre l'inspection du tableau de la figure 4 ; chaque substance a sa courbe propre, différente de celle de la voisine, et par conséquent les divergences peuvent être imputées à des phénomènes accessoires qui, dans chaque gaz, dépendent de la nature chimique du gaz, et qui accompagnent toujours, sans que nous sachions les en séparer, les phénomènes de compression ou de dilatation.

Au voisinage d'une certaine température et d'une certaine pression, ces phénomènes accessoires et personnels à l'espèce chimique étudiée passent par un minimum d'importance, c'est-à-dire que, au voisinage de cette température et de cette pression, le gaz considéré se comporte presque exactement comme le veut la loi de Mariotte. Au contraire, si l'on s'écarte beaucoup de ces conditions très favorables, les phénomènes personnels l'emportent sur le phénomène caractéristique de l'état gazeux, au point de le masquer complètement.

Évidemment, ce n'est là qu'une manière de parler, et ce ne sera qu'une manière de parler tant qu'on n'aura pas trouvé le moyen d'isoler expérimentalement les phénomènes accessoires qui, personnels à chaque espèce chimique, accompagnent fatalement la compression ou la dilatation d'un gaz. Mais si l'on obtenait ce résultat, on pourrait dire que l'énoncé de la loi de Mariotte, et en général d'une loi approchée quelconque, *nous a fait saisir un phénomène simple dans un complexe de phénomènes dont nous ne savons pas l'isoler.*

On peut aussi se servir de cette loi de Mariotte pour définir l'état gazeux proprement dit ou parfait et parler avec précision de gaz plus ou moins gazeux, de même que l'on parle couramment de solides plus ou moins solides et de liquides plus ou moins liquides. Mais il est peut-être bien peu scientifique de parler d'un *gaz parfait* comme d'une chose qui pourrait exister ; c'est un peu comme si l'on parlait d'un son qui n'aurait pas de timbre. Dans tout phénomène physique il y a quelques particularités tenant à la nature *chimique* du corps qui en est l'objet ; aussi avons-nous vu que les différents sens qui nous font connaître l'état physique des corps sont en général accompagnés d'un sens spécial qui nous renseigne sur leur nature chimique, sur leur couleur ou sur leur timbre par exemple.

L'étude du timbre a été relativement facile et nous a permis de conserver sans difficulté la notion de hauteur correspondant à la vitesse vibratoire, mais, supposons que nos appareils enregistreurs nous aient renseignés seulement sur la forme absolue des vibrations et non sur leur retour périodique, nous aurions été très gênés pour comparer les sons de même hauteur rendus par des instruments différents. Heureusement notre oreille, en nous faisant connaître la hauteur malgré les différences de timbre a elle-même dégagé le phénomène simple sous le complexe de phénomènes, que nous avons pu analyser au moyen de nos instruments. Dans l'étude de la compression des gaz, nous avons été moins bien servis par les circonstances ; des expériences peu rigoureuses nous ont fait prévoir une loi simple et générale, mais des expériences plus précises nous ont obligés de renoncer à cette loi simple, parce que nous n'avons pas su analyser les phénomènes accessoires qui en masquent l'effet.

LES LOIS SIMPLES

Je viens de parler de lois *simples* et de phénomènes *simples* ; ce sont là des mots que l'on emploie beaucoup sans peut-être se demander suffisamment ce qu'ils signifient : il me semble que la définition à laquelle nous sommes arrivés pour les *lois naturelles* va nous permettre de nous entendre sans peine à ce sujet. Une loi naturelle est une formule *humaine* relative à la description généralisée d'une partie de la connaissance qu'a l'*homme* du monde ambiant. N'oublions jamais le facteur *humain* quand il s'agit de la science, qui est *humaine*.

Une loi est dite simple quand son expression en langage humain est simple. Mais il n'existe pour ainsi dire pas un seul phénomène naturel dans lequel une loi simple s'applique *seule* ; autrement dit, si l'on s'en tenait aux phénomènes qui se passent sous nos yeux sans aucun apprêt, les lois simples ne pourraient jamais être que des lois approchées. Par exemple une pierre qui tombe dans un puits ne vérifie pas la *loi* de la chute du corps :

$$c = \frac{1}{2} g t^2$$

Cette formule n'est applicable qu'à la chute des corps dans le vide ; mais nous convenons de l'appliquer, quand même, en la corrigeant par une autre formule, constituant une autre loi étudiée à part, celle de la résistance de l'air. Ainsi donc, nous avons dédoublé un phénomène *parfaitement unique*, la chute d'un corps dans un puits, en deux parties à chacune desquelles nous savons appliquer une formule simple ; nous avons opéré ce dédoublement quoique sachant parfaitement que nous avons affaire à un phénomène unique, parce que cela s'est trouvé plus commode pour nous ; et il ne faudrait pas se dire que le caillou en tombant, réfléchit, comme nous-mêmes, à cette double nécessité de céder à l'attraction terrestre d'une part, et de ralentir sa vitesse par égard pour l'air, d'autre part.

Cette décomposition factice d'un phénomène en des éléments qui, pour nous hommes, sont simples, est le fondement de notre méthode analytique. La légitimité de cette méthode nous est, au même titre que le déterminisme, enseignée par l'expérience ancestrale, du moins dans les cas où elle a été éprouvée par nos ancêtres. Elle nous autorise à étudier séparément les actions de deux facteurs et à superposer ensuite ces actions pour obtenir la description du phénomène résultant de l'influence simultanée de ces deux facteurs.

Mais il faut bien nous dire que cette décomposition est purement factice et n'a d'autre intérêt que de rendre notre langage plus aisé. Si par exemple nous étudions un son dont le graphique est représenté par la courbe III (fig. 6), nous trouvons plus commode de dire que ce son résulte de la superposition de deux sons correspondant à des sinusoïdes simples représentées par les courbes I et II, quoique, en réalité, nous sachions parfaitement que nous serions très gênés pour produire les deux sons purs I et II, séparément, sans aucun harmonique leur donnant un timbre spécial. Nous savons bien que le phénomène représenté par la courbe III est un phénomène unique, mais

nous le considérons, pour la simplicité du langage, comme
la superposition de deux phénomènes imaginaires.

Ici le langage ne choque personne parce que nous pouvons figurer avec précision le phénomène II qui, super-
posé au phénomène I, produirait le phénomène III. Au
contraire, quand nous avons exprimé l'opinion « que la

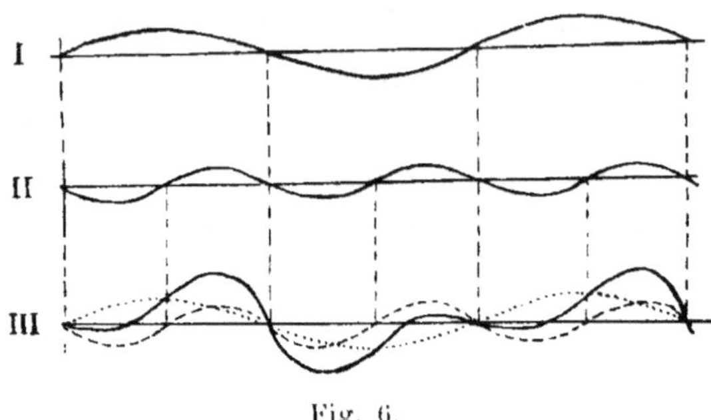

Fig. 6.

loi de Mariotte nous fait saisir un phénomène simple dans
un complexe de phénomènes dont nous ne savons pas
l'isoler », cela a pu paraître bien hypothétique, parce que
nous ne savons pas exprimer analytiquement les phénomènes imaginaires qui, superposés au phénomène imaginaire simple exprimé par la loi de Mariotte, nous permettent d'exprimer la réalité au sujet des expériences de
compression et de dilatation des gaz.

D'une manière générale, quand nous trouverons une loi
approchée, analytiquement exprimable d'une façon simple
nous dirons que cette loi représente un phénomène *simple*
dont la simplicité est masquée par des phénomènes accessoires, et tant que nous n'aurons pas trouvé une formule
analytique représentant ces phénomènes accessoires susceptibles d'être étudiés à part, nous dirons que notre loi
est approchée. Quand nous aurons réussi à faire l'étude
analytique complète des phénomènes accessoires, nous
déclarerons que nous connaissons le phénomène étudié
dans toute sa rigueur.

Les deux qualités d'une loi naturelle sont sa simplicité

et sa généralité. Plus une loi est simple, plus elle est facile à appliquer, plus elle est générale, plus elle repose la mémoire humaine ; mais il ne faut pas oublier que si la simplicité et la généralité des lois sont avantageuses, c'est pour l'homme que cela est vrai. Les lois sont relatives à la narration humaine de l'activité extérieure ; une loi simple est une formule simple du langage humain ; voilà tout.

« Il n'est pas sûr, dit M. Poincaré[1] que la nature soit simple. » J'avoue que je ne sais plus ce que c'est que la simplicité quand il s'agit de la nature. Il me semblerait plus logique de dire : Il n'est pas sûr que l'homme arrive jamais à condenser dans des formules simples la narration totale de l'activité naturelle. Les lois expriment, non pas l'activité de la nature, mais les relations entre cette activité et celle de l'homme. L'homme est, il est vrai, dans la nature, mais il n'y a pas cependant de raison pour que ses relations avec la nature soient toutes simples.

Cette simplicité des formules humaines est d'ailleurs souvent le résultat d'un choix heureux des variables. Par exemple, le principe de l'équivalence du travail mécanique et de la chaleur doit la simplicité de son énoncé à l'idée géniale qu'ont eue des savants de considérer la fonction *travail* et la fonction *quantité de chaleur*. Supposez qu'on s'en soit tenu aux qualités humainement connaissables dans les phénomènes mécaniques et thermiques, la vitesse et la température, quelle n'eût pas été la complication de l'énoncé ?

LE MONISME

Ce qu'il y a de plus important dans les conquêtes de la physique, c'est la démonstration de l'équivalence des diverses formes d'énergie, ou du moins, si l'on laisse de

1. *Op. cit.*, p. 173.

côté les conventions numériques, la possibilité de transformer l'une dans l'autre les diverses activités extérieures que l'homme connaît de manières si différentes, par ses divers organes des sens. La possibilité de les transformer l'une dans l'autre prouve qu'elles ne sont pas essentiellement différentes, et il devient naturel, par conséquent, de les comparer à la forme d'activité que nous connaissons le mieux, l'activité mécanique.

Ce qui distingue les uns des autres les divers *mouvements*, c'est la place qu'occupe la vie de l'homme dans l'échelle des dimensions naturelles ; c'est à cause de cette *place* de la vie dans les phénomènes naturels que quelques-uns de ces phénomènes sont connus de nous comme mouvements visibles, d'autres d'une dimension moindre, sont connus de nous comme phénomènes sonores ; d'autres de dimensions beaucoup plus petites, sont connus de nous comme phénomènes thermiques, lumineux, etc. Dans l'ensemble des mouvements naturels, la vie crée des *qualités* par la manière différente dont elle perçoit les mouvements, et ces qualités n'indiquent rien de plus que la place des phénomènes vitaux par rapport aux mouvements auxquels elles correspondent.

Nous ne pouvons pas sortir de notre nature d'homme, mais pour mieux faire comprendre la signification des phrases précédentes, nous pouvons raisonner comme s'il existait des êtres différents, capables comme nous de connaître, et dont les phénomènes vitaux occuperaient une place différente dans l'échelle des dimensions naturelles.

Nous dirons donc que, pour tel de ces êtres, ce sont les mouvements qui sont pour nous les phénomènes thermiques, qui seront les mouvements visibles ou mécaniques, mais cela n'empêchera pas que d'autres mouvements, ayant dans l'échelle une place différente, seront connus de cet être comme des qualités analogues à nos qualités, chaleur, lumière, etc.

Pour tel autre de ces êtres, la chimie correspondra à notre astronomie, mais peut-être connaîtra-t-il des mouvements qui lui donneront une sensation analogue à notre audition, peut-être même connaîtra-t-il, sous forme d'une qualité particulière, tel mouvement très petit que nous ne connaissons en aucune manière, etc.

Autrement dit, quelle que soit la place que nous supposions occupée par un être dans l'échelle des dimensions naturelles, nous n'avons pas le droit d'admettre que la totalité de l'activité du monde puisse être connue de lui dans un seul langage qui corresponde à celui de notre mécanique du mouvement visible ; nous ne pouvons pas imaginer un être pour lequel l'activité extérieure ne présente qu'un seul canton.

Que faut-il donc entendre par l'expression *monisme ?* Uniquement, qu'il n'y a pas de différence essentielle entre les activités que nous connaissons sous forme de *qualités* différentes, puisque l'une des activités peut se transformer dans une autre ; autrement dit, ces qualités différentes, qui proviennent uniquement de notre manière de connaître, ne sont pas des qualités au sens des scholastiques. En termes vraiment précis, LE MONISME SE RÉDUIT A L'ÉTABLISSEMENT DES PRINCIPES D'ÉQUIVALENCE.

Mais nous pouvons nous proposer de construire un langage dans lequel nous raconterons indifféremment les phénomènes de n'importe quelle qualité. L'unité de ce langage sera la plus vivante expression du monisme universel. Ce langage existe, grâce aux principes d'équivalence ; c'est le langage mathématique, le langage de la *mécanique générale*.

Si l'on se borne à employer ce langage dans lequel chaque portion de l'énergie sera simplement introduite avec l'étiquette que lui fournit le mode humain de connaissance, c'est-à-dire dans lequel nous appellerons l'activité thermique *chaleur*, l'activité lumineuse *lumière*, etc., nous emploierons la langue de l'*Énergétique* qui est une des formes du monisme. Cette langue ne parle pas à notre imagination visuelle.

Si, au contraire, nous traitons la chaleur de mouvement, nous pourrons, dans le langage mathématique, appliquer, à des corps plus petits que ceux que nous connaissons, les formules mathématiques de notre mécanique du mouvement visible ; en réalité, cela ne parlera pas davantage à notre imagination visuelle, puisque les faits ne nous arriveront qu'à travers un appareil mathématique qui n'est pas un langage imagé ; et cela n'empêchera pas que nous soyons assurés de ne jamais pouvoir *connaître* autrement que sous forme de chaleur, les mouvements de la dimension *chaleur*. Mais nous pourrons, par un abus qui n'est peut-être pas sans danger, appliquer notre langage courant aux corpuscules imaginaires dont le mouvement se manifeste à nous sous forme de chaleur, c'est-à-dire, au fond, nous mettre provisoirement dans la peau d'êtres semblables à nous et ayant notre logique, mais dont la vie serait de dimension telle que notre chaleur fût pour eux la mécanique du mouvement. Je le répète, cela est loin d'être sans danger, car c'est une bien grosse et bien gratuite hypothèse que celle que nous faisons en supposant chez un être de la dimension *chaleur* une logique identique à la nôtre.

Le plus souvent, les savants qui emploient ce langage spécial, le langage de *l'atomisme*, seconde forme du monisme, ne se rendent pas compte de cette hypothèse inexprimée qui se trouve à la base de tous leurs raisonnements, parce que, en général, les physiciens considèrent la *logique* comme une entité absolue et ne se préoccupent pas de son origine expérimentale, et que, d'autre part, on parle de faits qui se passent à une échelle très petite sans se demander *qui* peut les connaître à cette échelle. Bien peu de savants se donnent la peine de penser, lorsqu'ils parlent d'un phénomène à une échelle quelconque que, pour que ce phénomène soit connu, il faut que quelqu'un le connaisse [1]. Mais il faudra encore longtemps pour que ces considérations biologiques soient présentes à l'esprit des physiciens !

Quoi qu'il en soit des dangers qu'il présente, le langage atomiste a le grand avantage d'être fécond parce qu'il met et tient constamment l'esprit en éveil, tandis que le langage si peu imagé de l'énergétique ne met pas le cerveau en mouvement. Mieux valent des hypothèses dangereuses. si elles peuvent être fécondes, que des considérations précises et stériles.

1. On évite cette difficulté en appliquant les règles de similitude de la géométrie et supposant grossi le monde des atomes : mais c'est seulement dissimuler l'hypothèse : admettre que notre logique peut s'appliquer à ce monde grossi, cela revient absolument à admettre un petit homme de dimension atomique et ayant même logique que nous. (Voy. la note p. 187.)

LIVRE V

LA PLACE DE LA BIOLOGIE DANS LES SCIENCES

CHAPITRE XXVIII

L'ORDRE DES QUESTIONS DE PHYSIQUE

Descartes, dans son Discours de la méthode, attache une importance capitale aux idées *innées* : « J'ai remarqué. dit-il, certaines lois que Dieu a tellement établies en la nature et dont il a imprimé de telles notions en nos âmes, qu'après y avoir fait assez de réflexion, nous ne saurions douter qu'elles ne soient exactement observées en tout ce qui est ou se fait dans le monde. » Et il ajoute un peu plus loin : « Je fis voir quelles étaient les lois de la nature ; et, sans appuyer mes raisons sur aucun autre principe que sur les perfections infinies de Dieu, je tâchai à démontrer toutes celles dont on eût pu avoir quelque doute, et à faire voir qu'elles sont telles qu'encore que Dieu aurait créé plusieurs mondes, il n'y en saurait avoir aucun où elles manquassent d'être observées. »

Nous avons été conduits à des résultats plus modestes en raisonnant non plus sur « les perfections infinies de Dieu », mais sur la sélection naturelle. Le langage de Darwin nous a appris que ceux qui sont morts sont morts. que ceux qui ont survécu ont survécu. et que nous descendons de ceux qui ont survécu jusqu'à l'âge de la reproduction ; et cela n'est pas indifférent parce que le fait seul de *vivre* implique une perfection particulière du mécanisme, *relativement aux faits extérieurs avec lesquels ce mécanisme est en rapport.*

Si Descartes n'avait pas été si profondément imbu des idées admises sans discussion à son époque au sujet du gouffre qui sépare l'homme des animaux, il aurait peut-être été amené à raisonner comme nous le faisons aujourd'hui avec le secours du langage darwinien, car il n'était pas ennemi de la théorie de l'évolution, du moins quant aux choses matérielles : « de façon qu'encore qu'il ne lui aurait point donné au commencement d'autre forme que celle du chaos, pourvu qu'ayant établi les lois de la nature il lui prêtât son concours pour agir ainsi qu'elle a de coutume, on peut croire, sans faire tort au miracle de la création, que par cela seul toutes les choses qui sont purement matérielles auraient pu, avec le temps, s'y rendre telles que nous les voyons à présent ; et leur nature est bien plus aisée à concevoir, lorsqu'on les voit naître peu à peu en cette sorte, que lorsqu'on ne les considère que toutes faites. »

Mais pour Descartes, les animaux étaient des automates, c'est-à-dire des « choses purement matérielles » et par conséquent il devait considérer comme possible la fabrication progressive des animaux ; s'il avait joint l'homme aux animaux, il aurait cru aussi à la formation progressive de l'esprit humain et il aurait donné pour origine aux idées innées l'expérience ancestrale. Mais alors, il aurait été forcé de reconnaître le caractère de relativité de ces idées innées ; il aurait compris qu'elles ont rapport aux événements dont les hommes ont eu une expérience prolongée et que, par conséquent, dans un monde autre que le nôtre et dont nous n'avons aucune connaissance directe[1]. il n'est pas impossible qu'il y ait *d'autres* lois naturelles.

---

1. Dans le monde hypothétique des atomes, par exemple.

L'origine ancestrale de la logique impose des bornes à la logique. *Pour avoir compris qu'il n'est lui-même qu'un phénomène naturel, l'homme doit renoncer à philosopher sur les phénomènes naturels autres que ceux qui sont directement connus de lui.* Pour tout savant convaincu de l'origine évolutive de l'homme, la métaphysique n'est qu'un ramassis de mots vides de sens.

D'autre part, pour nous qui sommes convaincus de notre formation progressive par voie d'évolution, il se présente une difficulté qui, au premier abord, prend l'aspect d'un redoutable cercle vicieux. Il faut en effet commencer ses études *en se servant de sa logique* ; il faut donc commencer par attribuer à sa logique une valeur absolue dans les raisonnements par lesquels on entreprend l'étude du monde et de soi-même ; comment sortir sans sophisme de ce mauvais pas qui se présente dès qu'on veut établir *l'ordre des questions de physique?* Je m'imagine volontiers le monologue suivant d'un athée :

« Mes études, mes raisonnements font que je ne suis pas satisfait de ce qu'on m'a enseigné au catéchisme ; je ne puis comprendre ce qu'on veut dire quand on m'affirme qu'une âme immatérielle est logée dans mon corps ; le simple fait qu'un coup d'épée peut chasser de moi cette prétendue âme, qu'une série trop copieuse de libations peut lui enlever sa raison, me conduit à penser qu'il n'y a pas de différence essentielle entre cette prétendue âme et les agents physiques ou chimiques capables de l'émouvoir. C'est là un résultat trop anciennement acquis pour que je songe à modifier mes idées à ce sujet ; il faut que je cherche quelque chose de plus satisfaisant. Mais alors, si ma raison, ma logique, ne sont pas d'essence surnaturelle, je ne dois accepter leurs indications que sous bénéfice d'inventaire, et *avec quoi ferai-je l'inventaire?* Quelle est l'origine de ma logique ? Une fois que je m'en serai rendu compte, je devrai chercher dans quelles limites ses indications sont acceptables. En particulier, je devrai me demander si les raisonnements auxquels je dois d'être athée ne sont pas dénués de valeur.

« Avant Lamarck et Darwin, celui qui se serait posé une telle question serait devenu fou. Ignorant l'évolution et les adaptations successives, l'homme n'avait aucun moyen de comprendre qu'il fût raisonnable. D'Holbach, niant l'âme au nom d'une raison dont il ne pouvait connaître l'origine naturelle, a nui pour toujours au renom de logique des athées. Je ne lui jetterai pas la pierre, j'ai commencé comme lui, c'est-à-dire que j'ai senti l'inanité des théories animistes avant de savoir par quoi je pourrais les remplacer ; il est d'ailleurs toujours permis de se refuser à admettre une théorie qu'on trouve fausse, même quand on n'a rien à mettre à la place, mais cela est particulièrement délicat quand il s'agit de l'outil même dont on se sert pour condamner les théories.

« Heureusement, quand, de l'étude objective des autres, j'ai passé à l'étude de moi-même, quand je me suis demandé comment mon mécanisme, semblable à celui de mes congénères, peut être raisonnable, j'ai trouvé une réponse dans l'évolution.

« La logique est le résumé héréditaire de l'expérience ancestrale. Voilà une formule qui me satisfait suffisamment. L'hérédité des adaptations acquises et la sélection naturelle m'expliquent pourquoi les renseignements que je puise dans le contact des objets extérieurs et les déductions que j'en tire *ne me trompent pas* sur la situation et la nature de ces objets extérieurs. Lamarck me montre comment cette adaptation s'est produite chez mes ancêtres, successivement ; Darwin m'apprend que tout individu chez lequel un désaccord s'est produit, a, par là-même, disparu. Mais je ne dois pas oublier *un seul instant*, quand je regarde et quand je déduis, que le mécanisme de l'observation et le mécanisme de la déduction se sont perfectionnés petit à petit chez mes ascendants. Dès que je cesse de penser à l'évolution, je perds pied. »

On ne manquera pas de trouver un défaut capital aux raisonnements de ce personnage et d'y montrer un cercle vicieux ; mais ce cercle vicieux on le trouvera dans tous les raisonnements, si on l'y cherche bien, par suite même de ce fait qu'un raisonnement est exprimé *en langage humain* et que le langage humain, dont nous ne pouvons nous dispenser de nous servir, contient déjà une théorie toute faite ; il est, lui aussi, un résidu ancestral ; il a été fabriqué par nos ancêtres en même temps que leur expérience construisait notre logique, et il se trouve que ce langage ancestral, avec ses théories préconçues, est justement aujourd'hui l'obstacle le plus considérable à l'emploi pur et simple de la logique.

« Ce qu'il y a de meilleur en nous vient d'avant nous », a dit le bon Renan ; on pourrait rééditer à ce sujet la plaisanterie que fit Ésope sur les langues. Dans ce que nous tenons de nos ancêtres, il y a du bon et du mauvais. Il y a sûrement beaucoup de bon, puisqu'il y a le mécanisme tout entier de notre corps, et ce qui en est peut-être la partie la plus précieuse, le bon sens ! Mais il y a aussi du mauvais, surtout dans le langage articulé qui contient toutes les erreurs résultant de l'ignorance des premiers hommes ; le langage articulé est le plus puissant instrument de réaction ; il ne se plie pas aux théories nouvelles et leur donne un air rébarbatif ; souvent même il empêche qu'on puisse les formuler.

Enfin, dans ce que nous tenons de nos ancêtres, outre le bon et le mauvais, il y a aussi du douteux : il y a le sens moral, résumé héréditaire de conventions sociales qui aujourd'hui peuvent être en désaccord avec les besoins de notre société actuelle ; il y a le sentiment religieux, survivance d'une croyance à l'absolu que la science moderne nous défend d'atteindre, etc...

Nous devons nous résigner à employer le langage courant si nous voulons exprimer des idées et être compris ; et si l'on veut bien faire la part de cette nécessité, on ne trouvera pas trop illogique le raisonnement de l'athée hypothétique de tout à l'heure. Et ceux qui souscriront à ce raisonnement devront en tirer la conclusion suivante, relativement à l'ordre dans lequel on doit étudier les questions de physique :

Il faut commencer par étudier les êtres vivants que nous connaissons, sans nous préoccuper d'abord de ce fait que nous-mêmes sommes vivants ; en d'autres termes il faut commencer par l'étude objective des êtres vivants. Cette étude objective, il faut la réduire à une simple description, une simple narration des faits observés.

Les résultats les plus généraux de cette étude sont que les êtres vivants vivent, se reproduisent, et meurent ; une étude grossière nous montre que les êtres vivants se reproduisent *semblables à eux-mêmes* ; mais ce n'est là qu'une *loi approchée*. Une étude plus attentive nous prouve en effet que les êtres varient et cette *variation* se superpose à la reproduction vraie (c'est-à-dire, au sens étymologique, à la reproduction par les êtres d'êtres identiques à eux).

Voilà des conquêtes que peut faire immédiatement un homme dépourvu de toute connaissance antérieure du monde. Or ces conquêtes, qui résultent de la seule observation, suffisent à établir le langage fécond que Darwin a imaginé.

Ce langage s'applique à la narration des faits, toutes les fois que les corps observés ont les propriétés précédemment signalées, de vivre, de se multiplier, de varier et de mourir. On aura donc le droit de l'appliquer non seulement aux individus, mais aux parties des individus chez lesquelles on aura reconnu ces propriétés. En usant convenablement du langage darwinien[1], tant pour les indi-

1. Voy. *Lamarckiens et Darwiniens*, chap. I.

vidus que pour celles de leurs parties auxquelles il s'applique, on établira aisément : d'abord que les êtres vivants aujourd'hui sont une élite, mille et mille fois triée sur le volet ; ensuite que ces êtres sont forcément adaptés à leur milieu. La narration darwinienne de l'histoire des générations successives met en évidence d'un manière fatale, l'adaptation progressive des espèces.

Ainsi, rien que pour avoir regardé ce qui se passe, nous comprenons que les êtres soient aujourd'hui adaptés à leur milieu, c'est-à-dire puissent y *vivre*, et cela nous empêche de nous émerveiller devant l'accomplissement, si étonnant *a priori*, des fonctions nécessaires à l'entretien de la vie. Voilà le premier résultat d'une étude biologique superficielle.

Ce résultat est de première importance si, après avoir terminé cette étude objective, nous voulons bien remarquer que nous sommes, nous observateurs, des hommes comme ceux dont nous avons fait l'observation. Nous sommes semblables à eux, donc nous sommes adaptés, pour les mêmes raisons de sélection, au milieu dans lequel nous vivons. Nous sommes semblables à eux, mais eux aussi sont semblables à nous. Or, quand nous les avons étudiés nous avons constaté qu'ils fonctionnaient de manière à entretenir leur vie, *sans nous demander comment ils fonctionnaient* ; maintenant, en les comparant à nous-mêmes, nous pensons qu'ils fonctionnent comme nous-mêmes, c'est-à-dire qu'il se passe en eux ce qui se passe en nous ; donc ils perçoivent des impressions venant de l'extérieur, ils raisonnent sur ces impressions et en tirent des conclusions d'après lesquelles ils agissent : or le résultat de tout cela est qu'ils vivent comme nous vivons nous-mêmes, et que, par conséquent *ils ne sont trompés ni par leurs impressions ni par leurs raisonnements*. En d'autres termes, en nous occupant, dans le langage de Darwin, de raconter l'histoire de l'origine de ces hommes, alors que nous avons établi que l'adaptation progressive de leur mécanisme est fatale, nous avons en même temps prévu, sans nous en douter, la construction progressive de leur *bon sens*, puisque le bon sens est une partie très importante de leur mécanisme.

Voilà, très grossièrement et très rapidement présenté, le premier point des sciences physiques que nous devions établir ; il nous donne confiance dans notre raisonnement : il nous fait concevoir notre logique comme le résumé héréditaire de l'expérience ancestrale, sans que nous ayons eu aucune hypothèse à faire sur les rapports qui existent entre le physique et le psychique.

En même temps que cette narration en langage darwinien nous rassure sur la valeur de notre logique, elle nous fait comprendre aussi que le domaine de notre logique est limité aux phénomènes qui ont ou ont eu une action sur l'homme ; nous nous rendons compte aussi de ce fait que notre connaissance des faits, ainsi que nous l'avons vu plus haut, est à l'échelle humaine, ce qui était d'ailleurs nécessaire pour qu'elle pût nous servir.

Une fois cette constatation faite au sujet de nous-même, nous pouvons entrer dans l'étude des faits extérieurs au moyen de nos organes des sens. Comme chacun de nos sens nous parle un langage particulier, nous ne pouvons, en commençant, comparer entre eux que les phénomènes connus de nous au moyen du même sens, c'est-à-dire que nous divisons l'activité extérieure en *cantons sensoriels*. Si nous nous limitions à ces études localisées, nous construirions autant de sciences qu'il y a de cantons sensoriels, les *sciences cantonales*, comme la musique qui se sert uniquement de documents perçus par l'oreille.

Et, remarque très importante, que nous ne devrons jamais oublier dans la suite, *la langue propre à chaque science cantonale sera inapplicable à la narration immédiate de l'activité des autres cantons sensoriels.* La langue de la musique, par exemple, sera inapplicable à la narration de l'activité thermique de l'extérieur ; les mots de la langue musicale n'ont aucune signification dans le canton thermique, les expressions *température, quantité de chaleur*, n'ont aucune place dans le langage de la musique. Cette remarque, évidente si l'on compare deux cantons aussi différents que le canton auditif et le canton thermique, est également légitime quand il s'agit de deux cantons sensoriels quelconques, et il est bon de le savoir d'avance, car on est trop souvent tenté de n'en pas tenir compte, à cause de conventions numériques que l'on fait sans s'en douter.

Si l'on n'oublie pas cette règle, on sera au contraire conduit à ne laisser dans l'ombre aucune convention implicite, ce qui aura, au point de vue philosophique, une très grande importance. Tous les savants qui s'intéressent à la philosophie des sciences se préoccupent en effet depuis quelque temps de rechercher avec précision ce qui, dans les fondements des diverses sciences, est vérité expérimentale, convention ou définition. Les discussions à ce sujet cesseront d'elles-mêmes si l'on veut bien adopter la règle précédemment établie, savoir : que la langue propre à chaque science cantonale sera inapplicable à la narration *immédiate* de l'activité des autres cantons sensoriels. Or, il est évident que la langue mathématique est le langage du canton de la vision des formes ; nous devons donc nous dire *a priori* que cette langue mathématique n'est pas directement applicable à la narration de l'activité du canton auditif, du canton thermique ou du canton de la sensation d'effort. Et en effet, on voit tout de suite que l'on ne peut parler d'un son *double* d'un autre, d'une température *double* d'une autre ; mais beaucoup de gens croient pouvoir parler d'une force *double* d'une autre, ce que notre règle précédente démontre immédiatement absurde ; et c'est ainsi que l'on établit, comme un théorème, la proportionnalité des poids aux masses, alors que c'est en réalité une convention par laquelle on définit la mesure du poids, de manière à faire entrer, à partir de ce moment, dans le canton optique, des poids ou des forces, dont l'origine première était bien le canton de la sensation d'effort; mais il faut bien se rendre compte de ceci que, une fois cette convention faite, la notion de force n'est plus celle du canton de la sensation d'effort; c'est une autre notion, une fonction de variables du canton optique, fonction à la considération de laquelle nous avons été conduits, il est vrai, par le désir de mesurer une sensation d'effort, mais qui est devenue en réalité indépendante de cette sensation. Et en effet, pour soulever un poids défini double d'un autre en mathématiques, nous n'avons pas la sensation d'un effort double : (Qu'est-ce d'ailleurs qu'un effort double ?)

Pour le canton auditif, les choses se sont passées le plus simplement du monde, parce que nous avons pu faire *directement* l'étude optique des mouvements que nous connaissons d'autre part, en tant que sons, grâce à notre oreille.

Pour le canton thermique, il y a beaucoup de difficultés. La variable de ce canton que nous connaissons directement par notre sens thermique, la température, nous trouvons bien immédiatement qu'elle varie dans le même sens qu'un phénomène optiquement constatable, et par conséquent susceptible au moins d'une mesure empirique; mais ce phénomène optiquement constatable, la dilatation, ne nous permet pas d'établir des relations immédiates entre le canton thermique et les phénomènes du canton optique. C'est petit à petit que nous sommes conduits à établir, de même que précédemment entre la force et la masse, une relation très utile entre une fonction mathématique des variables mesurables du canton thermique, la *quantité de chaleur*, et une fonction mathématique des variables du canton optique, le *travail*. Nous voyons qu'une quantité de chaleur peut se transformer en travail et réciproquement, et nous *convenons* de mesurer la quantité de chaleur par un nombre proportionnel à celui qui mesure le travail correspondant ; cette convention nous permet de définir enfin, sans lui laisser aucun caractère empirique, la variable température, qui, bien entendu. n'aura plus à partir de ce moment qu'un rapport extrêmement lâche avec la sensation humaine de température laquelle en a néanmoins été le point de départ. Enfin, le principe de Carnot nous permettra de fixer l'origine de l'échelle des températures, le zéro absolu. Et à partir de ce moment nous pourrons parler d'une température double d'une autre, ce qui, en langage du canton thermique n'avait aucune signification et qui en acquiert une du fait que nous avons substitué à notre notion primitive de température, une fonction de variables du canton optique.

Ceci peut se répéter pour tous les cantons ; la langue mathématique est si commode et si féconde que, pour avoir le droit de l'appliquer, nous renonçons aux notions immédiates que nous tirons de nos sensations, dès que nous avons trouvé une fonction du canton optique qui varie dans le même sens que l'une de ces sensations humaines ; et nous *définissons* alors par cette fonction du canton optique, une quantité qui, avec son acception primitive n'eût pas été mesurable.

Nous arrivons donc à ne plus considérer comme connu, dans le monde qui nous entoure, que ce que nous étudions au moyen de notre sens de la vision des formes ; nous renonçons à toutes les autres notions directes que nous donnent nos autres sens, notions directes qui n'ont plus d'autre intérêt pour nous que de localiser l'activité vitale de l'homme au milieu de l'activité générale. C'est là le véritable monisme.

Il est donc du plus grand intérêt que nous ayons dans

notre mathématique une confiance absolue. J'ai essayé de montrer dans les pages précédentes que l'arithmétique et la géométrie, sciences expérimentales, sont en même temps parfaites [1] ; pour faire de la mécanique, il a fallu commencer par donner, dans le canton de la vision des formes, une définition du temps ; nous avons fait cette définition en nous servant d'un principe qui nous vient de l'expérience de nos ancêtres, le principe du *déterminisme* : les mêmes causes produisent les mêmes effets. Cela fait, nous avons abandonné la notion du temps que nous procure notre sensation de durée et nous avons remplacé cette notion par celle que nous fournit un appareil mécanique.

Et nous nous sommes ainsi procuré un puissant moyen d'investigation pour l'étude de l'activité extérieure ; en renonçant successivement à toutes les notions directes que nous fournissent nos sens, sauf celles du canton optique, nous avons réduit au minimum le coefficient humain dans la narration de l'histoire du monde. Et c'est pour cela que l'on peut mettre en parallèle les progrès de la science et ceux du canton optique débordant les autres cantons, ce qui est une autre manière d'exprimer la pensée de Kant : « Il n'y a de science proprement dite, dans les sciences physiques, que ce qui s'y trouve de mathématique. »

1. Dans les limites où notre logique est applicable.

CHAPITRE XXIX

LA BIOLOGIE, MÉCANIQUE DES SCIENCES NATURELLES

Avant d'entrer dans l'étude des sciences cantonales, avant d'entreprendre l'unification de la langue scientifique en faisant entrer dans le canton optique toutes les formes de l'activité extérieure, nous avons dû faire une étude d'ensemble des êtres vivants et le langage darwinien nous a permis de nous convaincre de la valeur humaine de notre bon sens. C'est là une partie de la biologie qui doit être établie avant que l'on ait le droit de s'attaquer aux autres sciences ; c'est cette *Biologie préliminaire* qui légitime toutes nos considérations ultérieures sur le mouvement, la chaleur, etc... Or, je crois avoir montré[1] que, si l'on fait un usage convenable du langage darwinien, on peut établir en partant des seuls faits d'observation que j'ai signalés précédemment (multiplication et variation) les deux principes de Lamarck, celui de l'adaptation et celui de l'hérédité des caractères acquis. Et par conséquent grâce à Lamarck et à Darwin, cette partie préliminaire de la biologie semble aussi solidement établie qu'on peut le désirer ; nous avons donc le droit de faire des sciences ; les résultats de ces sciences seront d'un bon usage pour l'homme et ne pourront le tromper ; mais il n'aura pas le droit de sortir du domaine où sa logique est valable, il devra éviter la *métanthropie*[2].

1. *Traité de biologie*, chap. vii. Paris, F. Alcan.
2. Voy. *Les limites du connaissable*. 2ᵉ édit. 1904. Paris, F. Alcan.

Cette *biologie préliminaire* n'est pas toute la biologie. Elle est tellement générale qu'on pourrait la faire tout entière *sans avoir jamais vu un être vivant*, sans en avoir étudié une seule forme spécifique précise, uniquement en connaissant les phénomènes de multiplication et de variation. Mais si elle est si générale, c'est qu'elle ne serre pas les faits de près ; il sera nécessaire d'étudier maintenant les êtres vivants comme nous avons étudié les mouvements, la chaleur, la lumière et la chimie ; et il sera très utile d'avoir étudié auparavant toute la physique et toute la chimie à moins qu'on se borne à faire de l'*histoire naturelle descriptive*, comme font les botanistes et les zoologistes. Si l'on s'en tient à l'aphorisme « il n'y a de science que du général », l'on devra, pour fonder la science de la vie, se proposer de trouver tout ce qui est commun à l'ensemble des êtres vivants, *tout ce que l'on pourra raconter dans les mêmes termes au sujet de n'importe quelle espèce vivante ;* c'est la définition de la Biologie.

J'ai publié l'année dernière un traité de Biologie dans lequel j'ai établi, non seulement les questions générales de la *Biologie préliminaire*, mais aussi un certain nombre de questions plus spéciales ; pour quelques-unes de ces questions, j'ai dû me borner à poser le problème en termes précis ; pour d'autres j'ai essayé de tirer des conclusions raisonnées des travaux des histologistes et des physiologistes et j'ai même été conduit à proposer des *modèles* du même ordre que ceux de la théorie atomique, par exemple pour les phénomènes sexuels qui paraissent se rapprocher des phénomènes d'*ionisation*, et pour la constitution progressive des espèces par fixation des races stables. Mais ce ne sont là que des modèles rendant le langage commode et je ne les ai proposés qu'à titre provisoire ; ils m'ont permis du moins d'appliquer aux phénomènes de la vie un langage unique. C'est pour cela que je me permets de dire que *la Biologie est aux sciences naturelles ce que la* MÉCANIQUE GÉNÉRALE *est aux sciences physiques*. Définie ainsi, la Biologie est vraiment une science à part, tandis que, dans le langage courant, on a l'habitude de comprendre dans la Biologie, toute la zoologie, toute la botanique, toute la physiologie ; et alors le mot Biologie ne fait que remplacer l'expression plus ancienne de *sciences naturelles*.

Je crois très utile de montrer, par une comparaison précise entre le phénomène de la vie et un phénomène de la chimie des corps bruts, comment on peut établir un langage général dans les sciences naturelles aussi bien que dans les sciences physiques ; je prendrai pour exemple *les flammes* que l'on compare si volontiers aux êtres vivants dans le langage vulgaire et cela me permettra de montrer, avec plus de netteté, qu'il n'y a, en Biologie, *rien de statique ;* il n'y a pas de vie extemporanée ; la vie est une transformation.

Mais je ne veux pas interrompre la série des études cantonales dont il nous reste à faire la dernière et la plus curieuse peut-être, celle du *canton interne*, du canton du *sens intime*, du *moi* en un mot. Je renvoie donc à la fin du livre l'étude comparative de *la flamme et de la vie*. J'y joindrai une autre étude biologique, faite à un point de vue nouveau, au sujet d'expériences récentes, sur les rapports de l'hérédité et de l'éducation, et enfin je montrerai, à propos de discussions qui se sont élevées il y a peu de temps, le danger des définitions imprécises, comme celle du mot *aliment*. Ces trois études formeront donc l'appendice de cet ouvrage que je dois terminer maintenant par des considérations sur les phénomènes du canton du sens intime.

CHAPITRE XXX

LE CANTON INTIME ET L'INTUITION

Si j'en crois l'étymologie, l'intuition est une opération qui consiste à regarder au-dedans de soi. Mais avec quoi regarde-t-on ? l'homme n'a pas d'œil qui lui permette de s'observer intérieurement ; il est vrai que le mot regarder s'emploie volontiers au figuré dans le sens de *prendre connaissance*, parce que c'est au moyen de nos yeux que nous recueillons, sur le monde extérieur, les documents les plus nombreux et les plus exacts ; on dit d'ailleurs également : *lire dans sa conscience*, et il y a des gens qui *entendent* des voix intérieures. De telles images proviennent de comparaisons avec le sens de la vue et le sens de l'ouïe ; aucune de ces expressions n'est vraiment propre à la narration de l'activité de notre sens intime.

Quand nous nous servons de notre sens interne, nous ne pouvons l'appliquer qu'à l'observation de nous-même ; nous sommes, à la fois, observateur et observé. Le mot *réfléchir* quoique emprunté au langage optique, rappelle assez exactement cette particularité ; son usage est donc légitime et nous dirons que, si notre organe de la vision voit, si notre organe de l'audition entend, notre sens intime ou organe de la réflexion réfléchit.

Voir et entendre sont des opérations entièrement distinctes ; non seulement ces deux opérations nous renseignent le plus souvent sur des événements extérieurs différents, mais encore les documents qu'elles nous fournissent sont de natures différentes ; nous ne pouvons établir entre ces documents aucun rapport direct. Nos deux sens ne nous parlent pas le même langage ; l'un nous apprend des sons, l'autre des formes, mais nous possédons, ainsi que nous l'avons vu précédemment, un dictionnaire qui nous permet de traduire une langue dans l'autre, le *phonographe*.

Et il devient bien difficile de prétendre, par conséquent, que la vue et l'ouïe nous font connaître des qualités essentiellement différentes du monde ambiant, ce qui eût, au contraire, paru tout naturel sans les progrès de la physique moderne.

Pour l'organe de la réflexion, nous n'avons pas encore trouvé l'équivalent du phonographe et c'est pour cela que tant de psychologues veulent placer en dehors du cadre des phénomènes matériels les données de notre conscience ; la forme des documents que nous fournit notre sens interne est trop différente de celle des documents que nous fournissent nos autres sens, mais il y avait, en apparence, autrefois, le même abîme entre les données de la vue et celle de l'ouïe. Le phonographe a comblé le gouffre ; qui sait si l'on ne trouvera pas un jour le *phrénographe ?*

Nous avons déjà remarqué que, même avant Édison, il y avait des phonographes et que ces phonographes (moins parfaits !) c'étaient les hommes eux-mêmes ; au moins pour les sons de la parole articulée, ils avaient su établir, par une convention que l'habitude transformait rapidement en mécanisme, un rapport entre les sons de la voix et les caractères de l'écriture. Ce phonographe, tout imparfait qu'il fût, avait un grand avantage, c'est que la langue qu'il parlait était précisément aussi celle dans laquelle notre sens interne nous communique ses documents ; bien plus, la même langue s'applique aussi, quoique bien plus grossièrement, à la narration des impressions de tact, de goût, d'odorat...

Ainsi, le langage articulé, se trouvant commun à tous les cantons, a réalisé le premier monisme ; car il n'est peut-être pas bien légitime de considérer comme *essentiellement* différentes des données qui peuvent se traduire dans une même langue. Et cependant, il faut bien se rendre compte que la différence établie naguère entre les *qualités essentiellement distinctes* dans la nature, cette différence dont la survivance est aujourd'hui le plus grand obstacle au monisme, a été une chose *purement verbale* ; de sorte que ce langage qui, par son unité, peut être considéré comme rappelant la première tentative moniste, a été en même temps le plus formidable instrument contre le monisme. Cette contradiction s'explique par *le peu de précision* de ce langage qui permettait à l'homme de raconter à sa manière l'activité universelle. Ce langage se servait de la notion de qualité, mais il mettait les différentes qualités dans une même phrase, comme les énergétistes mettent aujourd'hui, dans une même équation, la chaleur et le mouvement.

Le langage humain, qui raconte les faits à l'échelle de l'homme, ne peut être d'ailleurs que le langage de la qualité, puisque les qualités résultent précisément du fait que la vie de l'homme occupe, dans l'échelle des dimensions de l'activité universelle, une place absolument fixée. Pour éviter la considération des qualités, il faudrait une langue qui ne fût à aucune échelle et qui pût considérer *en même temps*, la chute des corps et la lumière comme des mouvements (voy. plus haut, chap. XXIII).

Bien des psychologues veulent mettre la conscience en dehors des phénomènes matériels. Il y a de ce fait deux raisons :

D'abord l'activité cérébrale, les mouvements cérébraux que, dans sa langue particulière, nous fait connaître notre sens interne, nous n'avons aucun autre moyen d'en prendre connaissance. Depuis quelque temps, nous avons fait des progrès considérables dans l'étude de l'anatomie et de l'histologie du cerveau, mais, d'une part, nous ne pouvons étudier cette histologie que sur un cerveau mort, d'autre part, même si nous pouvions observer directement, objectivement, un cerveau vivant en train de penser, il est probable que les mouvements qui s'y produisent passeraient pour la plupart inaperçus, car s'il y a, bien probablement, des contractions de la chevelure des neurones, il y a aussi des mouvements d'ordre chimique, qui sont certainement d'une grande importance et que le microscope ne pourrait pas saisir. Il ne faut cependant pas désespérer ; les rayons N que dégage la circonvolution de Broca pendant son fonctionnement ont pu être rendus visibles ; peut-être arriverons-nous à *lire* directement leur signification au moyen d'un dictionnaire qui sera le phrénographe ! Pour le moment, nous devons nous résigner à ne lire dans notre cerveau qu'au moyen de notre sens interne ; l'étude de notre cerveau reste une *science cantonale, la psychologie*. Nous savons bien que cette psychologie n'est que la lecture, dans une langue cantonale particulière, des modifications de notre cerveau ; mais tant que nous n'aurons pas trouvé le *phrénographe* ou le *phrénoscope*, le canton de notre sens interne ne sera pas recouvert par notre canton optique. Et comme notre sens interne ne peut lire que les mouvements de notre cerveau, comme il lui est impossible d'étudier quelque chose d'extérieur à nous, une activité du monde ambiant tombant sous nos autres sens, comme d'autre part la langue qu'il nous parle est cantonale, et que, par conséquent, les comparaisons de l'activité ainsi observée de notre cerveau avec une autre activité ne pourraient se faire que dans cette langue, il s'ensuit que nous ne pouvons comparer à rien d'autre, notre activité mentale. Et comme expliquer, c'est comparer, notre activité mentale pourra être dite inexplicable tant que le canton optique n'aura pas entièrement recouvert notre canton interne, ce qui n'est encore que bien partiellement réalisé par les rayons N.

Mais précisément, le fait que la langue de notre sens interne est une langue cantonale suffit à nous faire prévoir que la langue d'un autre canton quelconque ne pourra pas être applicable aux documents qui nous procure ce sens interne; c'est là en effet la règle générale que nous avons essayé d'établir dans ce livre et qui nous a guidés dans l'étude de tous les cantons; il nous sera impossible d'introduire les mathématiques dans la psychologie. Or, chose imprévue et tout à fait amusante, c'est précisément là la seconde raison pour laquelle les spiritualistes veulent mettre la pensée en dehors du monde matériel. J'emprunte à ce sujet le passage suivant à un article publié pour répondre à un de mes ouvrages : « ... l'observation scientifique nous contraint d'affirmer que la matière est incapable de produire la pensée. Nous savons en effet ce que c'est que de la matière et nous savons aussi ce que c'est que de la pensée; l'observation externe nous renseigne sur le premier point, l'observation scientifique sur le second [1]. La matière nous apparaît étendue, pondérable, divisible, on peut la mesurer et elle est localisée dans le temps et dans l'espace. La pensée n'est ni pondérable, ni étendue, ni divisible; elle exclut le mouvement et la mesure. Quelles seraient les dimensions d'une pensée, la force mécanique d'une volition, le côté droit d'un désir? Il serait aisé de développer dans le détail ces caractères absolument irréductibles de la pensée et de la matière, tels que l'observation nous les fournit. Cela a été fait cent fois. Je me contenterai de conclure : entre la pensée et la ma-

---

1. Il serait plus exact de dire : l'observation interne, car rien n'est plus scientifique que l'observation de la matière par la vue; et justement tout le désaccord vient de là ; on ne peut pas comparer la matière observée par l'organe de la vision avec la matière observée par le sens interne, puisque les deux langues cantonales correspondant à ces deux sens ne sont pas encore traduites l'une dans l'autre.

tière, la différence ne saurait être plus grande ; elle se présente sous forme de contradiction [1]. » Au moyen de la considération de nos langues cantonales, la réponse à cette objection d'un dualiste est immédiate ; nous ne pouvons parler ni du côté droit d'une pensée, ni du côté gauche d'une température, pas plus que nous ne pouvons parler de l'odeur d'un bémol ou de la couleur d'une vitesse...

Je ne vois aucune raison, actuellement, pour ne pas étendre aux êtres vivants le monisme et le déterminisme des sciences physiques. Au contraire, toutes les découvertes de la science moderne tendent à établir d'une manière de plus en plus solide, ce monisme universel. En particulier, le principe de l'équivalence, ou, si l'on veut, de la conservation de l'énergie, s'applique de plus en plus nettement aux êtres vivants. *Il n'est pas possible à un homme de penser sans dépenser*, même s'il n'agit pas extérieurement ; la pensée correspond à une dépense d'énergie chimique ; tous ceux qui pensent s'en convaincront aisément, et, par ce côté, l'être vivant entrera dans le grand concert énergétique.

Ayant trouvé commode d'établir pour les phénomènes vitaux un modèle atomique, j'ai pensé qu'il était logique de calquer sur la construction atomique de l'homme, une construction parallèle de la connaissance de l'homme, de former sa personnalité subjective comme sa personnalité objective en supposant, dans les atomes, les éléments de la connaissance. Je ne reviens pas ici sur cette question à laquelle j'ai consacré tout un volume [2]. Depuis que ce petit livre a été publié, Pierre Bonnier a imaginé une expression nouvelle qui permet de réunir sous un seul vocable tout ce qui a rapport à la connaissance corpo-

1. Abbé F. Chanvillard, *Le conflit. Revue du clergé français*, avril 1902.
2. *Le déterminisme biologique et la personnalité consciente*. Paris, F. Alcan, 2ᵉ éd., 1904.

relle de soi-même, *le sens des attitudes*. C'est grâce à ce sens que je sais que j'ai actuellement les jambes croisées sous ma table de travail sans avoir besoin, pour m'en assurer, du secours d'un autre sens. Si l'on veut bien ne pas oublier que le cerveau fait partie du corps de l'homme, et que les attitudes du cerveau sont les éléments de nos associations d'idées, on verra qu'il est possible de comprendre sous le nom de sens des attitudes tout notre sens interne. Et cela permettra même de donner à ce sens interne un canton un peu plus étendu, puisque cela attribuera aux sens des attitudes qui le remplacent non seulement la connaissance de notre cerveau, mais aussi la connaissance plus vague de la disposition actuelle de tous nos membres. (Voyez à ce sujet P. Bonnier. *Le sens des attitudes.*)[1]

1. Les premières pages de ce chapitre ont paru en janvier 1904 dans *Les Arts de la Vie.*

CHAPITRE XXXI

AME ET FORCE

Dans une série de beaux articles, publiés l'année dernière par la *Revue générale des Sciences*, P. Duhem s'est efforcé de montrer la nécessité d'un retour à la *Physique de la qualité*. Je crois pouvoir résumer sa pensée en citant tout au long le passage dans lequel il expose l'évolution des idées de Leibniz :

« Leibniz qui, dans sa jeunesse était si fort attaché aux explications purement géométriques des Cartésiens, se vit conduit, lui aussi, à admettre en mécanique, un élément hétérogène à l'étendue et au mouvement;... il n'hésita pas à assimiler explicitement cet élément aux formes substantielles qu'invoquait la Scolastique :

« Quoy que je sois persuadé que tout se fait mécaniquement dans la nature corporelle, écrit-il [1], je ne laisse pas de croire aussi que les principes mêmes de la mécanique, c'est-à-dire les premières lois du mouvement, ont une origine plus sublime que celles que les pures mathématiques peuvent fournir... On s'aperçoit qu'il y faut joindre quelque notion supérieure ou métaphysique, savoir celle de la substance, action et force; et ces notions portent que tout ce qui pâtit doit agir réciproquement et que tout ce qui agit doit pâtir quelque réaction... Je demeure d'accord que, naturellement, tout corps est étendu, et qu'il n'y a pas d'étendue sans corps; il ne faut

1. Leibniz. *OEuvres*, édit. Gerhardt. t. IV. p. 464

pas néanmoins confondre les notions du lieu, de l'espace ou de l'étendue toute pure avec la notion de substance qui, outre l'étendue, renferme la résistance, c'est-à-dire l'action et la passion.

« J'avais pénétré bien avant dans le pays des Scolastiques, écrit-il ailleurs[1], lorsque les mathématiques et les auteurs modernes m'en firent sortir encore bien jeune. Leurs belles manières d'expliquer la Nature mécaniquement me charmèrent, et je méprisais avec raison la méthode de ceux qui n'emploient que des formes et des facultés dont on n'apprend rien. Mais depuis, ayant tâché d'approfondir les principes mêmes de la mécanique, pour rendre raison des lois de la Nature que l'expérience faisait connaître, je m'aperçus que la seule considération d'une *masse étendue* ne suffisait pas et qu'il fallait encore employer la notion de la *force*, qui est très intelligible, quoiqu'elle soit du ressort de la métaphysique.

« Et par la *force* ou *puissance*, je n'entends[2] pas le pouvoir ou la simple faculté qui n'est qu'une possibilité prochaine pour agir et qui, restant comme morte même, ne produit jamais aucune action sans être excitée par le dehors; mais j'entends un milieu entre le pouvoir et l'action qui enveloppe un effort, un acte, une entéléchie, car la force passe d'elle-même à l'action en tant que rien ne l'empêche.

« Ce passage, dit P. Duhem, et maint autre qu'il serait trop long de citer, nous prouvent que les idées de Leibniz reprennent un étroit contact avec l'antique physique péripatéticienne. « Je sçay, dit-il[3], que j'avance un grand paradoxe en prétendant de réhabiliter en quelque façon l'ancienne philosophie et de rappeler *post liminio* les formes substantielles presque bannies; mais peut-estre

1. LEIBNIZ. *Loc. cit.*, p. 478.
2. LEIBNIZ. *Loc. cit.*, p. 471.
3. LEIBNIZ. *Loc. cit.*, p. 434.

qu'on ne me condamnera pas légèrement quand on sçaura que j'ay assez médité sur la philosophie moderne, que j'ai donné bien du temps aux expériences de physique et aux démonstrations de géométrie, et que j'ai esté long-temps persuadé de la vanité de ces estres, que j'ay esté enfin obligé de reprendre malgré moi et comme par force, après avoir fait moy-même des recherches qui m'ont fait reconnaître que nos modernes ne rendent pas assez de justice à saint Thomas et à d'autres grands hommes de ce temps-là, et qu'il y a dans les sentiments des philosophes et théologiens scolastiques bien plus de solidité qu'on ne s'imagine, pourveu qu'on s'en serve à propos et en leur lieu. Je suis même persuadé que, si quelque esprit exact et méditatif prenait la peine d'éclaircir et de diriger leur pensée à la façon des géomètres analytiques, il y trouve-rait un trésor de vérités très importantes et tout à fait démonstratives. »

« Non pas qu'il faille approuver ni surtout imiter ces méthodes de physique ridicules qui avaient si fort dis-crédité la Scolastique : « Je demeure d'accord, dit Leibniz[1], que la considération de ces formes ne sert de rien dans le détail de la physique et ne doit point être employé à l'ex-plication des phénomènes en particulier. Et c'est en quoi nos Scolastiques ont manqué, et les médecins du temps passé à leur exemple, croyant de rendre raison des pro-priétés des corps en faisant mention de formes et de qua-lités, sans se mettre en peine d'examiner la manière de l'opération, comme si on voulait se contenter de dire qu'une horloge a la qualité horodictique provenant de sa forme, sans considérer en quoy tout cela consiste. »

« Bien loin, dit Duhem, d'imiter cette physique, qui croyait avoir donné une explication, alors quelle avait seulement créé un nom, on devra, à l'imitation de Des-

---

1. Leibniz. *Loc. cit.*, p. 434.

cartes et de Huygens, pousser l'analyse des effets naturels jusqu'à ce qu'ils soient réduits aux phénomènes les plus simples ; mais, lorsqu'on sera parvenu à ces propriétés premières des corps, qui expliquent toutes les autres, on trouvera qu'elles ne consistent « pas seulement dans l'étendue [1], c'est-à-dire dans la grandeur, figure et mouvement, *mais qu'il faut nécessairement y reconnoistre quelque chose qui aye du rapport aux âmes, et qu'on appelle communément forme substantielle* » ou *force*, comme dit Leibniz en maint endroit [2]. »

Ces dernières lignes de la citation empruntée à Duhem montrent clairement quelle conclusion biologique on veut tirer de la physique des qualités. De la considération des qualités dans la nature physique on conclura au dualisme vital, à la différence essentielle entre l'âme et le corps. Mais ce ne sera là qu'un cercle vicieux ; on reviendra simplement à son point de départ, car la notion métaphysique de la force entité est venue de la croyance première à l'existence d'une âme dans l'homme. Ainsi que j'ai essayé de le montrer plus haut (chap. xv), l'introduction de la notion de force provient simplement du remplacement du système mécanique complexe qu'est l'homme, par une divinité hypothétique qui prend à son compte cette action complexe. Et cette divinité hypothétique a paru si commode qu'on l'a introduite même dans des systèmes mécaniques où il n'existait aucun homme, mais où on remplaçait par des hommes certains facteurs plus simples, mais moins familiers à l'homme. Encore a-t-on dû renoncer immédiatement à considérer effectivement cette divinité hypothétique ; pour pouvoir introduire son action dans les équations il a fallu lui donner une définition purement mathématique, $m\gamma$, qui

---

1. Leibniz. *Loc. cit.*, p. 434.
2. P. Duhem. *Revue générale des sciences*, janvier 1903, p. 71, 72.

est susceptible d'addition et de multiplication, alors que
l'effort de l'homme ne pouvait être justiciable du langage
algébrique. Mais le nom était donné, et l'on a continué de
croire que l'on s'occupait réellement des forces, définies
par l'action humaine, alors qu'on avait seulement été conduit à la considération d'une fonction mathématique, $m \gamma$,
commode pour la narration humaine des mouvements.

Il en a été de même pour les autres *qualités;* ces qualités définies par les sensations de l'homme, ou, comme
nous l'avons vu, par la place qu'occupe la vie de l'homme
dans l'activité universelle, il a fallu les abandonner
bientôt pour les remplacer par des fonctions mathématiques dont elles avaient seulement, et de plus ou moins
loin, donné l'idée. C'est à cette seule condition que « la
mécanique nouvelle raisonne des qualités, mais, pour en
raisonner avec précision, les figure par des symboles
numériques [1]. » Si c'étaient des qualités au sens où l'entendait la Scolastique, on ne pourrait pas « en raisonner
avec précision et les figurer par des symboles numériques ». On ne pourrait pas, surtout, les introduire dans
une même équation ainsi que nous y autorisent les principes expérimentaux d'équivalence. Si l'on veut absolument conserver le mot qualité, il faut changer sa
signification scolastique, de manière qu'il ne soit plus
qu'un trompe-l'œil, propre seulement à égarer les philosophes; les qualités ne sont pas inhérentes à la nature,
mais aux relations de l'homme avec la nature, elles
dépendent des dimensions relatives de la vie humaine,
d'une part, et des activités particulières auxquelles elles
correspondent, d'autre part. La chaleur est une activité
qui, par rapport à la vie humaine, est de la dimension
chaleur et voilà tout; mais l'équivalence du travail mécanique et de la chaleur prouve qu'il n'y a pas de différence

____

1. DUHEM. *Revue générale des sciences*, 30 avril 1902, p. 429.

essentielle entre les mouvements visibles et la chaleur ;
il n'y a qu'une différence de dimension. Le grand avantage du langage mathématique basé sur les principes
d'équivalence est précisément de faire disparaître l'hétérogénéité des documents humains, de faire oublier la
dimension particulière des phénomènes vitaux du calcula-
teur. C'est ainsi que la mécanique générale est, comme dit
Duhem, « fille de Descartes, en ce qu'elle est une mathématique universelle » ; mais il ne s'ensuit pas que, comme
le veut le même auteur, elle soit « fille d'Aristote en ce
qu'elle est une théorie des qualités [1] », car les *qualités* entre
lesquelles il y a équivalence mécanique, ne sont plus les
qualités d'Aristote et des Scolastiques ; je le répète, les
qualités de la physique moderne dépendent uniquement
des relations de l'homme avec la nature. Et c'est là ce qui
résulte le plus immédiatement du fait que le canton optique
a, petit à petit, recouvert tous les autres cantons, au point
que, aujourd'hui, un homme qui pourrait vivre avec le
seul sens de la vue serait capable de comprendre toute la
science...

Quant à savoir s'il y a dualisme dans les phénomènes
vitaux, cela revient à savoir si, dans un homme vivant,
la pensée se produit immatériellement, sans correspondre
à une dépense d'énergie chimique ou autre ; les dualistes
le prétendent, mais comme ils n'ont jamais vu une âme
penser sans être logée dans un corps et que d'autre part
le corps, pour rester vivant, doit consommer des aliments [2],
il ne me semble pas que personne soit autorisé à croire
que l'homme *pense sans dépenser*. Pour ma part, quand
je pense, je me fatigue, et c'est là un phénomène chimique ; je crois donc que la pensée correspond à un phénomène chimique et qu'il y a équivalence entre de la pensée
et du travail. Les dualistes le nient, c'est leur affaire ;

1. Duhem. *Revue générale des sciences*, 30 avril 1903, p. 429.
2. Voy. à l'appendice, chap. XXXIV.

mais ils n'ont pas le droit de s'appuyer pour cela sur le
physique de la qualité; car toutes les « qualités » de la
nature physique sont reliées entre elles par des lois
d'équivalence; on peut transformer de la chaleur en travail, de l'énergie chimique en chaleur ou en électricité.
C'est donc un pur sophisme que de s'appuyer sur l'existence de ces pseudo-qualités scolastiques dans la nature
inanimée, pour démontrer l'existence, dans la nature
vivante, d'une qualité scolastique vraie, dont la propriété
essentielle serait précisément de n'être équivalente à
aucune des premières. Pour ma part, je le répète en termi-
nant, je n'ai jamais vu d'homme vivre sans manger et
penser sans vivre et je crois qu'il est indispensable d'être
vivant pour faire de la philosophie.

APPENDICE

CHAPITRE XXXII

LA FLAMME ET L'ÊTRE VIVANT[1]

L'étude de la vie est inséparable de celle de l'origine des espèces, on ne saurait comprendre la vie si l'on avait la prétention de limiter son observation à un instant; la vie n'est jamais, pour nous observateurs, un phénomène qui commence, c'est un phénomène qui continue; de plus, c'est un phénomène *lent*, tellement lent que les êtres vivants ne nous paraissent jamais se modifier pendant que nous les regardons; les formes nous semblent figées dans une immutabilité éternelle et c'est pour cela que nous leur attribuons une importance capitale.

L'observateur étant lui-même un être vivant, la mesure du temps se fait pour lui avec une unité du même ordre de grandeur que pour les sujets de son observation; ce qui est pour lui un intervalle relativement court est également un intervalle court pour la fleur ou le champignon qu'il étudie.

L'évolution individuelle d'un plant de froment dure plusieurs mois; le grain germe lentement, la tige pousse lentement, l'épi se forme lentement et mûrit lentement, de telle manière que, si nous l'observons à un moment donné, nous sommes bien plus frappés de sa forme actuelle

1. *Revue universelle,* décembre 1903.

que des transformations infiniment plus importantes qui s'effectuent en lui au moment même où nous l'observons, transformations qui constituent à proprement parler la *vie* du plant étudié. En d'autres termes, *nous voyons à chaque instant le plant de blé comme s'il était mort.*

Il n'en est pas tout à fait de même pour un animal chez lequel se produisent souvent des mouvements macroscopiques rapides; encore est-il certain que ces mouvements macroscopiques n'ont qu'une importance secondaire au point de vue de l'étude de la vie, quoiqu'ils frappent plus immédiatement l'observateur; de même les vagues de l'océan pendant le mouvement ascendant de la marée. Dans l'animal, comme dans le végétal, s'effectuent à chaque instant des transformations lentes qui constituent, à proprement parler, la vie de l'être étudié. Tenons-nous-en pour le moment au végétal afin d'éviter d'être détourné de l'objet principal de notre recherche, par des phénomènes de moindre importance. Un appareil célèbre nous permettra de remédier à la lenteur défavorable des phénomènes évolutifs et de les rendre plus rapides en apparence chez les êtres observés, que chez l'être observateur. Je veux parler du cinématographe.

Supposons que nous ayons cultivé un plant de blé dans une atmosphère calme et qu'un cinématographe, braqué dessus, ait enregistré de jour en jour les apparences successives de ce végétal, depuis la germination du grain jusqu'à la floraison, la maturité et la mort; il nous sera facile ensuite de projeter sur un écran, en quelques secondes, l'histoire évolutive totale du plant considéré

Et ce sera un spectacle très frappant et très instructif, car il nous montrera que les formes sont provisoires; l'évolution de la forme nous apparaîtra plus importante que la forme figée à un moment donné. L'augmentation factice de la rapidité des variations morphologiques nous montrera le plant de blé jaillissant de terre comme une flamme jaillit par la fente de la bûche dans le foyer, avec cette différence cependant que, son évolution une fois finie, le plant de blé ne disparaîtra pas entièrement comme la flamme, mais laissera une trace morphologique, son cadavre et ses graines.

Ce n'est pas d'ailleurs la seule différence extérieure qui existe entre la flamme et l'être vivant, et il ne sera pas inutile d'étudier attentivement ces différences, car l'analogie qui persiste malgré elles est encore suffisante pour que beaucoup d'expressions du langage courant s'appliquent indifféremment aux flammes et aux êtres. La théorie du phlogistique de Sthal est exactement parallèle à la théorie vitaliste et contient la même erreur[1]. Enfin, cette étude comparative aura pour avantage, tout en nous permettant de poser nettement les questions relatives à la vie, de nous empêcher d'oublier jamais le caractère provisoire et successif des formes d'un être vivant depuis sa naissance jusqu'à sa mort, et ce résultat, essentiel pour la compréhension des phénomènes, est très difficile à obtenir parce que, je le répète, l'évolution individuelle des êtres est très lente par rapport aux sensations de l'homme observateur.

*
* *

La flamme est, dit le dictionnaire de Bouillet, « un *corps* subtil, lumineux, ardent, qui se dégage des substances en ignition et qui est formé par des particules subissant une action chimique énergique ». L'emploi du mot *corps* est peut-être dangereux à cause de son caractère *statique*, car la flamme n'est qu'une manifestation momentanée de certaines réactions chimiques. Nous ne connaissons, il est vrai, aucun corps qui n'évolue et ne se

1. Voy. *Théorie nouvelle de la vie*. Introduction, Paris, F. Alcan.

transforme, mais nous considérons comme stables ceux qui se transforment moins vite que nous-mêmes. J'aime mieux néanmoins la définition suivante qui, si elle emprunte des termes au langage géométrique, bénéficie aussi de la précision de ce langage : Une flamme est la figure formée dans l'espace par l'ensemble des points où s'accomplissent, au sein d'un mélange de gaz, des réactions capables de produire de la lumière. Avec cette définition, on comprend immédiatement que la flamme est un phénomène dont la morphologie varie à chaque instant avec la disposition relative des gaz actifs; pour continuer le langage mathématique, on peut dire que la figure lumineuse qui constitue la flamme est *fonction* du temps. L'étude des êtres vivants conduit à accepter pour eux une définition rigoureuse du même ordre et à déclarer que : l'animal est une figure formée dans l'espace par un ensemble de points où s'accomplissent à chaque instant certaines réactions particulières. Il pourra sembler étrange que nous redoutions d'employer pour l'être vivant la dénomination de *corps* qui a certainement été créée principalement pour lui à une époque où l'on croyait à la statique! Peu de gens accepteront de n'être qu'une figure fonction du temps, un *lieu de points*, comme on dit en géométrie. Et cependant il faut bien s'en rendre compte, en appliquant à l'être vivant la dénomination statique de *corps*, on court le même danger qu'en l'appliquant à la flamme; la seule différence est que l'évolution apparente de la flamme est beaucoup plus rapide que l'évolution apparente de l'individu vivant; encore peut-on, en réglant convenablement le débit des substances combustibles, obtenir des flammes dont l'évolution morphologique apparente, soit presque nulle, comme dans un bec de gaz ou une lampe.

Cette définition géométrique commune met en évidence un caractère commun aux flammes et aux êtres vivants, celui d'être constitué à chaque instant par des réactions chimiques *localisées;* la *localisation* à chaque instant détermine à chaque instant la forme de la flamme ou de l'être vivant; ces deux phénomènes peuvent donc être considérés également comme étant *des réactions chimiques qui créent des formes,* des réactions morphogènes. Et comme c'est la forme que nous constatons, nous oublions facilement qu'elle n'est qu'un résultat d'un phénomène plus essentiel.

C'est donc surtout à cause de ce caractère commun de réaction morphogène que la flamme a été rapprochée de l'être vivant par des observateurs superficiels; il est évident, par suite, que tout mouvement morphogène, même s'il n'est pas d'origine chimique, pourra être l'objet d'une semblable comparaison; on a, par exemple, comparé la vie à un tourbillon et l'expression « tourbillon vital » est bien souvent employée. Mais c'est surtout de la flamme qu'on a rapproché les êtres vivants; d'une flamme qui s'éteint, on dit ordinairement qu'elle *meurt.* Nous allons voir d'ailleurs que, de tous les mouvements morphogènes, c'est la flamme qui a, avec la vie[1], les rapports les plus étroits. Il y a entre ces deux phénomènes des ressemblances et des différences; étudions-les successivement.

*   *
*

Une flamme à laquelle on fournit des substances combustibles, des *aliments*[2], comme on dit couramment, *se propage* dans ces substances combustibles et les transforme de proche en proche en une flamme *analogue* à elle-même et dont la durée est éphémère comme celle de la

1. J'emploie sans cesse cette expression « la vie » parce qu'elle est courante, mais elle n'est pas précise. Il faudrait dire que l'on compare « un être vivant » à une flamme. Parler de *la vie* d'une manière générale c'est prêter le flanc à l'interprétation vitaliste.

2. Voy. chap. xxxiv, la définition du mot *aliment.*

flamme initiale qui a commencé le phénomène. Il y a là une succession de figures lumineuses dont chacune résulte à chaque instant de la disposition des gaz actifs. On peut donc dire en toute rigueur que la flamme fabrique de la flamme au moyen d'aliments combustibles; la petite flamme d'une allumette, nourrie au moyen d'un tas d'ajonc ou de fagots produit la flamme immense d'un vaste incendie.

De même, une bactérie vivante à laquelle on fournit des substances combustibles, des *aliments*, du bouillon par exemple, *se propage* dans ces substances comestibles et les transforme de proche en proche en des bactéries *identiques* à elle-même. La bactérie fabrique de la bactérie au moyen d'aliments comestibles; une bactérie microscopique, nourrie au moyen d'une quantité suffisante de bouillon, produit une vaste zooglée.

J'ai souligné intentionnellement le mot *analogue* quand il s'est agi de la flamme et le mot *identique* quand il s'est agi de la bactérie; il y a en effet une différence sous cette ressemblance apparente et je reviendrai tout à l'heure sur cette différence à propos de l'hérédité; la question est importante, car certains auteurs, se payant de mots, ont prétendu que l'*assimilation* ne caractérise pas la vie, puisqu'elle se retrouve dans la flamme; l'on se laisserait tromper en effet si l'on disait rigoureusement : la flamme fabrique la flamme, comme la vie fabrique de la vie; mais la flamme fabrique *n'importe quelle flamme*, tandis qu'un *être vivant* ne fabrique jamais que des êtres vivants de *sa propre espèce;* je tenais à signaler immédiatement cette particularité qui enlève toute sa précision à la plus importante des comparaisons entre la flamme et l'être vivant.

En même temps qu'une flamme transforme en flamme des aliments combustibles, elle produit aussi des substances chimiques nouvelles (gaz de la combustion) qui s'accumulent dans l'atmosphère; de même quand une bactérie transforme du bouillon en bactéries, elle produit en même temps des substances chimiques nouvelles (toxines, acide carbonique, etc.) que l'on appelle souvent à tort produits de *désassimilation;* on comprend immédiatement l'impropriété de cette expression si l'on remarque qu'elle reviendrait à dire, dans la narration du phénomène de la flamme, que les gaz de la combustion proviennent, non de la combustion même, mais de l'extinction du feu!

* *
*

Une des différences les plus frappantes (quoiqu'elle ne soit pas la plus essentielle) entre la flamme et la vie, se trouve dans la durée relative des deux phénomènes: il n'y a pour ainsi dire pas de limites à la vitesse avec laquelle un incendie peut se propager, dans un mélange détonant, par exemple, tandis que, même dans les conditions les plus favorables, l'assimilation par une bactérie se fait toujours avec une grande lenteur. Cela tient à ce que la diffusion dans les gaz est très rapide, de sorte que tous les éléments capables de réagir chimiquement arrivent très vite dans la flamme au contact l'un de l'autre, tandis que la diffusion est très lente dans les liquides visqueux comme les protoplasmas.

Une conséquence de cette particularité est que si, le plus souvent, une flamme s'accroît en brûlant une quantité croissante de matériaux, il peut arriver aussi que, avec un débit convenablement réglé, elle brûle successivement une grande quantité de gaz d'éclairage, par exemple, sans que sa figure lumineuse grandisse jamais; le même cas ne se produit pas pour une bactérie en train de vivre qui ne peut assimiler sans s'accroître *effectivement* et sans se multiplier. Cela tient à ce que l'évolution personnelle de chacune des flammes successives que constitue la flamme, fixe en apparence, du bec de gaz est assez rapide pour que chacune d'elles ait disparu au moment où la suivante se manifeste.

C'est pour cela aussi, c'est à cause de la rapidité de la diffusion dans les gaz que *la flamme ne laisse pas de cadavre*, tandis qu'une masse de protoplasma qui meurt garde toujours sa forme jusqu'à ce qu'un dissolvant ait eu le temps d'agir. Rabelais, qui inventa les paroles gelées, n'a pas osé parler de cadavres de flammes mortes. La flamme ne construit pas non plus de squelette, parce que les particules solides qu'elle produit sont emportées dans les airs sous forme de fumée au lieu de se précipiter au sein de sa substance comme chez les êtres vivants. A ce double point de vue, nous devons envier les flammes, car il est pénible pour nous de penser que notre forme subsistera et sera un objet d'horreur pour nos semblables, alors que notre personnalité aura disparu; la crémation rétablirait la balance...

Tant qu'il y a des aliments, la flamme dure; j'entends naturellement par aliments toutes les substances, tant comburantes que combustibles qui prennent part au phénomène de l'ignition; la flamme dure tant qu'il y a des aliments, *même* si les gaz de la combustion prennent dans l'atmosphère une importance croissante. Au contraire, même en présence de tous les aliments nécessaires, une cellule de levure de bière cesse d'assimiler si le milieu contient une trop forte proportion de substances accessoires, d'alcool, par exemple. Ceci tient encore à la lenteur de la diffusion grâce à laquelle le protoplasme de la cellule reste encombré d'une teneur très forte en alcool, tandis que, dans la flamme, même en présence d'un excès d'acide carbonique, l'oxygène et les hydrocarbures viennent toujours aisément en contact.

Autre conséquence de la même propriété ; si l'on ferme le robinet adducteur du gaz, la flamme s'éteint et ne se rallume pas quand on le rouvre ; au contraire, une bactérie extraite du bouillon, recommence à assimiler si on la plonge dans un bouillon nouveau ; mais ce n'est là qu'une différence de degré dans la rapidité des phénomènes ; on peut imaginer un dispositif expérimental tel que le robinet de gaz s'ouvrant et se fermant *assez vite*, la flamme ne s'éteigne pas.

** **

Cette suspension provisoire du phénomène d'assimilation nous conduit au cas où elle est plus durable, comme dans une *spore* qui peut conserver des années son pouvoir germinatif. On dit que dans ce cas, la spore est à l'état de *vie latente*, expression fautive, qui résulte des anciennes idées sur la nature supramatérielle de la vie. Une comparaison avec la flamme fera sentir toute l'absurdité de cette expression. Quand un morceau de phosphore est sous l'eau, dites-vous qu'il est à l'état de flamme latente ? Non, n'est-ce pas ? et cependant, si vous le portez à l'air, il s'enflammera de même que la spore assimilera si vous la semez dans un liquide nutritif. Il y a lieu de distinguer la *vie propriété* et la *vie phénomène*, de même que la *combustibilité spontanée* et la *combustion*. Il faudrait avoir deux mots différents pour distinguer l'être *en train de vivre* du corps *susceptible de vivre*.

Pour la combustion, l'exemple du phosphore est bien spécial ; la plupart des substances combustibles ne sont pas capables de *commencer* spontanément le phénomène de la combustion, à moins d'une combustion préexistante ; mais n'en est-il pas de même des substances comestibles pour le phénomène de la vie? Les spores font exception dans la deuxième catégorie comme le phosphore dans la première. On a cru pendant longtemps que le feu, ravi au ciel par Prométhée, ne pouvait que se *continuer* sur la terre et qu'il fallait l'entretenir sous peine de le perdre; nous avons aujourd'hui une croyance analogue pour la vie, mais cette croyance est-elle plus fondée? Avons-nous le droit d'affirmer que nous ne fabriquerons pas un jour des substances spontanément viables.

Dans tous les cas, entre le feu qui se serait conservé depuis Prométhée et la vie qui se serait transmise depuis la première monère, il y a une différence essentielle que nous allons maintenant mettre en évidence et qui est la chose la plus importante dont nous serons avertis par cette étude comparative. Il n'y a pas eu *évolution* de la flamme, tandis qu'il y a eu *évolution* des êtres vivants parce que dans la vie il y a *hérédité*, dans la flamme, *pas!*

* *

Il y a hérédité dans la vie; hérédité chimique et hérédité morphologique, c'est-à-dire que si, au moyen d'une *bactéridie charbonneuse* vous propagez la vie dans un bouillon. vous créez, non pas la vie *quelconque*, mais des bactéridies qui sont *identiques* à la première, par leur composition chimique et leur forme. Il y a véritablement *assimilation*, c'est-à-dire que la substance vivante d'une espèce donnée fabrique de la substance vivante de la même espèce chimique, et que cette substance de même espèce chimique prend naturellement la même forme spécifique par suite du rapport qui existe chez les êtres vivants entre la composition et la forme.

Rien de tout cela ne se retrouve chez la flamme : 1° Il n'y a pas hérédité chimique; ainsi, si vous alimentez un chalumeau avec de l'hydrogène et du chlore, et que vous l'allumiez au moyen d'une allumette, vous obtiendrez une flamme dans laquelle il y a tous les gaz de la combustion *acide chlorhydrique*, au moyen d'une flamme dans laquelle n'existaient que les gaz *acide carbonique, eau, hydrocarbures*. — 2° Il n'y a pas hérédité morphologique ; avec une allumette vous pouvez enflammer une bougie, une lampe, un bec de gaz, un tas de paille, et obtenir des flammes dont les formes sont tout à fait différentes de celle de l'allumette. — 3° Il n'y a pas de rapport entre la forme et la composition chimique d'une flamme ; la flamme d'un chalumeau ne changera pas de forme si vous l'alimentez successivement avec des gaz combustibles différents dans des conditions convenables ; mais ce troisième point crée une différence moins essentielle entre la flamme et la vie, car, chez l'être vivant, le rapport établi entre la forme et la composition chimique n'est pas non plus indépendant des conditions extérieures (formes d'involution, génération alternante, etc.), quoiqu'il y ait des limites beaucoup plus étroites aux possibilités morphologiques des êtres tandis qu'il n'y en a pour ainsi dire pas pour les flammes.

On peut résumer ces dernières considérations en disant que la flamme est un *phénomène actuel*, qui dépend uniquement des conditions actuelles et non du *passé* de la flamme initiale qui a donné le branle à la combustion ; pour la vie, c'est tout le contraire ; ou du moins il y a intervention à la fois des conditions actuelles (éducation) et de la nature du germe initial (hérédité). Toute la biologie réside dans la recherche des importances relatives des deux facteurs hérédité et éducation[1].

Il peut paraître étrange que l'*hérédité* qui conserve les compositions chimiques ait pour conséquence l'*évolution*

____

1. Voy. chap. XXXIII les rapports de l'hérédité et de l'éducation.

qui les modifie. C'est là le grand paradoxe biologique.
On vient à bout de cette difficulté apparente en remar-
quant que l'influence *prolongée* d'une éducation constante
peut amener des modifications dans la nature même du
phénomène vital, et par conséquent dans la composition
chimique de l'être vivant, dans l'hérédité ; la question de

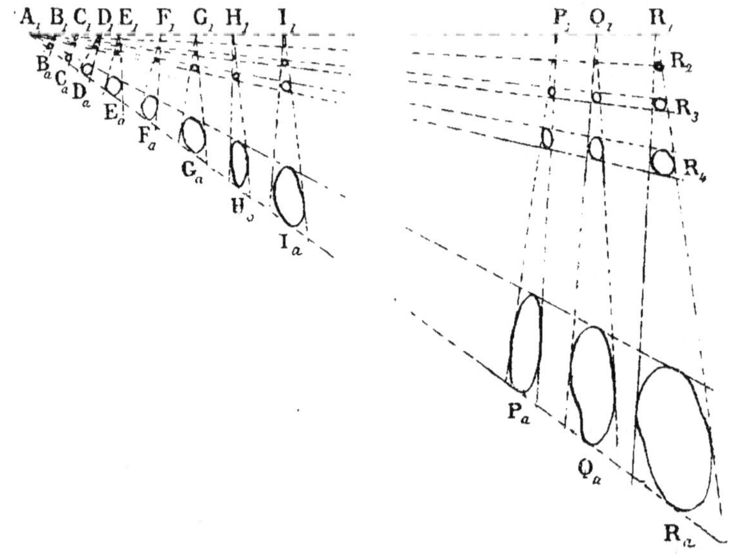

Fig. 7.

l'*hérédité des caractères acquis* est fondamentale dans
l'étude de la vie. Cette question ne se pose pas pour la
flamme puisque la flamme ne présente pas d'hérédité du
tout ; nous pouvons affirmer qu'une flamme d'aujourd'hui
est identique, dans des conditions identiques, à ce qu'elle
eût été du temps de Prométhée. Au contraire, il n'y a
probablement plus de nos jours un seul être identique à
son ancêtre de l'époque silurienne.

De cette comparaison avec la flamme, nous avons donc
tiré surtout cet avantage, qu'il deviendra impossible
désormais d'oublier le caractère provisoire et successif de
toutes les manifestations vitales, d'oublier que, en bio-

logie, il n'y a pas de statique. Nous pouvons, de notre méthode cinématographique d'étude, tirer une autre conséquence qui, grossièrement, nous fera prévoir le principe fondamental de Fritz Müller (fig. 7).

Supposons que nous connaissions tous les ancêtres d'un individu actuel R, et que pour chacun d'eux nous possédions les épreuves cinématographiques depuis la naissance jusqu'à l'état adulte, comme nous l'avons décrit pour le plant de blé en commençant. Il nous sera possible de montrer, en quelques secondes, à un spectateur, l'évolution individuelle de chacun des ancêtres, c'est-à-dire :

$R_1, R_2, R_3. R_a$ pour le dernier.

$Q_1 . . . . Q_a$ pour l'avant-dernier.

. . . . .

$I_1 . . . . I_a$ pour l'un des intermédiaires, etc., etc.

Mais, supposons que nous prenions à chaque individu son terme adulte seulement et que nous fassions la série : $A_a, B_a, C_a, D_a, E_a... I_a... P_a. Q_a, R_a$;

La cinématographie de cette série nous donnera, non plus l'évolution *individuelle*, mais l'évolution *spécifique* de l'individu R_a et l'on *conçoit* que cette cinématographie *ne diffère pas beaucoup* de celle de son évolution *individuelle* $R_1, R_2, R_3... R_a$. Ceci n'est qu'une approximation grossière et nous avons heureusement des moyens plus précis d'établir le principe de Fritz Müller : « L'évolution individuelle reproduit l'évolution spécifique. » Mais cette approximation grossière est intéressante en ce qu'elle parle à l'imagination et qu'elle illustre pour ainsi dire notre affirmation du début, que l'étude de la vie est inséparable de celle de l'origine des espèces [1].

1. Voy. *Traité de biologie*, liv. III.

CHAPITRE XXXIII

LES RAPPORTS DE L'ÉDUCATION ET DE L'HÉRÉDITÉ ENVISAGÉS A UN NOUVEAU POINT DE VUE, A LA LUMIÈRE D'EXPÉRIENCES RÉCENTES [1].

Que, dans la nature vivante comme dans la nature brute, il n'y ait pas d'effet sans cause, qu'il y ait, en un mot, *déterminisme biologique* comme il y a *déterminisme physico-chimique*, cela peut se traduire de la manière suivante :

Étant donné un individu à un certain moment, les modifications survenues dans cet individu un instant plus tard résultent de tout ce qui s'est passé en lui dans l'intervalle ; d'autre part, ce qui s'est passé en lui dans l'intervalle dépend de ce qu'il était au début de l'observation et des conditions réalisées dans le milieu ambiant pendant cet intervalle très court.

Cela posé, pour s'expliquer ce qu'est un individu vivant à un moment donné, il suffit de diviser en intervalles très courts le temps qui sépare le moment actuel de *l'origine* de l'individu et de remonter petit à petit la série de ces intervalles, l'état de l'individu à la fin de chacun d'eux étant déterminé par l'état dans lequel il se trouvait à la fin du précédent et par les conditions ambiantes dans l'intervalle considéré.

L'origine de l'individu, c'est l'œuf fécondé [1]. Étant donné un tel œuf, l'individu qui en proviendra au bout

---

1. *La science au XXᵉ siècle*, mars 1904.
2. Ou une cellule quelconque, spore, œuf parthénogénétique, etc.

d'un temps quelconque sera entièrement déterminé si l'on connaît toutes les conditions réalisées autour de lui à chaque instant depuis l'origine jusqu'au moment considéré ; et l'on voit ainsi deux facteurs distincts de l'évolution individuelle : 1° l'œuf, 2° l'ensemble des conditions réalisées autour de lui jusqu'à l'époque où l'on observe l'individu. On donne le nom d'*hérédité* à l'ensemble des propriétés de l'œuf ; on donne le nom d'*éducation* à l'ensemble des conditions réalisées pendant le développement : cela posé il devient évident que l'individu, à un moment quelconque de son existence, est le produit de son hérédité et de son éducation.

La question la plus importante de la biologie est la détermination de l'influence relative de ces deux facteurs dans la genèse d'un être vivant, et cependant, au premier abord, il semble que les variations dues à l'éducation doivent être illimitées car il est bien évident qu'un ensemble chimiquement défini comme l'œuf est susceptible des réactions les plus variées en présence des réactifs si nombreux que nous fournit la chimie, et dans les conditions si diverses que la physique nous apprend à réaliser.

Un œuf de poule peut devenir un œuf dur, un œuf poché, une omelette, etc..., mais peut aussi devenir un poussin et, si les trois premiers cas intéressent le gastronome, le dernier seul intéresse le biologiste. En d'autres termes, nous ne parlerons d'hérédité et d'éducation que tant que l'individu observé sera *vivant*, et si nous avons pris cette décision, nous n'aurons plus le droit de laisser à l'éducation une indétermination totale ; les conditions ambiantes devront être choisies toujours de manière à ce que l'individu observé reste vivant ; autrement, ce qui se passera ne nous intéressera plus. Mais qu'est-ce qui limitera le champ de l'éducation permise ? Ce sera la nature de l'individu étudié, les besoins spéciaux de son espèce, *son hérédité* en un mot. Il est évident, par exemple, que l'éducation d'un hareng sera différente de celle d'un ténia ou d'une algue barégine. Là où l'une de ces trois espèces vit et prospère, les deux autres périraient infailliblement. En d'autres termes, il y a, entre l'hérédité d'un être et son éducation sous peine de mort, des relations que l'on peut comparer aux équations de liaison de Lagrange. Il est d'ailleurs à prévoir que ces relations se modifieront avec l'âge de l'individu, parallèlement aux modifications que son organisme aura subies, jusqu'au moment considéré, sous l'influence de l'éducation des âges passés ; ainsi le poussin sort de sa coque, l'enfant de l'utérus maternel, la grenouille de l'étang où elle a vécu têtard ; voilà trois changements considérables dans les conditions de vie. Les nécessités de l'éducation à un moment donné sont guidées par l'état actuel de l'individu lequel résulte lui-même de l'hérédité et des éducations passées.

Mais si l'éducation ne peut être, sous peine de mort, complètement indéterminée, elle n'est pas pour cela non plus *entièrement* déterminée. A chaque moment de l'existence, les conditions ambiantes devront être comprises entre certaines limites, en d'autres termes, elles seront assujetties à vérifier certaines *inégalités* et non des équations précises proprement dites. La température, par exemple, devra être inférieure à un certain maximum et supérieure à un certain minimum, pour une espèce donnée, mais, en aucun cas, cette nécessité ne se traduit par une égalité précise ; il y a toujours plus ou moins de marge. Sans cela l'hérédité fixerait complètement à l'avance l'éducation possible et l'on pourrait affirmer que l'être est entièrement déterminé par son hérédité. Mais il suffit de réfléchir un instant pour s'apercevoir que, dans ce cas, aucun être ne pourrait rester vivant dans le monde que nous habitons.

Ainsi donc l'hérédité introduit certaines entraves dans la liberté de l'éducation, mais l'éducation conserve cependant, dans toutes les espèces, une indépendance plus ou moins considérable et il s'agit de savoir quel est le degré d'indétermination qui en résulte pour un individu d'hérédité donnée. Cette question est capitale en sociologie ; elle revient à se demander dans quelle mesure on peut corriger par une éducation savamment combinée une hérédité provenant de parents atteints d'une tare physique ou mentale. Les avis sont partagés sur ce sujet et je n'ai pas la prétention de discuter, dans ce chapitre, tous les côtés du problème ; je voudrais seulement indiquer les conclusions que l'on peut tirer, dans cet ordre d'idées, des expériences de mutilation.

Chassez le naturel il revient au galop, dit le proverbe : je me souviens qu'un de mes voisins éleva jadis un jeune renard, et que l'animal, nourri dans l'abondance et n'ayant jamais faim, se conduisit pendant huit mois comme un petit saint, jusqu'à ce qu'enfin, un jour, il étranglât toutes les poules du quartier : son hérédité de renard avait fini par l'emporter, malgré tout, sur son éducation de chien. Beaucoup d'expériences de mutilation, surtout celles qui ont été exécutées sur de jeunes animaux nous donneront un résultat analogue, du moins quant à la forme du corps qui est le seul caractère dont nous devions nous occuper ici ; mais la psychologie n'est-elle pas une conséquence de la morphologie du cerveau ?

RÉVISION DES EXPÉRIENCES DE MUTILATION

Chez les protozoaires, toute mutilation qui n'entraîne pas la mort est, sauf chez les paramécies, corrigée bien vite par la composition chimique, c'est-à-dire par l'hérédité ; la composition chimique dirige en effet, la forme d'équilibre des protozoaires vivants. Est-ce donc à dire que, chez les protozoaires, la forme dépende uniquement de l'hérédité et pas du tout de l'éducation ? Il serait exagéré de l'affirmer ; mais la vie individuelle étant très courte et ne durant que l'intervalle de deux bipartitions, les divergences provenant de l'éducation sont minimes, parce que les protozoaires vivent toujours dans des conditions à peu près identiques. D'autres animaux unicellulaires, des bactéries par exemple, présentent, dans des conditions très défavorables, des formes tout à fait aberrantes et qu'on appelle *formes d'involution*. Telle bactérie qui, dans un milieu où elle se multiplie abondamment, ressemble à un bâtonnet, peut prendre la forme d'une poire ou d'une sphère dans certaines circonstances ; il faut dire d'ailleurs que cet état est dangereux pour les bactéries et peut entraîner la mort ; de plus, il suffit de reporter les formes d'involution dans un milieu normal pour que des bactéries normales dérivent des bactéries d'involution.

La paramécie présente, seule de tous les êtres unicellulaires, le cas d'une victoire de l'éducation sur l'hérédité. Bien des gens trouveront peut-être qu'il est abusif de considérer comme un acte d'éducateur, la mutilation d'une paramécie au moyen d'un scalpel ; cependant les mutilations entrent bien dans le cadre de l'ensemble de circonstances que nous avons appelé éducation. Supposez de plus que la paramécie possède un appendice, nuisible dans certaines conditions ; en coupant cet appendice on lui rendra un service indéniable. Eh bien ! les expériences de mérotomie nous apprennent que, si nous avons effectué cette opération sur une paramécie, l'appendice ne récidivera pas ; il récidiverait au contraire chez un stentor ou tout autre protozoaire. En d'autres termes, et en nous en tenant au cas de la mutilation, nous pouvons dire que chez la paramécie l'éducation a un résultat durable ; chez tous les autres protozoaires au contraire, le résultat. momentanément obtenu par l'éducation, sera très vite

détruit sous l'influence de l'hérédité ; ce qui vérifie pour
tous les protozoaires autres que la paramécie le proverbe :
Chassez le naturel il revient au galop !

L'éducation des protozoaires nous laisse, il faut bien
le dire, assez indifférents. Il n'en est plus de même pour
les animaux plus élevés en organisation et qui se rappro-
chent de nous à mesure qu'on monte l'échelle. Or, en ce
qui concerne les mutilations, nous devons classer tous
ces animaux en deux catégories.

Dans la première se placent ceux qui sont susceptibles
de régénération des membres coupés ; en vain voudrions-
nous imposer à une hydre, à une étoile de mer, à un
crabe, à un triton, une forme tronquée différente de sa
forme spécifique, en vain essaierions-nous de décider un
lumbriculus à vivre sans tête ; tous nos efforts resteraient
infructueux ; du moment qu'un de ces animaux continue
à vivre, il reprend la forme normale de son espèce, c'est-
à-dire la forme que lui assigne son hérédité ; les effets de
l'éducation sont momentanés, l'hérédité finit toujours par
l'emporter.

Dans la seconde catégorie, plus intéressante pour nous
puisque nous nous y trouvons nous-mêmes, se placent
les espèces chez lesquelles la régénération n'a pas lieu ;
un homme à qui on coupe un bras devient manchot et le
reste indéfiniment. Si donc l'on s'en tient à ce cas très
grossier des mutilations, les animaux de ce groupe se
montrent susceptibles de voir corriger *définitivement*, par
une éducation appropriée, certains caractères qui semblaient fatalement inhérents à leur hérédité. Je le répète,
ce que les expériences de mutilation nous ont appris,
nous n'avons pas le droit de l'appliquer à autre chose qu'à
des mutilations ; ce n'est que par une généralisation peut-
être injustifiée que nous pouvons songer à étendre nos
conclusions au fait de l'extirpation d'une tare cérébrale ;
contentons-nous donc d'avoir signalé ce côté très sédui-

sant de la question et revenons à ce que nous enseignent les expériences relativement à la morphologie externe du corps [1].

INFLUENCE DE L'AGE AUQUEL EST OPÉRÉE LA MUTILATION

La grenouille et les autres batraciens *anoures* (privés de queue à l'état adulte) font partie de la catégorie des êtres dépourvus de la faculté de régénération ; mais il faut bien spécifier que cela est vrai seulement à condition que l'animal opéré soit adulte ; les mutilations opérées sur les têtards de ces espèces sont au contraire suivies de régénération, et c'est là une constatation favorable à la théorie qui attribue au squelette un rôle important dans ces phénomènes. Il y aurait donc, même pour les espèces qui, à l'état adulte, sont susceptibles de modifications éducatives permanentes, une période juvénile pendant laquelle l'hérédité l'emporterait fatalement sur l'éducation comme cela a lieu, toute la vie, pour les tritons, les crabes, etc... Cette remarque, si nous la transportons dans le domaine humain, semble en contradiction avec les faits, puisque, prise au pied de la lettre, elle signifie- rait que l'éducation a une influence moins durable sur les enfants que sur les hommes. Mais il faut bien remarquer que les enfants, lorsqu'ils voient le jour, ont déjà neuf mois d'existence et ont dépassé l'âge où la régénération est possible ; dans les campagnes bretonnes, il arrive sou- vent que des enfants mal surveillés ont les pieds ou les mains mangés par des cochons, et les pauvres malheu- reux restent infirmes toute leur vie ; les membres coupés ne repoussent pas !

---

1. Conduit par des idées théoriques, Weismann s'est demandé si, chez les animaux doués de la faculté de régénération, comme les tritons, des mutilations portant uniquement sur des organes *internes* seraient corri- gées par la cicatrisation et il a obtenu un résultat négatif. Ses expériences méritent d'être reprises et demandent surtout à être interprétées scientifi- quement.

Dans l'espèce humaine on n'a pas pratiqué de mutilation sur des fœtus encore parasites dans le sein maternel. Tout au plus savons-nous que le stade à deux blastomères, s'il est accidentellement divisé en deux, donne naissance à deux jumeaux bien constitués, dont chacun a régénéré, par conséquent, la moitié qu'il avait perdue.

Les expériences sur les pré-embryons, expériences qui ont été rapportées avec détail dans le *Traité de biologie*[1], nous ont appris que, sauf peut-être pour le cas des cténophores (encore ne s'agissait-il que de caractères externes), il y a toujours, au commencement du développement individuel, une période plus ou moins longue pendant laquelle aucune mutilation ne laisse de trace définitive, c'est-à-dire, une période pendant laquelle l'hérédité l'emporte fatalement sur l'éducation. Cette période dure jusqu'à la fin de la vie pour beaucoup d'animaux, comme les hydres, les crabes, les tritons ; chez les batraciens anoures elle se prolonge jusque dans la période larvaire ; pour d'autres espèces, elle s'arrête peut-être à un stade plus précoce ; nous ne savons pas combien de temps elle dure dans l'espèce humaine.

Du moins devons-nous penser que cette période existe, plus ou moins longue, au début du développement de toutes les espèces, et probablement à peu près jusqu'au moment où la forme spécifique peut être considérée comme acquise. C'est pour cela que nous trouvons un sens à la loi du rapport de la forme à la composition chimique ; si les choses se passaient autrement, on devrait prévoir que, dans certains cas, des éducations convenables pourraient donner, à deux individus ayant même hérédité, des morphologies qui les classeraient dans des espèces distinctes.

C'est pour cela aussi que la forme spécifique des êtres

—————

1. Voy. *Traité de biologie*, § 106.

dépend, au moins dans ses grandes lignes, de son hérédité seule et non des conditions fortuites réalisées autour de l'œuf; c'est pour cela que, en particulier, les quantités de matières nutritives accumulées dans les œufs, et qui sont souvent en proportions très différentes chez des espèces très voisines, n'influent pas sur le sort définitif des animaux qui en proviennent. Cette question mérite que nous nous y arrêtions un instant.

LES PREMIERS STADES DU DÉVELOPPEMENT INDIVIDUEL

L'horticulteur qui pour faire des boutures de bégonia découpe en petits morceaux une feuille de cette plante,

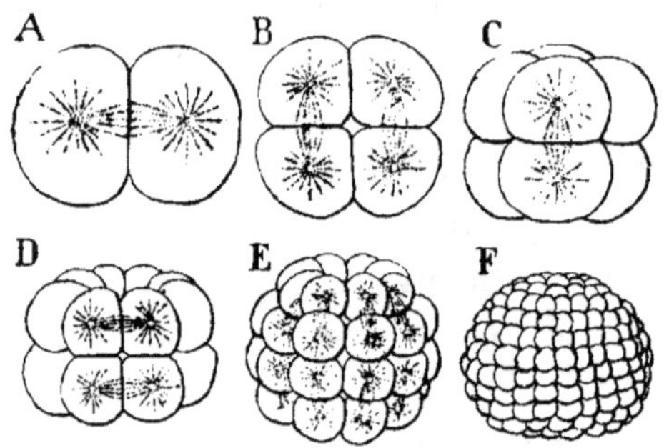

Fig. 8. — Segmentation de l'œuf de *Synapta* (d'après Selenka).

n'a pas besoin de se préoccuper de la forme du morceau de feuille employé; il sait qu'il place sur la terre de la substance de bégonia et que, quelles que soient d'ailleurs les formes primitives de la petite masse vivante considérée, ces formes n'auront aucune influence sur la forme définitive de la plante obtenue qui sera un bégonia. Un phénomène analogue se manifeste dans les œufs des animaux.

Deux animaux assez voisins peuvent avoir, l'un un très gros œuf, l'autre un œuf très petit, c'est-à-dire que, dans l'œuf du premier, il existe, à côté d'une petite masse de

substance vivante une *énorme* quantité de matières nutritives ou *vitellus*, tandis que le second ne contient presque
que de la substance vivante. La substance vivante du premier pourra donc se multiplier longtemps aux dépens de
ses réserves, tandis que celle du second devra bientôt

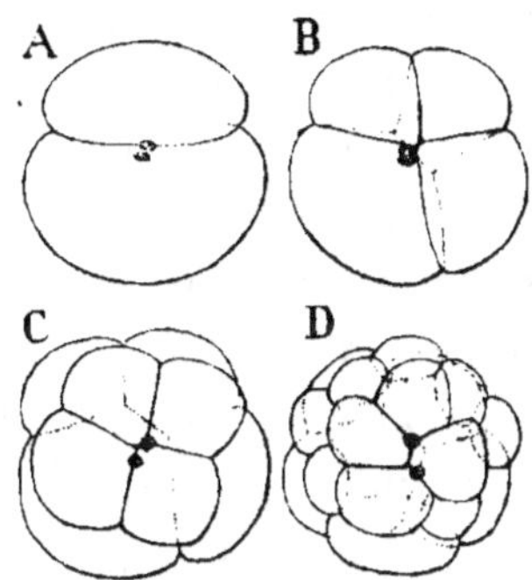

Fig. 9. — Segmentation de l'œuf de *Nereis* (d'après Wilson).

faire appel au milieu extérieur. En outre, les premiers phénomènes de la segmentation seront très différents. La
figure 8 représente la forme du développement initial dans
le cas d'un œuf muni d'une faible quantité de vitellus : la

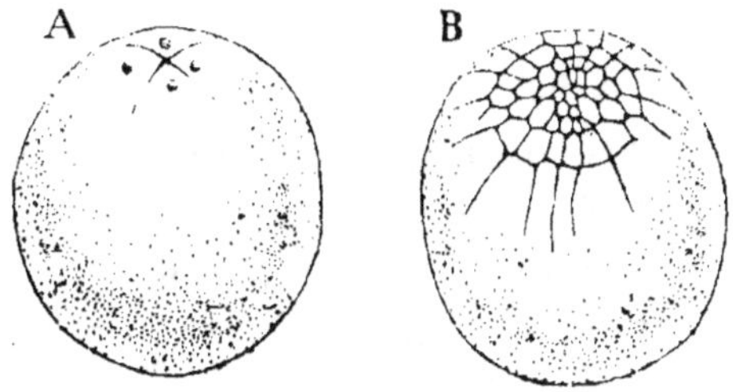

Fig. 10. — Segmentation de l'œuf de *Loligo* (d'après Watase).

figure 9 représente un cas différent dans lequel il y a plus
de vitellus ; on voit, en particulier, que les blastomères
sont *inégaux* ; la figure 10 représente un cas encore plus
éloigné dans lequel il y a une masse énorme de vitellus,
la matière vivante étant accumulée à un pôle où se limite
la segmentation. On pourrait croire que les figures 9 et 10

ont rapport à des phénomènes *entièrement* différents. Et en effet les naturalistes qui s'occupent spécialement des œufs ont classé ces œufs d'après la quantité et la distribution de leur vitellus ; mais il est évident, avec ce que nous savons maintenant, que cette classification des œufs n'est aucunement parallèle à la classification des êtres ; il faudrait pour cela que l'homme, par exemple, qui a une segmentation du type de la figure 8, fût plus voisin de l'oursin qui a une segmentation du même type, que du poulet qui a une segmentation du type de la figure 10.

Au contraire, nous voyons, dans un même groupe, celui des crustacés décapodes, par exemple, des œufs relativement très gros (celui de l'écrevisse) et des œufs très petits (celui du *Penœus*), donner naissance à des êtres très comparables. Et cependant l'écrevisse sort de son œuf avec sa forme définitive, tandis que le penœus éclôt avec trois paires de pattes seulement et acquiert les 17 autres segments de son corps au milieu des vicissitudes de la vie libre ; cela n'empêche pas, à cause de la prédominance de l'hérédité sur l'éducation pendant les premiers temps de la vie, que le penœus adulte devient fort analogue à une écrevisse.

Il y a mieux ; dans une même espèce (*Palœmonetes varians*), Giard a remarqué que, suivant le degré de salure de l'eau, il se produit des œufs de volume différent qui conduisent, à travers des phases différentes de développement, à des résultats identiques.

La conclusion de toutes ces considérations très abrégées, c'est que, au début de la vie individuelle, il y a toujours une période pendant laquelle l'hérédité l'emporte suffisamment sur l'éducation pour assurer à l'être nouveau sa forme spécifique. Cette période dure toute la vie chez certaines espèces pour lesquelles, au moins quant à la morphologie externe, le rôle de l'éducation semble ne pouvoir fournir que des résultats momentanés. Dans d'autres espèces au contraire elle cesse d'assez bonne heure et permet à l'éducation des résultats définitifs ; l'enfant, par exemple, est susceptible d'apprendre des choses qui se fixent dans sa nature, mais qui n'altèrent pas sa forme au point de la rendre méconnaissable ; et cependant, des troncatures et des mutilations répétées modifient cette forme d'une manière sensible ; on est donc en droit de supposer qu'une éducation bien conduite peut corriger des tares héréditaires.

Remarquons d'ailleurs que, même dans le cas des animaux qui, comme les tritons, restent soumis toute leur vie à une hérédité prédominante, une éducation *continue* peut lutter efficacement contre cette hérédité ; si je coupais tous les jours la patte d'un triton elle ne redeviendrait jamais normale ; il est donc possible qu'une adaptation à un milieu nouveau *agissant sans cesse sur l'animal* entretienne, malgré l'hérédité, un état nouveau.

Quant à la question de savoir si, dans le premier ou dans le second cas, l'éducation, ayant corrigé l'hérédité, aura produit un résultat définitif, non seulement pour l'individu, mais pour ses descendants ; autrement dit, si l'animal modifié par l'éducation sera susceptible de transmettre à ses descendants une hérédité modifiée, c'est là une tout autre question, celle de l'hérédité des caractères acquis, que j'ai longuement traitée ailleurs [1].

1. *Traité de biologie*, chap. VII.

CHAPITRE XXXIV

UNE QUESTION DE DÉFINITION DE MOT

Harpagon trouvait inutile que l'on donnât à manger aux chevaux les jours où ils ne travaillaient pas : bien des physiologistes modernes font un raisonnement analogue quand ils comparent l'organisme animal à une machine et étudient son rendement. Cette comparaison paraît d'ailleurs assez fondée si l'on s'en tient à l'observation d'un être adulte qui, pendant de longues semaines, ne se modifie pas sensiblement dans sa structure. Cet être consomme certains matériaux et produit du travail, comme une locomotive à laquelle on fournit du charbon et de l'eau.

La locomotive qui a travaillé longtemps est usée : continuant la comparaison, on a pensé que l'animal aussi s'usait en travaillant, erreur que l'on aurait évitée si, au lieu d'étudier un organisme adulte, dans lequel le phénomène essentiel de la vie est masqué par des phénomènes secondaires, on avait observé un être jeune, un enfant en voie de croissance par exemple. Chez l'enfant, en effet, il est bien évident que les matériaux consommés ont un autre résultat que de fournir du travail ; *le phénomène vraiment vital, c'est la fabrication de substance d'homme, par un enfant, au moyen de substances étrangères.* Chez l'adulte, cette fabrication de substance d'homme est balancée par une destruction équivalente et c'est même pour cela que l'individu est adulte ; aussi l'on ne remarque pas ce qui est essentiel dans le fonctionnement animal et on le compare à celui d'une machine : l'homme ingurgite certaines substances *combustibles* et absorbe, d'autre part, de l'oxygène qui les brûle comme le charbon est brûlé dans la locomotive ; de là résulte la production de *travail* et l'on se préoccupe de vérifier si la quantité de travail fournie est en harmonie avec la quantité de combustible employée. Tout au plus met-on de côté une petite quantité de matériaux destinée à réparer l'usure de la machine !

On aurait été assez embarrassé autrefois pour évaluer la quantité de travail que doit fournir la combustion de certaines substances ; on ne l'est plus aujourd'hui que l'on a fixé l'équivalent mécanique de la chaleur ; on sait qu'une quantité de chaleur donnée *équivaut* à un certain travail ; pour savoir quel travail peut fournir une substance combustible il suffit donc de mesurer la quantité de chaleur qu'elle donne en brûlant, et ceux qui comparent l'homme à une machine doivent rêver quelquefois d'arriver à entretenir son *fonctionnement* (!) avec du pétrole ou du charbon !

Plaçons-nous à un point de vue plus biologique, et, pour éviter les erreurs, prenons un exemple plus simple que celui de l'homme et des animaux supérieurs ; adressons-nous à un être unicellulaire dont nous connaissons bien les conditions de vie, à la levure de bière si vous voulez. Une cellule de levure est un petit grain ovoïde qui a la propriété de faire fermenter le moût de bière et de le transformer en bière ; voilà, au point de vue de l'homme, qui utilise la bière, la *fonction* de la levure de bière. Mais si, au lieu de nous placer au point vue de l'homme, nous nous plaçons au point de vue de la levure elle-même, nous envisageons les choses tout autrement et nous disons : Un grain de levure, placé dans du moût, *se nourrit* et *se multiplie* aux dépens des éléments de ce moût, de sorte qu'au bout de quelque temps, au lieu d'une seule cellule placée dans le moût, il s'en trouve une quantité considérable. C'est là le phénomène caractéristique de la vie : un grain de levure, par son activité chimique dans du moût, a fabriqué de la substance identique à la sienne et s'est, par suite, multipliée. Je le répète, c'est là la propriété caractéristique des êtres vivants : un être vivant, réagissant chimiquement avec des substances différentes de la sienne, fabrique de sa substance propre ; c'est ce qu'on appelle *l'assimilation*.

Les substances aux dépens desquelles une cellule donnée peut s'accroître ou se multiplier constituent ce qu'on appelle *l'aliment* de cette cellule. Ainsi, le moût de bière est l'aliment de la levure de bière.

Mais, la réaction par laquelle la levure de bière se nourrit aux dépens du moût de bière, ne produit pas seulement de la levure ; il y a en outre production de substances accessoires que l'on peut appeler substances de déchet, ou, pour se conformer au langage physiologique, substances *excrémentitielles* ; ces substances s'accumulent dans le moût de bière en même temps que la levure s'y multiplie et c'est ainsi que le moût devient bière.

Vous voyez à quoi se réduit, quand on s'exprime ainsi, la reconnaissance que l'homme doit à la levure ! Cet organisme infiniment petit n'en est pas moins infiniment égoïste ; il se nourrit et se multiplie aux dépens du moût que nous lui fournissons sans se préoccuper le moins du monde de nous être utile ; bien plus, il souille de ses excréments le liquide dans lequel il se trouve, de sorte qu'au bout de quelque temps ce liquide ne contient plus d'aliments (pour la levure de bière, il s'entend), et n'est plus qu'une accumulation de produits de déchet parmi lesquels l'alcool, l'acide carbonique, etc...

Que nous, hommes, nous ayons un certain plaisir à absorber ce liquide souillé, cela n'entraîne pas que la levure de bière ait travaillé pour nous ; elle a travaillé pour elle ; l'égoïsme est la loi essentielle de l'activité vitale, et c'est parce que les espèces sont différentes, parce que les besoins de chaque espèce sont différents, que les substances de déchet produites par l'activité de certains êtres sont utilisées par d'autres.

Prenons en effet cette bière, accumulation des excréments de la levure et semons-y une cellule d'une autre espèce, du *mycoderme du vinaigre* par exemple. La bière, *excrément* de la levure, sera *l'aliment* du mycoderme ; le mycoderme s'y multipliera comme la levure se multipliait dans le moût et en même temps qu'il s'y multipliera, il y accumulera ses excréments personnels, l'acide acétique par exemple ; nous dirons que la bière est devenue aigre.

Ceci nous prouve déjà que le mot aliment ne saurait être pris dans un sens absolu ; telle substance, qui est un excrément inutilisable pour une espèce vivante est un aliment pour une autre espèce ; on ne doit donc pas dire qu'une substance est un aliment, mais bien qu'elle est *un aliment pour une espèce donnée*. Et cette seule considération suffit à prouver *qu'il est illogique de mesurer la valeur alimentaire d'une substance à la quantité de chaleur qu'elle peut donner en brûlant.*

*
* *

Non seulement la bière, chargée des excréments de la levure, n'est plus un aliment pour cette levure, mais encore, elle jouit, par rapport à la levure, d'une faculté *inhibitrice* spéciale. Même s'il reste encore dans la bière une certaine quantité de moût non transformé, du moment que les excréments (l'alcool par exemple) ont atteint un certain degré de concentration, la levure ne peut plus se multiplier et reste inerte au fond du verre ;

si l'on ajoute au liquide, du glucose ou telle autre substance dont se nourrirait normalement la levure de bière,
l'alcool empêche la nutrition d'avoir lieu. Et ce qui prouve
que c'est bien l'alcool qui est responsable de l'arrêt de la
nutrition, c'est que cette levure inerte, transportée dans
un moût neuf recommence à se multiplier.

Ce résultat particulier n'est pas spécial à l'alcool ; d'une
manière générale, les substances excrémentitielles d'une
espèce donnée arrêtent la nutrition de cette espèce quand
elles ont atteint dans le milieu une concentration suffisante ; un aliment d'une espèce peut donc cesser de jouer
le rôle d'aliment, si on lui *ajoute* quelque chose, et nous
aurons à revenir sur cette particularité quand nous nous
occuperons de poisons. Dans le cas actuel, nous conce-
vons grossièrement comment se produit l'arrêt de la nutrition sous l'influence de l'alcool concentré ; cet alcool peut
empêcher les échanges normaux de substances entre l'intérieur de la levure et le milieu où elle baigne et cela suspend naturellement les réactions chimiques intracellu-
laires qui résultent de ces échanges.

*
* *

Revenons à l'aliment. Le moût de bière est un aliment
pour la levure de bière ; la bière est un aliment pour le
mycoderme du vinaigre ; suivant les espèces, nous constatons l'emploi des aliments les plus invraisemblables ;
l'algue *barégine* consomme des sulfates et produit comme
excréments les sulfures que nous utilisons dans l'eau de
Barèges, certaines plantes rongent les rochers... Mais,
tel que nous l'avons employé jusqu'à présent, le mot aliment reste assez vague ; plusieurs substances différentes
peuvent servir d'aliment à une même espèce vivante ; la
levure de bière peut vivre et se multiplier dans du moût
de bière ou dans du moût de raisin, voire même dans un

liquide artificiel formé d'un mélange de substances chimiques bien définies et connu sous le nom de liquide Pasteur. Le premier exemple d'un aliment artificiel ainsi composé a été fourni par Raulin qui, après dix ans de patients travaux, a obtenu un liquide admirablement propre à servir d'aliment à une petite espèce de moisissure nommée *aspergillus niger*. Le liquide Raulin se compose des substances suivantes : sucre, acide tartrique, nitrate d'ammoniaque, phosphate d'ammoniaque, carbonate de potasse, carbonate de magnésie, sulfate d'ammoniaque, sulfate de fer, sulfate de zinc, carbonate de manganèse, eau, oxygène, *le tout en proportions définies*. Ce liquide est tellement propre à la nutrition de l'aspergillus que, exposé aux poussières si variées de l'atmosphère et recevant, par suite, des germes d'une grande quantité d'espèces vivantes, il se couvre rapidement d'une culture pure d'aspergillus. Cela n'empêche pas d'ailleurs que cette même moisissure puisse pousser avec plus ou moins de rapidité, sur certaines substances qui ne sont pas le liquide Raulin, sur du vieux pain ou du vieux fromage, par exemple.

Ainsi donc, l'aliment d'une espèce donnée est quelque chose de complexe; comme nous ne connaissons pas la composition élémentaire de la plupart des substances naturelles, c'est seulement par expérience que nous pouvons savoir si telle ou telle substance est un aliment pour telle ou telle espèce. Le moût de bière et le moût de raisin sont des aliments pour la levure de bière, mais le liquide Pasteur suffit à nourrir la même levure quoiqu'il ne contienne que quelques-uns des éléments constitutifs de ces deux moûts complexes. Le problème que l'on se pose en général lorsque l'on veut élever une espèce vivante, est de connaître les substances *indispensables* à sa nutrition et ici le mot *aliment* va changer de sens.

Nous disions que le liquide Raulin est un aliment pour

l'aspergillus niger; si nous supprimons, de ce liquide, certains éléments, l'oxygène par exemple, l'aspergillus n'y pousse plus. C'est donc que l'oxygène est indispensable à la nutrition de l'aspergillus ; en d'autres termes, sans oxygène, il n'y a pas d'aliment pour cette espèce de moisissure. Cette constatation amène à donner au mot aliment un sens plus large ; on dira que le liquide Raulin est un *aliment complet* pour l'aspergillus niger, mais que chacun des éléments constitutifs de ce liquide est un aliment pour le même végétal, quoiqu'aucun d'eux, pris séparément, ne puisse assurer sa nutrition. Le langage devient ainsi moins précis, mais c'est le langage courant. On dit qu'une substance est alimentaire pour une espèce vivante quand l'espèce considérée peut utiliser pour sa nutrition *tout* ou *partie* de cette substance, autrement dit, quand cette substance peut être utilisée dans la confection d'un aliment complet pour cette espèce. Et c'est ainsi que des substances complexes comme le lait, peuvent être alimentaires pour des espèces vivantes très différentes qui y puisent des éléments différents.

Il est évident qu'une substance ne peut être un aliment complet pour une espèce, si elle contient en elle-même tous les éléments constitutifs de cette espèce ; une substance grasse, par exemple, qui ne contient pas d'azote, ne pourra suffire à la fabrication d'une substance vivante azotée, mais tel être vivant pourra s'assimiler le carbone et l'hydrogène d'une graisse en empruntant en même temps de l'azote à tel composé ammoniacal, etc... Il ne faut pas croire, non plus, qu'une matière quelconque, contenant des éléments qui entrent dans la composition d'une espèce donnée, peut forcément servir d'aliment à cette espèce ; l'alcool, formé de carbone, d'hydrogène et d'oxygène ne peut servir d'aliment à la levure de bière qui contient cependant du carbone, de l'hydrogène et de l'oxygène.

La nutrition est un phénomène chimique et les corps composés ont des propriétés chimiques qui ne dépendent pas seulement de la nature des éléments composants, mais encore de la manière dont ces éléments sont associés entre eux. C'est donc l'expérience qui nous apprend si tel ou tel composé chimique est ou n'est pas alimentaire pour telle ou telle espèce vivante.

Étant donnée une espèce vivante, on rangera dans la catégorie des aliments de cette espèce tous les corps simples ou composés qui peuvent faire utilement partie d'un mélange constituant un aliment complet pour l'espèce étudiée. On s'est demandé s'il n'existait pas au moins une substance qui pût être considérée comme alimentaire pour tous les êtres vivants et l'on a cru longtemps que cela était vrai pour l'oxygène. Pasteur a montré que certains êtres dits *anaérobies* sont tués par l'oxygène libre ; il leur faut cependant de l'oxygène, puisque leur substance en contient, mais ils ne peuvent utiliser comme aliment que l'oxygène combiné à d'autres substances. L'oxygène libre, loin d'être un aliment pour les espèces anaérobies, est pour elles un *poison*.

.˙.

Une substance agit comme poison sur une espèce cellulaire si, introduite dans un milieu où des individus de cette espèce trouvaient une alimentation convenable elle arrête la nutrition des cellules considérées. L'oxygène est un poison pour les microbes anaérobies ; l'alcool est un poison pour la levure de bière, etc... Mais il y a poisons et poisons.

D'abord, pour qu'une substance agisse comme poison, il faut qu'elle existe dans le milieu avec un certain degré de concentration. Il y a bien des poisons qui agissent en quantités infinitésimales ; même sans parler des toxines microbiennes que nous ne savons pas encore bien doser et qui ont un pouvoir effrayant, Raulin a constaté qu'un sel d'argent dilué à la dose d'un gramme dans seize cents litres d'eau arrêtait tout développement de l'aspergillus.

Considérons d'ailleurs les diverses substances du liquide Raulin ; ce sont, nous l'avons dit, les aliments de l'aspergillus, mais ce sont des aliments pourvu qu'ils soient mélangés aux autres ingrédients *dans de certaines proportions*. Le sulfate de zinc, par exemple, doit exister dans le mélange en très petite quantité ; s'il y est introduit en plus grande abondance il devient un poison et arrête le développement. Voilà une notion qu'il ne faut pas perdre de vue lorsque l'on se demande si une substance est alimentaire ou vénéneuse pour une espèce cellulaire donnée ; la même substance peut être un aliment ou un poison suivant les proportions dans lesquelles on l'emploie. On peut même poser en thèse presque générale que toute substance alimentaire devient vénéneuse quand sa concentration dans le milieu où vivent les éléments cellulaires dépasse certaines limites.

Il y a poisons et poisons ; l'alcool qui apparaît dans le moût de bière arrête la nutrition de la levure dès qu'il a atteint une certaine concentration, mais la levure qui a ainsi été saturée d'alcool n'a pas perdu pour cela ses propriétés de levure ; si on la transporte dans un moût neuf, elle recommence à se nourrir et à se multiplier. L'alcool est donc un *poison temporaire* pour la levure de bière ; encore ceci n'est-il vrai que si sa concentration dans le liquide ne dépasse pas une certaine limite. Si l'on plonge de la levure de bière dans de l'alcool pur elle est *tuée*, c'est-à-dire qu'elle perd pour toujours la propriété de se nourrir et de se multiplier ; ce n'est plus une chose vivante.

Cet empoisonnement définitif se produit toujours avec certains poisons dès que leur concentration est devenue suffisante pour arrêter complètement la nutrition d'une cellule; par exemple les sels d'argent tuent pour toujours l'aspergillus du moment qu'ils sont assez concentrés $\left(\dfrac{1}{1.600.000}\right)$ pour arrêter son développement.

On peut réserver le nom de poisons proprement dits à ces substances qui produisent uniquement des empoisonnements définitifs et appeler *anesthésiques* celles qui. à un certain degré de concentration, suspendent seulement pour un temps l'activité nutritive des cellules ; l'alcool. le chloroforme , l'éther entrent dans cette dernière catégorie relativement à un grand nombre d'espèces vivantes. Mais cela n'empêche pas que, à un degré plus élevé de concentration, ces anesthésiques produisent un empoisonnement définitif. Ainsi l'alcool, aliment de choix pour le mycoderme du vinaigre, peut l'anesthésier s'il est plus concentré et l'empoisonner définitivement s'il est pur. Il faudrait faire tout un cours de biologie pour expliquer les différences entre l'action anesthésique et l'action véneneuse définitive. Je me contente de signaler ici le danger qu'il y a à affirmer (sauf dans le cas des poisons qui donnent uniquement un empoisonnement définitif, comme le bichlorure de mercure) que telle substance est, pour une espèce donnée, un aliment ou un poison sans spécifier le degré de concentration...

*
* *

Il y aurait encore une modification à introduire dans la notion d'aliment à propos des espèces unicellulaires : certaines substances, non directement utilisables par les cellules, peuvent le devenir après qu'elles ont été transformées sous l'influence de quelque chose qui émane des cellules mêmes. Par exemple, le saccharose ou sucre de canne ne peut être consommé par la levure de bière sans avoir été *interverti* c'est-à-dire transformé en glucose et en certains autres composés. Mais, précisément, de la levure elle-même, sort, par diffusion dans le milieu où elle vit, une substance très active, l'*invertine*, qui a pour résultat d'intervertir le saccharose. Somme toute donc, si nous ne voulons pas analyser le phénomène dans ses détails, nous pouvons dire que la levure de bière a tiré son aliment du saccharose, sans nous arrêter au phénomène préparatoire de l'interversion, puisque cette interversion résulte de l'action de la levure elle-même; nous allons trouver des phénomènes préparatoires bien plus importants chez les animaux pluricellulaires analogues à l'homme; nous y arrivons maintenant en supprimant plusieurs cas intermédiaires qu'il eût cependant été intéressant d'étudier.

*   *

Un homme, ou un animal supérieur quelconque, se compose, à un moment quelconque de son existence, d'une agglomération d'un grand nombre de cellules (plus de soixante trillions pour l'homme adulte) dont chacune jouit de propriétés analogues à celles de la levure de bière, savoir de la propriété de se nourrir aux dépens de substances étrangères.

Mais ces diverses cellules agglomérées sont entourées par une paroi résistante et à peu près imperméable, la peau du corps, de sorte que l'ensemble de l'organisme peut être comparé à *un sac clos de toutes parts*. A l'intérieur du sac est un liquide, le *milieu intérieur* (sang, lymphe, etc.) dans lequel baignent les cellules du corps, comme la levure de bière baigne dans le moût; c'est donc à ce milieu intérieur que les cellules de notre corps empruntent leurs substances alimentaires, c'est dans ce milieu intérieur qu'elles rejettent incessamment leurs substances excrémentitielles. Étant donné le nombre formidable des cellules que contient le sac, il est bien évident que le milieu intérieur doit être très rapidement souillé d'excréments et épuisé de substances alimentaires. Or, je signale le fait sans plus de détails, les cellules de notre corps ne peuvent rester inactives au delà d'un certain temps sans se détruire : elles ne peuvent pas rester inertes comme la levure de bière au fond d'un moût souillé ; d'autre part, si les cellules se détruisent, l'individu meurt. Mais précisément, et c'est là le merveilleux de la *coordination* animale, l'ensemble des activités cellulaires se traduit par des phénomènes généraux qui ont pour résultat de *renouveler sans cesse le milieu intérieur*. Comment cela est-il possible ? Je n'ai pas à l'étudier ici, c'est l'affaire de la science de l'origine des espèces ; contentons-nous de savoir que cette coordination existe et que le milieu intérieur est renouvelé.

Le renouvellement du milieu intérieur se compose de deux fonctions distinctes : 1° l'*excrétion*, dont le résultat est de faire sortir du sac clos les produits excrémentitiels accumulés dans le milieu intérieur ; elle se produit à travers des parties spécialisées de la surface du sac, parties appelées *glandes* et dont les plus importantes sont : le poumon (acide carbonique et produits excrémentitiels gazeux), le rein (urine), le foie (bile), les glandes sudoripares (sueur), etc.; 2° l'*alimentation*, dont je dois m'occuper plus spécialement dans ce chapitre.

Une partie de l'alimentation, la fourniture d'oxygène au milieu intérieur, se fait par le poumon ; on étudie en général à part, sous le nom de respiration, cette partie spéciale de l'alimentation ; je me contente de la signaler.

Le reste de l'alimentation se produit grâce à un repli spécial de la peau du sac clos, repli tubulaire qui traverse le sac clos dans toute son étendue et lui donne ainsi la forme d'un manchon ; on l'appelle le *tube digestif*. Il est essentiel, pour comprendre ce qui va suivre, de ne jamais perdre de vue que *le contenu du tube digestif est en réalité extérieur au corps de l'individu*. Beaucoup de gens s'imaginent qu'en avalant leur soupe ils introduisent cette soupe dans leur corps : cela est faux ; l'intérieur du corps c'est la partie close de toute part qui est remplie par le milieu intérieur, et cette partie close est traversée par le tube digestif comme un manchon par son canal central.

C'est dans le tube digestif, en dehors de notre corps, que nous introduisons par notre bouche l'eau, le pain, le sel, la viande, le vin, etc... Que s'y passe-t-il ensuite ?

La fonction excrétrice qui s'exerce par différents endroits de la peau du sac clos, s'exerce aussi par la paroi du tube digestif et c'est ainsi qu'apparaissent aux divers points de ce tube, la salive, le suc gastrique, le suc pancréatique, la bile, etc... Le résultat de ces diverses sécrétions est de dissoudre et de *préparer* certains matériaux introduits par nous dans notre tube digestif, comme l'invertine sécrétée par la levure de bière préparait le saccharose ; cette modification des matériaux introduits dans le tube digestif s'appelle la *digestion*. Parmi les produits qui résultent de la digestion, quelques-uns continuent leur chemin à travers le tube et sortent à son autre extrémité, d'autres sont *absorbés* par le milieu intérieur qui se charge ainsi de principes nouveaux ; la circulation brasse sans cesse ce milieu intérieur et répartit dans tout l'organisme les principes résultant de l'absorption, après les avoir encore fait modifier plus ou moins, dans le foie, par exemple, où se forme le glycogène...

Ainsi, les divers éléments de notre corps trouvent, sans cesse, dans le milieu intérieur, l'*aliment* qui leur est nécessaire et dont ils se servent comme la levure de bière se sert du moût. Si l'on parlait rigoureusement on réserverait le nom d'aliments à ces substances utilisées directement par les cellules de l'organisme, mais on appelle par extension « substances alimentaires » toutes les substances qui, introduites dans le tube digestif, peuvent, après transformation, collaborer à une rénovation convenable du milieu intérieur.

De même que l'aspergillus ou la levure, les cellules du corps humain ont des besoins très précis; leur nutrition ne se fait pas au moyen de n'importe quoi et dans n'importe quelle proportion. Il faut donc, pour que ces cellules restent en bon état, que la composition du milieu intérieur ne s'écarte pas de certaines conditions données. L'instinct de l'animal le renseigne sur la nature des produits qui, ingérés par lui, peuvent, après transformation et absorption, entretenir dans des proportions convenables la composition de son milieu intérieur. Le jeune animal trouve sa *ration* alimentaire complète dans le lait de sa nourrice; l'herbivore se nourrit exclusivement de substances végétales, le carnivore uniquement de viande; l'omnivore se compose un menu plus varié, mais sa fantaisie ne peut pas sortir de certaines limites; il faut, d'une part, que son alimentation soit complète, d'autre part, qu'elle ne comporte pas l'usage de poisons.

L'alimentation est dite complète quand elle contient des matériaux propres à fournir après transformation dans le tube digestif, dans le foie, etc., *tout* ce qui est nécessaire aux éléments cellulaires du corps et dans des proportions qui ne s'écartent pas trop d'une certaine moyenne. Le sucre, par exemple, ou la graisse, ne sauraient constituer une alimentation complète, puisqu'ils ne contiennent pas d'azote, mais il y a des manières infiniment variées de se composer une ration alimentaire complète ; les matériaux que nous consommons sont extrèmement nombreux et le deviennent chaque jour de plus en plus.

En appelant *aliment*, comme nous l'avons fait tout à l'heure, « toutes les substances qui, introduites dans le tube digestif, peuvent, après transformation, collaborer à une rénovation *convenable* du milieu intérieur, » nous avons donné de ce mot une définition extrêmement vague et qui peut prêter à de nombreuses équivoques; il ne sera pas toujours facile de se renseigner expérimentalement sur la valeur alimentaire de telle ou telle substance. On sait, par exemple, que l'avis des physiologistes a souvent varié au sujet des mérites nutritifs du bouillon. Pour quelques-uns, cette substance savoureuse avait seulement pour résultat d'exciter la sécrétion du suc gastrique et ne contenait par elle-même aucune partie transformable et utilement absorbable; pour d'autres, au contraire, le bouillon était bien près de contenir une ration alimentaire complète...

L'expérience quotidienne a fixé d'une manière à peu près définitive la composition des rations alimentaires capables d'entretenir la vie des hommes et il est indiscutable que cette expérience quotidienne a donné des résultats plus acceptables que les expériences de laboratoire. La nutrition de l'homme est en effet quelque chose de bien complexe et il est difficile de se rendre compte de la valeur réelle d'une ration alimentaire à moins de l'expérimenter pendant très longtemps. C'est surtout pendant la période de croissance des individus qu'il est facile de se rendre compte de la valeur nutritive des substances consommées; de même que le liquide Raulin est l'aliment par excellence pour l'aspergillus niger parce que cette moisissure y *pousse* plus abondamment que partout ailleurs, de même nous devrons considérer comme ration alimentaire de premier ordre pour un enfant, celle qui le fera *pousser* vigoureusement et lui conservera une belle santé. Chez l'homme adulte, il y a une grande difficulté dans la comparaison des diverses substances alimentaires à cause d'une complication nouvelle de son organisme, l'existence de ce qu'on appelle les *matières de réserve*.

Les produits absorbés après digestion ne sont pas tous employés immédiatement dans la nutrition proprement dite des éléments cellulaires; les cellules sont en effet susceptibles de divers modes d'activité chimique, et le résultat de certains de ces modes d'activité, sur la nature desquels je n'ai pas à m'étendre ici, est de transformer telle partie de l'aliment fourni par le milieu intérieur en des substances nouvelles qui se localisent dans les cellules mêmes et qui y restent plus ou moins longtemps sous forme de ce qu'on appelle des *matières de réserve;* la graisse qui encombre certaines parties de notre corps est de cet ordre particulier de substances. Vienne ensuite une inanition due à des causes imprévues, ces matières de réserve seront utilisées dans la nutrition des cellules: on fera de l'*autophagie.*

Je signale seulement ce phénomène pour montrer combien il est délicat d'affirmer le rôle alimentaire d'une substance après une expérience de quelques jours; telle substance qui aura paru entretenir vraiment la vie pendant ce court laps de temps aura pu n'agir que comme facteur déterminant l'autophagie. Mais alors, la balance nous renseignera? Il faut se défier des indications de la balance elle-même dans des expériences de courte durée; M. Bouchard a signalé en 1898, ce phénomène paradoxal d'une augmentation de poids constatée chez des chiens soumis pendant plusieurs jours à la diète hydrique; ce résultat s'explique physiologiquement[1] et cependant personne ne prétendra que l'eau pure est un aliment complet!

C'est seulement l'expérience de *très longue durée* qui nous donne des renseignements sérieux sur la valeur alimentaire des substances, et aucune expérience de laboratoire, même très bien conduite, ne saurait remplacer à

1. J'ai donné cette explication dans les *C. R. de la Société de Biologie.* 1898.

ce point de vue l'expérience journalière de la grande masse des hommes. La meilleure ration alimentaire est celle qui donne au jeune garçon le meilleur développement et la meilleure santé.

* *

Mais il n'y a pas que la nutrition des cellules; si la bonne nutrition des cellules est indispensable à l'entretien de la vie, il faut aussi que la *coordination* soit entretenue; une nutrition locale trop abondante, comme celle qui détermine pour telle ou telle cause l'*hypertrophie* de certaines parties du corps, nuit au bon fonctionnement de l'organisme. Des substances qui fournissent à la ration alimentaire une part utile, peuvent, d'autre part, apporter des éléments nuisibles à la coordination; la consommation de trop de fruits verts donne la diarrhée.

La signification du mot poison est différente, chez l'homme et les animaux supérieurs, de la signification du même mot chez les êtres unicellulaires; telle substance qui, employée à certaines doses, n'entraîne pas la suspension de la nutrition des cellules, peut néanmoins amener la mort d'un individu en détruisant le mécanisme d'ensemble et arrêtant la rénovation du milieu intérieur: on peut mourir avec toutes ses cellules vivantes; il est vrai d'ailleurs que la mort de l'individu entraîne fatalement la mort des cellules au bout d'un temps plus ou moins long.

De même que certains poisons peuvent nuire à la coordination, de même, ces mêmes substances peuvent, employées à de certaines doses, rétablir la coordination détruite par une maladie, en produisant un effet opposé à celui de la maladie. Les poisons peuvent donc être des *médicaments*. Il y a des *agents* importants pour la vie de l'homme en dehors de toute valeur alimentaire. Quelques-uns de ces agents sont employés quotidiennement dans l'alimentation de l'homme ; on leur donne le nom de *condiments* ou *d'assaisonnements* : « ce sont, dit Littré, des substances qui excitent et favorisent les sécrétions salivaire et gastrique et satisfont ainsi au besoin naturel ou artificiel d'une digestion prompte ou plus complète. » Au nombre des condiments, à côté de certaines substances végétales (poivre, citron, etc.), on place souvent le sel marin qui est en outre un aliment et même l'un des aliments les plus indispensables à moins qu'il n'existe déjà dans les autres matériaux que nous consommons. Le sel est donc à la fois un aliment et un condiment ; il peut devenir un poison si sa concentration dépasse certaines limites comme cela a lieu chez les individus privés de boisson depuis quelque temps. L'eau elle-même, ce véhicule indispensable de tous les phénomènes vitaux, peut être un poison si elle dépasse la proportion de $\frac{993}{1000}$ dans notre milieu intérieur ; l'eau pure est un poison pour les éléments histologiques ; mettez des globules du sang dans de l'eau pure, ils éclatent instantanément ; c'est pour cela que, quand on veut augmenter la pression artérielle par des injections de liquide, on emploie, au lieu de l'eau pure qui serait fatale, un liquide appelé sérum artificiel et qui contient une certaine quantité de sel.

De cette très rapide revue du rôle des différents agents dans notre organisme, il résulte surtout que l'étude de ce rôle est très compliquée. Pour le bouillon, par exemple, il n'y a pas encore entente entre les physiologistes sur la question de savoir si c'est un aliment ou un condiment. La même question irritante se pose depuis longtemps pour l'alcool ; elle a été étudiée récemment par un de nos maîtres à propos de quelques expériences américaines et rien n'a été plus curieux que le sans gêne avec lequel des gens qui n'avaient jamais songé à la question ont déclaré qu'il était dans l'erreur ; j'ai lu dans la *Revue anti-alcoo-*

lique un article dans lequel un employé des chemins de fer traitait Duclaux d'ignorant !

***

Nous ignorons tant de choses en physiologie humaine, que nous devons nous consoler de ne pas connaître encore le rôle de l'alcool dans notre économie; nous sommes certains qu'à fortes doses c'est un poison mortel ; à des doses moins fortes c'est un anesthésique dont l'emploi répété est très dangereux ; à de petites doses il est agréable et, comme on dit vulgairement, *ravigote*. Mais entre-t-il vraiment dans la constitution d'une ration alimentaire ? Agit-il comme facteur d'autophagie ? Est-ce un condiment, un médicament ? Nous l'ignorons totalement et je crois que les expériences de MM. Atwater et Bénédict ne sauraient nous renseigner à ce sujet. Ils ont attaqué le problème dans le cas où il est le plus compliqué ; ils ont expérimenté (je cite Duclaux) : « sur un homme en bonne santé, adulte, en équilibre, c'est-à-dire tel que son poids n'augmente et ne diminue pas. » Ils ont d'ailleurs employé l'alcool en même temps que des rations alimentaires qui pouvaient suffire à la nutrition.

C'est toujours la vieille erreur qui veut que l'animal soit une machine à fournir du travail en dépensant du combustible[1] ; on oublie trop souvent que cette machine se construit et se répare d'elle-même et que c'est là précisément le phénomène important, le phénomène biologique. C'est pendant la période de croissance que l'on peut juger de la valeur alimentaire d'une substance; il aurait fallu élever en même temps deux jumeaux, pendant des années, avec le même régime alimentaire, additionné

---

1. Il y a bien équivalence entre les phénomènes vitaux et les autres formes d'énergie, mais cette équivalence ne se manifeste pas comme dans une machine à vapeur.

d'alcool chez l'un d'eux seulement, et voir si l'alcool favorise la *pousse*. Mais je doute que des parents soumettent volontiers leurs enfants à une telle expérience. Dans mon pays on fait boire de l'alcool aux petits chiens pour les *empêcher de grandir*; mais on le leur donne en grande quantité et les chiens ne sont pas des hommes.

TABLE DES MATIÈRES

INTRODUCTION.   1

LIVRE PREMIER

LES CANTONS SENSORIELS ET LE MONISME

CHAPITRE I.   Le caractère impersonnel de la science.   1
— II.   Notre connaissance est à l'échelle humaine.   7
— III.   Les qualités et les cantons sensoriels   14
      Les sens chimiques   17
      Les sens de la direction   20
      Cantons juxtaposés ou superposés   21
— IV.   L'emploi des instruments.   28
— V.   Les sciences cantonales.   33
— VI.   Le monisme.   38

LIVRE II

LES SCIENCES DU CANTON OPTIQUE

CHAPITRE VII.   Arithmétique, géométrie et mécanique.   43
— VIII.   L'expérience individuelle et l'expérience ancestrale en arithmétique et en géométrie   48
— IX.   L'application de l'arithmétique à la géométrie . . .   65
— X.   Les bornes de la logique.   69
— XI.   Imagination plastique et imagination verbale. . . .   75
— XII.   Considérations sur la mécanique du mouvement visible   81
— XIII.   La notion de masse   86
— XIV.   Mouvement et vitesse   93
— XV.   La notion de force et la sensation d'effort, le principe de l'inertie.   95
— XVI.   Première notion des lois naturelles.   111
— XVII.   Les systèmes complets et les systèmes pratiquement complets ; la conservation de l'énergie mécanique.   120
— XVIII.   Le mystère de la ligne droite.   126

LIVRE III

LES AUTRES CANTONS

Chapitre XIX. L'étude optique du son. 134
— XX. Les masses thermiques. 141
La conservation de la chaleur 146
— XXI. L'équivalence mécanique de la chaleur et l'extension
du principe de la conservation de l'énergie. . . . 150
— XXII. Les sources de chaleur et le principe de Carnot. . . 162
Le zéro absolu 167
Les qualités d'énergie 170

LIVRE IV

LES EXPLICATIONS

Chapitre XXIII. Le modèle atomique 177
— XXIV. L'éther et les entraves du bon sens 191
— XXV. La chimie atomique 198
— XXVI. Les systèmes isolés. 204
— XXVII. Les lois naturelles 210
Les lois approchées. 215
Les lois simples 222
Le monisme 225

LIVRE V

LA PLACE DE LA BIOLOGIE DANS LES SCIENCES

Chapitre XXVIII. L'ordre des questions de physique 231
— XXIX. La biologie, mécanique des sciences naturelles. . 243
— XXX. Le canton intime et l'intuition 246
— XXXI. Ame et force. 253

APPENDICE

Chapitre XXXII. La flamme et l'être vivant. 261
— XXXIII. Les rapports de l'éducation et de l'hérédité envisa-
gés à un nouveau point de vue, à la lumière d'expériences
récentes. 274
Révision des expériences de mutilation. 277
Influence de l'âge auquel est opérée la mutilation . . . 280
Les premiers stades du développement intellectuel . . . 282
— XXXIV. Une question de définition de mot 286

Physiologie des exercices du corps, par le docteur Fernand Lagrange, lauréat de l'Institut. 1 vol. in-8. 8e édit. . . . . **6 fr.**

Les sens, par Bernstein, professeur à l'université de Halle. 1 vol. in-8, avec 91 gravures dans le texte. 5e édit. . . . . **6 fr.**

Les organes de la parole et leur emploi pour la formation des sons du langage, par H. de Meyer, professeur à l'Université de Zurich; traduit de l'allemand et précédé d'une introduction sur l'*Enseignement de la parole aux sourds-muets*, par M. O. Claveau, inspecteur général des établissements de bienfaisance. 1 vol. in-8, avec 51 gravures dans le texte. . . . . **6 fr.**

La physionomie et l'expression des sentiments, par P. Mantegazza, professeur au Muséum d'histoire naturelle de Florence. 1 vol. in-8, avec gravures et 8 planches hors texte. 3e édit. . . . . **6 fr.**

Théorie nouvelle de la vie, par Félix Le Dantec, docteur ès sciences, chargé du cours d'Embryologie générale à la Sorbonne. 1 vol. in-8, 3e édit. . . . . **6 fr.**

La machine animale, par E.-J. Marey, membre de l'Institut, professeur au Collège de France. 1 vol. in-8, avec 117 gravures dans le texte, 6e édit., augmentée . . . . **6 fr.**

La locomotion chez les animaux (*marche, natation et vol*), suivi d'une étude sur l'*Histoire de la navigation aérienne*, par J.-B. Pettigrew, professeur au Collège royal de chirurgie d'Edimbourg (Ecosse). 1 vol. in-8, avec 140 gravures dans le texte, 2e édit. . . . . **6 fr.**

La chaleur animale, par Ch. Richet, professeur à la Faculté de médecine de Paris. 1 vol. in-8, avec 47 graphiques dans le texte. . . . . . **6 fr.**

Les bases scientifiques de l'éducation physique, par G. Demeny, professeur du cours d'Education physique de la Ville de Paris, et de physiologie appliquée à l'Ecole militaire de gymnastique de Joinville-le-Pont. In-8, avec 98 gravures. 2e édit. . . . . **6 fr.**

Mécanisme et éducation des mouvements, par *le même*. 1 vol. in-8, avec 565 gravures. 2e édit. **9 fr.**

Évolution individuelle et hérédité (*Théorie de la variation quantitative*), par F. Le Dantec, chargé du cours d'Embryologie générale à la Sorbonne. 1 vol. in-8. . . . . **6 fr.**

ANTHROPOLOGIE

Formation de la Nation française (*Textes, linguistique, paléthnologie, anthropologie*), par Gabriel de Mortillet, professeur à l'Ecole d'Anthropologie, ancien président de la Société d'Anthropologie. 1 vol. in-8, avec 153 gravures et 18 cartes dans le texte. 2e édit. . . . . **6 fr.**

L'espèce humaine, par A. de Quatrefages, membre de l'Institut, professeur au Muséum d'histoire naturelle. 1 vol. in-8, 13e édit. . . . **6 fr.**

Darwin et ses précurseurs français, par A. de Quatrefages. 1 vol. 2e édit. . . . . **6 fr.**

Les émules de Darwin, par A. de Quatrefages; précédé de notices sur la vie et les travaux de l'auteur, par MM. E. Perrier et Hamy, de l'Institut. 2 vol. . . . . **12 fr.**

La France préhistorique, par E. Cartailhac. 1 vol. in-8, avec 150 gravures dans le texte, 2e édit. **6 fr.**

L'homme préhistorique, étudié d'après les monuments et les costumes retrouvés dans les différents pays d'Europe ; suivi d'une *Étude sur les mœurs et coutumes des sauvages modernes*, par sir JOHN LUBBOCK, membre de la Société royale de Londres, 2 vol. in-8 avec 228 gravures dans le texte. 4e édit. . . . . 12 fr.

La famille primitive, ses origines et son développement, par C. N. STARCKE, professeur à l'Université de Copenhague. 1 vol. in-8 . . 6 fr.

L'homme dans la nature, par P. TOPINARD. 1 vol. in-8, avec 101 grav. 6 fr.

Les races et les langues, par ANDRÉ LEFÈVRE, professeur à l'École d'Anthropologie de Paris. 1 vol. in-8 . . . . 6 fr.

Les singes anthropoïdes, et leur organisation comparée à celle de l'homme, par R. HARTMANN, professeur à l'Université de Berlin. 1 vol. in-8, avec 63 gravures dans le texte . . . . 6 fr.

Le centre de l'Afrique ; *Autour du Tchad*, par P. BRUNACHE, administrateur de commune mixte en Algérie. 1 vol. in-8, avec 45 gravures dans le texte et une carte. 6 fr.

ZOOLOGIE

La culture des mers en Europe (*piscifacture, pisciculture, ostréiculture*), par GEORGES ROCHÉ, inspecteur général des Pêches maritimes. 1 vol. in-8, avec 81 gravures dans le texte. . . . . 6 fr.

L'intelligence des animaux, par G.-J. ROMANES, secrétaire de la Société Linnéenne de Londres pour la zoologie ; précédé d'une préface sur l'*Évolution mentale*, par EDM. PERRIER, membre de l'Institut, directeur du Muséum d'histoire naturelle de Paris. 2 vol. in-8. 3e édit. . . 12 fr.

La philosophie zoologique avant Darwin, par EDMOND PERRIER, membre de l'Institut, directeur du Muséum d'histoire naturelle de Paris. 1 vol. in-8. 3e édit. . . . . 6 fr.

Descendance et Darwinisme, par O. SCHMIDT, professeur à l'Université de Strasbourg. 1 vol. in-8, avec 26 gravures. 6e édit. . . . . 6 fr.

Les mammifères dans leurs rapports avec leurs ancêtres géologiques, par LE MÊME. 1 vol. in-8, avec 51 gravures dans le texte. 6 fr.

L'écrevisse. *Introduction à l'étude de la zoologie*, par TH.-H. HUXLEY, membre de la Société royale de Londres et de l'Institut de France, professeur d'histoire naturelle à l'École royale des mines de Londres. 1 vol. in-8, avec 82 gravures. 2e édit. . . . . 6 fr.

Les commensaux et les parasites dans le règne animal, par P.-J. VAN BENEDEN, professeur à l'Université de Louvain (Belgique). 1 vol. in-8, avec 82 gravures dans le texte, 3e édit. . . . . 6 fr.

Les sens et l'instinct chez les animaux et principalement chez les insectes, par SIR JOHN LUBBOCK. 1 vol. in-8, avec 150 gravures dans le texte. . . . . 6 fr.

BOTANIQUE — GÉOLOGIE

Les végétaux et les milieux cosmiques (*adaptation, évolution*), par J. COSTANTIN, professeur au Muséum d'histoire naturelle. 1 vol. in-8, avec 171 gravures dans le texte . . . . 6 fr.

La géologie expérimentale, par STANISLAS MEUNIER, professeur au Muséum d'histoire naturelle. 2e édit. 1 vol. in-8, avec 56 gravures dans le texte . . . . 6 fr.

La géologie comparée, par LE MÊME, 1 vol. in-8, avec 35 gravures dans le texte. . . . . 6 fr.

La géologie générale, par LE MÊME. 1 vol. in-8, avec 43 gravures dans le texte . . . . 6 fr.

La nature tropicale, par J. COSTANTIN, professeur au Muséum d'histoire naturelle. 1 vol. in-8, avec 166 gravures dans le texte . . . . . . 6 fr.

Introduction à l'étude de la botanique (*Le sapin*), par J. DE LANESSAN, professeur agrégé à la Faculté de médecine de Paris, ancien gouverneur général de l'Indo-Chine, député. 1 vol. in-8, avec 103 gravures dans le texte. 2ᵉ édit. . . . . 6 fr.

L'origine des plantes cultivées, par A. DE CANDOLLE, correspondant de l'Institut. 1 vol. in-8, 4ᵉ édit. 6 fr.

Les champignons, par COOKE et BERKELEY. 1 vol. in-8 avec 110 gravures, 4ᵉ édit. . . . . 6 fr.

L'évolution du règne végétal, par G. DE SAPORTA, correspondant de l'Institut, et MARION, professeur à la Faculté des sciences de Marseille.
    I. *Les Cryptogames*. 1 vol. in-8, avec 85 gravures dans le texte. 6 fr.
    II. *Les Phanérogames*. 2 vol. in-8, avec 136 grav. dans le texte. 12 fr.

Les régions invisibles du globe et des espaces célestes, par A. DAUBRÉE, membre de l'Institut. 1 vol. in-8, avec 89 gravures, 2ᵉ édit. 6 fr.

Les volcans et les tremblements de terre, par FUCHS, professeur à l'Université de Heidelberg. 1 vol. in-8, avec 30 gravures et une carte en couleurs, 6ᵉ édit. . . . . 6 fr.

Le pétrole, le bitume et l'asphalte, par A. JACCARD, professeur de géologie à l'Académie de Neuchâtel. 1 vol. in-8, avec 70 gravures dans le texte . . . . 6 fr.

BEAUX-ARTS

Les débuts de l'art, par E. GROSSE, professeur à l'Université de Fribourg-en-Brisgau. Traduit de l'allemand par A. Dirr. Introduction de M. L. Marillier. 1 vol. in-8, avec 32 gravures dans le texte et 3 planches hors texte. . . . . 6 fr.

La céramique ancienne et moderne, par E. GUIGNET, directeur des teintures à la manufacture des Gobelins, et E. GARNIER, conservateur du Musée de la Manufacture de Sèvres. 1 vol. in-8, avec 100 gravures dans le texte . . . . 6 fr.

Le son et la musique, par P. BLASERNA, professeur à l'Université de Rome ; suivi des *Causes physiologiques de l'harmonie musicale*, par H. HELMHOLTZ, professeur à l'Université de Berlin. 1 vol. in-8, avec 41 gravures dans le texte. 5ᵉ édit. . . . . 6 fr.

Principes scientifiques des beaux-arts, par E. BRUCKE, professeur à l'Université de Vienne ; suivi de *l'Optique et les Arts*, par H. HELMHOLTZ, professeur à l'Université de Berlin. 1 vol. in-8, avec 39 grav. 4ᵉ édit. 6 fr.

Théorie scientifique des couleurs et leurs applications aux arts et à l'industrie, par O.-N. ROOD, professeur de physique à Columbia-College de New-York (États-Unis). 1 vol. in-8, avec 130 gravures dans le texte et une planche en couleurs. 2ᵉ édit. . . . . 6 fr.

FÉLIX ALCAN, Éditeur

LIBRAIRIES FÉLIX ALCAN ET GUILLAUMIN RÉUNIES

PHILOSOPHIE — HISTOIRE

CATALOGUE

DES

Livres de Fonds

Pages.

BIBLIOTHÈQUE DE PHILOSOPHIE CONTEMPORAINE.
Format in-16............. **2**
Format in-8.............. **6**
COLLECTION HISTORIQUE DES GRANDS PHILOSOPHES........ **12**
Philosophie ancienne....... **12**
Philosophie médiévale et moderne.................. **12**
Philosophie anglaise....... **13**
Philosophie allemande..... **13**
Philosophie anglaise contemporaine................ **14**
Philosophie allemande contemporaine............. **14**
Philosophie italienne contemporaine.............. **14**
LES MAÎTRES DE LA MUSIQUE... **14**
LES GRANDS PHILOSOPHES...... **14**
MINISTRES ET HOMMES D'ÉTAT.. **14**
BIBLIOTHÈQUE GÉNÉRALE DES SCIENCES SOCIALES.......... **15**
BIBLIOTHÈQUE D'HISTOIRE CONTEMPORAINE............... **16**
PUBLICATIONS HISTORIQUES ILLUSTRÉES................. **19**
TRAVAUX DE L'UNIVERSITÉ DE LILLE.................. **19**
BIBLIOTHÈQUE DE LA FACULTÉ DES LETTRES DE PARIS....... **20**

Pages.

ANNALES DE L'UNIVERSITÉ DE LYON..................... **21**
RECUEIL DES INSTRUCTIONS DIPLOMATIQUES................ **21**
INVENTAIRE ANALYTIQUE DES ARCHIVES DU MINISTÈRE DES AFFAIRES ÉTRANGÈRES...... **21**
REVUE PHILOSOPHIQUE.......... **22**
REVUE GERMANIQUE........... **22**
JOURNAL DE PSYCHOLOGIE...... **22**
REVUE HISTORIQUE........... **22**
ANNALES des SCIENCES POLITIQUES **22**
JOURNAL DES ÉCONOMISTES..... **22**
REVUE DE L'ÉCOLE D'ANTHROPOLOGIE................... **22**
REVUE ÉCONOMIQUE INTERNATIONALE................... **22**
SOCIÉTÉ POUR L'ÉTUDE PSYCHOLOGIQUE DE L'ENFANT....... **22**
LES DOCUMENTS DU PROGRÈS... **22**
BIBLIOTHÈQUE SCIENTIFIQUE INTERNATIONALE............. **23**
RÉCENTES PUBLICATIONS NE SE TROUVANT PAS DANS LES COLLECTIONS PRÉCÉDENTES....... **26**
TABLE DES AUTEURS.......... **31**
TABLE DES AUTEURS ÉTUDIÉS... **32**

OUVRAGES PARUS EN 1908 : Voir pages 2, 6, 14, 16, 23, 26.

On peut se procurer tous les ouvrages qui se trouvent dans ce Catalogue par l'intermédiaire des libraires de France et de l'Étranger.

On peut également les recevoir franco par la poste, sans augmentation des prix désignés, en joignant à la demande des TIMBRES-POSTE FRANÇAIS ou un MANDAT sur Paris.

108, BOULEVARD SAINT-GERMAIN, 108

PARIS, 6ᵉ

JUIN 1908

Les titres précédés d'un *astérisque* sont recommandés par le **Ministère de l'Instruction publique** pour les Bibliothèques des élèves et des professeurs et pour les distributions de prix des lycées et collèges.

BIBLIOTHÈQUE DE PHILOSOPHIE CONTEMPORAINE

La *psychologie*, avec ses auxiliaires indispensables, l'*anatomie* et la *physiologie du système nerveux*, la *pathologie mentale*, la *psychologie des races inférieures et des animaux*, les *recherches expérimentales des laboratoires*; — la *logique*; — les *théories générales fondées sur les découvertes scientifiques* ; — l'*esthétique*; — *les hypothèses métaphysiques* ; — la *criminologie* et la *sociologie* ; — l'*histoire des principales théories philosophiques* ; tels sont les principaux sujets traités dans cette Bibliothèque. — Un catalogue spécial à cette collection, par ordre de matières, sera envoyé sur demande.

VOLUMES IN-16, BROCHÉS, A 2 FR. 50

Ouvrages parus en 1908 :

ASLAN (G.), docteur ès lettres. **L'expérience et l'invention en morale.**

DUGUY, prof. à la Faculté de droit de Bordeaux. **Le droit social et le droit des gens.**

OSSIP-LOURIÉ. **Croyance religieuse et croyance intellectuelle.**

RZEWUSKI. **L'optimisme de Schopenhauer.**

*SCHOPENHAUER. **Ethique, morale et droit.**

TAUSSAT (J.) **Le monisme** et l'animisme, leur valeur comme hypothèse dans le transformisme.

Précédemment publiés :

ALAUX (V.). **La philosophie de Victor Cousin.**

ALLIER (R.). *La Philosophie d'Ernest Renan. 2° édit. 1903.

ARRÉAT (L.). *La Morale dans le drame, l'épopée et le roman. 3° édition.

— *Mémoire et imagination (Peintres, Musiciens, Poètes, Orateurs). 2° édit.

— **Les Croyances de demain.** 1898.

— **Dix ans de philosophie.** 1900.

— **Le Sentiment religieux en France.** 1903.

— **Art et Psychologie individuelle.** 1906.

BALLET (G.), professeur à la Faculté de médecine de Paris. **Le Langage intérieur** et les diverses formes de l'aphasie. 2° édit.

BAYET (A.). **La morale scientifique.** 2° édit. 1906.

BEAUSSIRE, de l'Institut. *Antécédents de l'hégél. dans la philos. française.

BERGSON (H.), de l'Institut, professeur au Collège de France. *Le Rire. Essai sur la signification du comique. 5° édition. 1908.

BINET (A.), directeur du lab. de psych. physiol. de la Sorbonne. **La Psychologie** du raisonnement, expériences par l'hypnotisme. 4° édit. 1907.

BLONDEL. **Les Approximations de la vérité.** 1900.

BOS (C.), docteur en philosophie. *Psychologie de la croyance. 2° édit. 1905.

— *Pessimisme, Féminisme, Moralisme. 1907.

BOUCHER (M.). **L'hyperespace, le temps, la matière et l'énergie.** 2° édit. 1905.

BOUGLÉ, chargé de cours à la Sorbonne. **Les Sciences sociales en Allemagne.** 2° éd. 1902

— *Qu'est-ce que la Sociologie ? 1907.

BOURDEAU (J.). **Les Maîtres de la pensée contemporaine.** 5° édit. 1907.

— **Socialistes et sociologues.** 2° éd. 1907.

BOUTROUX, de l'Institut. *De la contingence des lois de la nature. 6° éd. 1908.

BRUNSCHVICG, professeur au lycée Henri IV, docteur ès lettres. *Introduction à la vie de l'esprit. 2° édit. 1906.

— *L'Idéalisme contemporain. 1905.

COIGNET (C.). **L'évolution du protestantisme français au XIX° siècle.** 1907.

COSTE (Ad.). **Dieu et l'âme.** 2° édit. précédée d'une préface par R. Worms. 1903.

  F. ALCAN.

Suite de la *Bibliothèque de philosophie contemporaine*, format in-16, à 2 fr 50 le vol.

CRESSON (A.), docteur ès lettres, professeur au lycée de Lyon. La Morale de Kant.
2ᵉ édit (Cour. par l'Institut.)
— Le Malaise de la pensée philosophique. 1905.
— Les bases de la philosophie naturaliste. 1907.
DANVILLE (Gaston). Psychologie de l'amour. 4ᵉ édit. 1907.
DAURIAC (L.). La Psychologie dans l'Opéra français (Auber, Rossini, Meyerbeer).
DELVOLVE (J.), docteur ès lettres, agrégé de philosophie. *L'organisation de la conscience morale. *Esquisse d'un art moral positif.* 1906.
DUGAS, docteur ès lettres. *Le Psittacisme et la pensée symbolique. 1896.
— La Timidité. 4ᵉ édit. augmentée 1907.
— Psychologie du rire. 1902.
— L'absolu. 1904.
DUMAS (G.), chargé de cours à la Sorbonne. *Le Sourire, avec 19 figures. 1905
DUNAN, docteur ès lettres. La théorie psychologique de l'Espace.
DUPRAT (G.-L.), docteur ès lettres. Les Causes sociales de la Folie. 1900.
— Le Mensonge. *Etude psychologique.* 1903.
DURAND (de Gros). *Questions de philosophie morale et sociale. 1902.
DURKHEIM (Émile), professeur à la Sorbonne. * Les règles de la méthode sociologique. 4ᵉ édit. 1907.
D'EICHTHAL (Eug.) (de l'Institut). Les Problèmes sociaux et le Socialisme. 1898.
ENCAUSSE (Papus). L'occultisme et le spiritualisme. 2ᵉ édit. 1903.
ESPINAS (A.), de l'Institut. * La Philosophie expérimentale en Italie.
FAIVRE (E.). De la Variabilité des especes.
FÉRÉ (Ch.). Sensation et Mouvement. Étude de psycho-mécanique, avec fig. 2ᵉ éd.
— Dégénérescence et Criminalité, avec figures. 4ᵉ édit. 1907.
FERRI (E.). *Les Criminels dans l'Art et la Littérature. 3ᵉ édit. 1908.
FIERENS-GEVAERT. Essai sur l'Art contemporain. 2ᵉ éd. 1903. (Cour. par l'Ac. fr.)
— La Tristesse contemporaine, 5ᵉ édit. 1908. (Couronné par l'Institut.)
— *Psychologie d'une ville. *Essai sur Bruges.* 2ᵉ édit. 1902.
— Nouveaux essais sur l'Art contemporain. 1903.
FLEURY (Maurice de). L'Ame du criminel. 2ᵉ édit. 1907.
FONSEGRIVE, professeur au lycée Buffon. La Causalité efficiente. 1893.
FOUILLÉE (A.), de l'Institut. La propriété sociale et la démocratie.
FOURNIÈRE (E.). Essai sur l'individualisme. 1901.
GAUCKLER. Le Beau et son histoire.
GELEY (Dᵣ G.). *L'être subconscient. 2ᵉ édit. 1905.
GOBLOT (E.), professeur à l'Université de Lyon. Justice et liberté. 2ᵉ éd. 1907.
GODFERNAUX (G.), docteur ès lettres. Le Sentiment et la Pensée, 2ᵉ éd. 1906.
GRASSET (J.), professeur à la Faculté de médecine de Montpellier. Les limites de la biologie. 5ᵉ édit. 1907. Préface de Paul BOURGET, de l'Académie française.
GREEF (de). Les Lois sociologiques. 4ᵉ édit. revue. 1908.
GUYAU. * La Genèse de l'idée de temps. 2ᵉ édit.
HARTMANN (E. de). La Religion de l'avenir. 7ᵉ édit. 1908.
— Le Darwinisme, ce qu'il y a de vrai et de faux dans cette doctrine. 8ᵉ édit.
HERBERT SPENCER. *Classification des sciences. 8ᵉ édit.
— L'Individu contre l'État. 5ᵉ édit.
HERCKENRATH. (C.-R.-C.) Problèmes d'Esthétique et de Morale 1897.
JAELL (Mᵐᵉ). L'intelligence et le rythme dans les mouvements artistiques.
JAMES (W.). La théorie de l'émotion, préf. de G. DUMAS. 2ᵉ édition. 1906.
JANET (Paul), de l'Institut. * La Philosophie de Lamennais.
JANKELEWITCH (Dʳ). *Nature et Société. *Essai d'une application du point de vue finaliste aux phénomènes sociaux.* 1906.
LACHELIER (J.), de l'Institut. Du fondement de l'induction. 5ᵉ édit. 1907.
— *Etudes sur le syllogisme, suivies de l'observation de Platner et d'une note sur le « Philèbe ». 1907.
LAISANT (C.). L'Éducation fondée sur la science. Préface de A. NAQUET. 2ᵉ éd. 1905.
LAMPÉRIÈRE (Mᵐᵉ A.). * Rôle social de la femme, son éducation. 1898.
LANDRY (A.), agrégé de philos., docteur ès lettres. La responsabilité pénale. 1902.
LANGE, professeur à l'Université de Copenhague. *Les Émotions, étude psycho-physiologique, traduit par G. Dumas. 2ᵉ édit. 1902.

Suite de la *Bibliothèque de philosophie contemporaine*, format in-16, à 2 fr. 50 le vol.

LAPIE, professeur à l'Université de Bordeaux. **La Justice par l'État.** 1899.
LAUGEL (Auguste). **L'Optique et les Arts.**
LE BON (Dr Gustave). *** Lois psychologiques de l'évolution des peuples.** 8° édit.
— *** Psychologie des foules.** 13° édit.
LÉCHALAS. *** Étude sur l'espace et le temps.** 1895.
LE DANTEC, chargé du cours d'Embryologie générale à la Sorbonne. **Le Détermi-
nisme biologique et la Personnalité consciente.** 3° édit. 1908.
— *** L'Individualité et l'Erreur individualiste** 3° édit. 1908.
— *** Lamarckiens et Darwiniens,** 3° édit. 1908.
LEFÈVRE (G.), prof. à l'Univ. de Lille. **Obligation morale et idéalisme** 1895.
LIARD, de l'Inst., vice-rect. de l'Acad. de Paris.*** Les Logiciens** anglais contemp. 5° éd.
— **Des définitions géométriques et des définitions empiriques.** 3° édit.
LICHTENBERGER (Henri), maître de conférences à la Sorbonne. *** La philosophie
de Nietzsche.** 11° édit. 1908.
— *** Friedrich Nietzsche. Aphorismes et fragments choisis.** 4° édit. 1908.
LODGE (Sir Oliver). *** La Vie et la Matière,** trad. de l'anglais par J. MAXWELL. 1907.
LOMBROSO. **L'Anthropologie criminelle et ses récents progrès.** 4° édit. 1901.
LUBBOCK (Sir John). *** Le Bonheur de vivre.** 2 volumes. 10° édit. 1907.
— *** L'Emploi de la vie.** 7° éd. 1908
LYON (Georges), recteur de l'Académie de Lille. *** La Philosophie de Hobbes.**
MARGUERY (E.). **L'Œuvre d'art et l'évolution.** 2° édit. 1905
MAUXION, prof. à l'Univ. de Poitiers. *** L'éducation par l'instruction** (*Herbart.*).
— *** Essai sur les éléments et l'évolution de la moralité.** 1904.
MILHAUD (G.), professeur à l'Université de Montpellier. *** Le Rationnel.** 1898.
— *** Essai sur les conditions et les limites de la Certitude logique.** 2° édit. 1898.
MOSSO. *** La Peur.** Étude psycho-physiologique (avec figures). 4° édit. revue 1908.
— *** La Fatigue intellectuelle et physique,** trad. Langlois. 5° édit.
MURISIER (E.), *** Les Maladies du sentiment religieux.** 2° édit. 1903.
NAVILLE (A.), prof. à l'Univ. de Genève. **Nouvelle classification des sciences.**
2° édit. 1901.
NORDAU (Max). *** Paradoxes psychologiques,** trad. Dietrich. 6° édit. 1907.
— **Paradoxes sociologiques,** trad. Dietrich. 5° édit. 1907.
— *** Psycho-physiologie du Génie et du Talent,** trad. Dietrich. 4° édit. 1906.
NOVICOW (J.). **L'Avenir de la Race blanche.** 2° édit. 1903.
OSSIP-LOURIÉ, lauréat de l'Institut. **Pensées de Tolstoï.** 2° édit. 1902
— *** Nouvelles Pensées de Tolstoï.** 1903.
— *** La Philosophie de Tolstoï.** 3° édit. 1908.
— *** La Philosophie sociale dans le théâtre d'Ibsen.** 1900.
— **Le Bonheur et l'Intelligence.** 1904.
PALANTE (G.), agrégé de l'Université. **Précis de sociologie.** 2° édit. 1903.
PAULHAN (Fr.). **Les Phénomènes affectifs et les lois de leur apparition** 2° éd. 1901.
— *** Psychologie de l'invention.** 1900.
— *** Analystes et esprits synthétiques.** 1903.
— *** La fonction de la mémoire et le souvenir affectif.** 1904.
PHILIPPE (J.). *** L'Image mentale,** avec fig. 1903.
PHILIPPE (J.) et PAUL-BONCOUR (J.). **Les anomalies mentales chez les écoliers.**
(*Ouvrage couronné par l'Institut*). 2° éd. 1907.
PILLON (F.). *** La Philosophie de Ch. Secrétan.** 1898.
PIOGER (Dr Julien). **Le Monde physique,** essai de conception expérimentale. 1893.
PROAL (Louis), conseiller à la Cour d'appel de Paris. **L'éducation et le suicide
des enfants.** Étude psychologique et sociologique. 1907.
QUEYRAT, prof. de l'Univ. *** L'Imagination et ses variétés chez l'enfant.** 3° édit.
— *** L'Abstraction,** son rôle dans l'éducation intellectuelle. 2° édit. revue. 1907.
— *** Les Caractères et l'éducation morale.** 3° éd. 1907.
— *** La logique chez l'enfant et sa culture.** 3° édit. revue. 1907.
— *** Les jeux des enfants.** 2° édit 1908
RAGEOT (G.). **Les savants et la philosophie.** 1907.
REGNAUD (P.), professeur à l'Université de Lyon. **Logique évolutionniste.** 1897.
— **Comment naissent les mythes.** 1897.

F. ALCAN.

Suite de la *Bibliothèque de philosophie contemporaine*, format in-16 à 2 fr. 50 le vol.

RENARD (Georges), prof. au Collège de France. Le régime socialiste, 6° éd. 1907.
RÉVILLE (A.), Histoire du dogme de la Divinité de Jésus-Christ. 4° édit. 1907.
REY (A.), chargé de cours à l'Université de Dijon. *L'énergétique et le mécanisme au point de vue des conditions de la connaissance. 1907.
RIBOT (Th.), de l'Institut, professeur honoraire au Collège de France, directeur de la *Revue philosophique*. La Philosophie de Schopenhauer. 11° édition.
— * Les Maladies de la mémoire. 20° édit.
— * Les Maladies de la volonté. 24° édit.
— * Les Maladies de la personnalité. 14° édit.
— * La Psychologie de l'attention. 10° édit.
RICHARD (G.), prof. à l'Univ. de Bordeaux. * Socialisme et Science sociale. 2° édit.
RICHET (Ch.), prof. à l'Univ. de Paris. Essai de psychologie générale. 7° édit. 1907.
ROBERTY (E. de). L'Inconnaissable, sa métaphysique, sa psychologie.
— L'Agnosticisme. Essai sur quelques théories pessim. de la connaissance. 2° édit.
— La Recherche de l'Unité. 1893.
— *Le Bien et le Mal. 1896.
— Le Psychisme social. 1897.
— Les Fondements de l'Ethique. 1898.
— Constitution de l'Éthique. 1901.
— Frédéric Nietzsche. 3° édit. 1903.
RŒHRICH (E.). L'attention spontanée et volontaire. Son fonctionnement, ses lois, son emploi dans la vie pratique. (Récompensé par l'Institut.) 1907.
ROGUES DE FURSAC (J.). Un mouvement mystique contemporain. Le réveil religieux au Pays de Galles (1904-1905). 1907.
ROISEL. De la Substance.
— L'Idée spiritualiste. 2° éd. 1901.
ROUSSEL-DESPIERRES. L'Idéal esthétique. *Philosophie de la beauté*. 1904.
SCHOPENHAUER. *Le Fondement de la morale, trad. par M. A. Burdeau 9° édit.
— *Philosophie et philosophes, trad. Dietrich. 1907.
— *Le Libre arbitre, trad. par M. Salomon Reinach, de l'Institut. 10° éd.
— Pensées et Fragments, avec intr. par M. J. Bourdeau. 22° édit.
— *Écrivains et style. Traduct. Dietrich. 2° édit. 1908.
— * Sur la Religion. Traduct. Dietrich. 1906.
SOLLIER (Dʳ P.). Les Phénomènes d'autoscopie, avec fig. 1903.
— *Essai critique et théorique sur l'association en psychologie. 1907.
SOURIAU (P.), prof. à l'Université de Nancy. *La Rêverie esthétique. 1906.
STUART MILL. *Auguste Comte et la Philosophie positive. 8° édit. 1907.
— * L'Utilitarisme. 5° édit. revue. 1908.
— Correspondance inédite avec Gust. d'Eichthal (1828-1842)—(1864-1871).
— La Liberté, avant-propos, introduction et traduc. par DUPONT-WHITE. 3° édit.
SULLY PRUDHOMME, de l'Académie française. * Psychologie du libre arbitre suivi de *Définitions fondamentales des idées les plus générales et des idées les plus abstraites*. 1907.
— et Ch. RICHET. Le problème des causes finales. 4° édit. 1907.
SWIFT. L'Éternel conflit. 1904.
TANON (L.). * L'Évolution du droit et la Conscience sociale. 2° édit. 1905.
TARDE, de l'Institut. La Criminalité comparée. 6° édit. 1907.
— * Les Transformations du Droit. 5° édit. 1906.
— * Les Lois sociales. 5° édit. 1907.
THAMIN (R.), recteur de l'Acad. de Bordeaux. * Éducation et Positivisme. 2° édit.
THOMAS (P. Félix). * La suggestion, son rôle dans l'éducation. 4° édit. 1907.
— *Morale et éducation, 2° édit. 1905.
TISSIÉ. * Les Rêves, avec préface du professeur Azam. 2° éd. 1898.
WUNDT. Hypnotisme et Suggestion. Étude critique, traduit par M. Keller. 3° édit. 1905.
ZELLER. Christian Baur et l'École de Tubingue, traduit par M. Ritter.
ZIEGLER. La Question sociale est une Question morale, trad. Palante. 3° édit.

Suite de la *Bibliothèque de philosophie contemporaine*, format in-8°.

BIBLIOTHÈQUE DE PHILOSOPHIE CONTEMPORAINE

VOLUMES IN-8, BROCHÉS
à 3 fr. 75, 5 fr., 7 fr. 50, 10 fr., 12 fr. 50 et 15 fr.

Ouvrages parus en 1908 :

BAYET (A.). **L'idée de bien.** Essai sur le principe de l'art moral rationnel. 3 fr. 75.

BERTHELOT (R.). **Evolutionisme et platonisme.** 5 fr.

BLOCH (C.), docteur ès lettres. **La philosophie de Newton.** 10 fr.

BOIRAC (E.), recteur de l'Académie de Dijon. **La psychologie inconnue.** Introduction et contribution à l'étude expérimentale des sciences psychiques. 5 fr.

BOUGLÉ, chargé de cours à la Sorbonne. **Essais sur le régime des castes.** *(Travaux de l'Année sociologique publiés sous la direction de M. Emile Durkheim).* 5 fr.

CHIDE (A.), agrégé de philosophie. **Le Mobilisme moderne.** 5 fr.

DELACROIX (H.), professeur à l'Université de Caen. **Études d'histoire et de psychologie du mysticisme.** Les grands mystères chrétiens. 10 fr.

DWELSHAUVERS, prof. à l'Univ. nouvelle de Bruxelles. **La Synthèse mentale.** 5 fr.

ENRIQUEZ. **Les problèmes de la science et la logique.** 5 fr.

GRASSET (J.). **Introduction physiologique à l'étude de la philosophie.** *Conférences sur la physiologie du système nerveux de l'homme.* Avec figures. 5 fr.

HANNEQUIN, prof. à l'Univ. de Lyon. **Études d'histoire des sciences et d'histoire de la philosophie,** préface de R. Thamin, introduction de J. Grosjean. 2 vol. 15 fr.

HARTENBERG (Dr P.). **Physionomie et caractère.** *Essai de physiognomonie scientifique.* Avec figures. 5 fr.

HOFFDING (H.). prof. à l'Univ. de Copenhague. **Philosophie de la religion.** 7 fr. 50

IOTEYKO et STEFANOWSKA. **Psychologie et physiologie de la douleur.** 5 fr.

JASTROW (J.), prof. à l'Univ. de Wisconsin. **La Subconscience.** Préface de P. Janet. 7 fr. 50

LALO (Ch.), docteur ès lettres. **Esthétique musicale scientifique.** 5 fr.

— **L'esthétique expérimentale contemporaine.** 3 fr. 75

LANESSAN (J.-L. de). **La Morale naturelle.** 10 fr.

MEYERSON (E.). **Identité et réalité.** 7 fr. 50

PILLON (F.). **Année philosophique,** 18e année, 1907. 5 fr.

RENOUVIER (Ch.), de l'Institut. *****Science de la Morale.** Nouv. édit. 2 vol. 15 fr.

REVAULT d'ALLONNES (G.), docteur ès lettres. **Psychologie d'une religion.** Guillaume Monod (1800-1896). 5 fr.

— **Les Inclinations.** Leur rôle dans la psychologie des sentiments. 3 fr. 75

ROBERTY (E. de). **Sociologie de l'action.** *La genèse sociale de la raison et les origines rationnelles de l'action.* 7 fr. 50

RUSSELL. **La philosophie de Leibniz.** Préface de M. Lévy-Bruhl. 5 fr.

Précédemment publiés :

ADAM, recteur de l'Académie de Nancy. ***** **La Philosophie** en France (première moitié du XIXe s.). 7 fr. 50

ARRÉAT. *****Psychologie du peintre.** 5 fr.

AUBRY (Dr P.). **La Contagion du meurtre.** 1896. 3e édit. 5 fr.

BAIN (Alex.). **La Logique inductive et déductive.** Trad. Compayré. 2 vol. 3e éd. 20 fr.

— ***** **Les Sens et l'Intelligence.** Trad. Cazelles. 3e édit. 10 fr.

BALDWIN (Mark), professeur à l'Université de Princeton (États-Unis). **Le Développement mental chez l'enfant et dans la race.** Trad. Nourry. 1897. 7 fr. 50

BARDOUX (J.). *****Essai d'une psychologie de l'Angleterre contemporaine.** *Les crises belliqueuses. (Couronné par l'Académie française).* 1906. 7 fr. 50

— **Essai d'une psychologie de l'Angleterre contemporaine.** *Les crises politiques. Protectionnisme et Radicalisme.* 1907. 5 fr.

BARTHÉLEMY-SAINT-HILAIRE, de l'Institut. **La Philosophie dans ses rapports avec les sciences et la religion.** 5 fr.

BARZELOTTI, prof. à l'Univ. de Rome. *****La Philosophie de H. Taine.** 1900. 7 fr. 50

BAZAILLAS (A.), docteur ès lettres. *****La Vie personnelle.** 1905. 5 fr.

— **Musique et inconscience.** *Introduction à la psychologie de l'inconscient.* 1907. 5 fr.

BELOT (G.), prof. au lycée Louis-le-Grand. **Etudes de morale positive.** *(Récompensé par l'Institut.)* 1907. 7 fr. 50

BERGSON (H.), de l'Institut. ***** **Matière et mémoire.** 5e édit. 1908. 5 fr.

Suite de la *Bibliothèque de philosophie contemporaine*, format in-8.

BERGSON (H.), Essai sur les données immédiates de la conscience. 6° édit. 1908   3 fr. 75
— * L'Evolution créatrice. 4° édit. 1908.   7 fr. 50
BERTRAND, prof. à l'Université de Lyon. * L'Enseignement intégral. 1898.   5 fr.
— Les Études dans la démocratie. 1900.   5 fr.
BINET (A.). *Les révélations de l'écriture, avec 67 grav.   5 fr.
BOIRAC (Émile), recteur de l'Académie de Dijon. * L'Idée du Phénomène.   5 fr.
BOUGLÉ, chargé de cours à la Sorbonne. * Les Idées égalitaires. 2° édit. 1908. 3 fr.75
BOURDEAU (L.). Le Problème de la mort. 4° édition. 1904.   5 fr.
— Le Problème de la vie. 1901.   7 fr. 50
BOURDON, prof. à l'Univ. de Rennes. *L'Expression des émotions.   7 fr. 50
BOUTROUX (E.), de l'Inst. Etudes d'histoire de la philosophie. 3° éd. 1908   7 fr. 50
BRAUNSCHVIG, doct. ès lettres. Le sentiment du beau et le sentiment poétique. 1904.   3 fr. 75
BRAY (L.). Du beau. 1902.   5 fr.
BROCHARD (V.), de l'Institut. De l'Erreur. 2° édit. 1897.   5 fr.
BRUNSCHVICG (E.), prof. au lycée Henri IV, doct. ès lett. La Modalité du jugement. 5 fr.
— *Spinoza. 2° édit. 1906.   3 fr. 75
CARRAU (Ludovic), prof. à la Sorbonne. Philosophie religieuse en Angleterre.   5 fr.
CHABOT (Ch.), prof. à l'Univ. de Lyon. *Nature et Moralité. 1897.   5 fr.
CLAY (R.). * L'Alternative, *Contribution à la Psychologie*. 2° édit.   10 fr.
COLLINS (Howard). *La Philosophie de Herbert Spencer. 4° édit. 1904.   10 fr.
COSENTINI (F.). La Sociologie génétique. *Pensée et vie sociale préhist.* 1905. 3 fr.75
COSTE. Les Principes d'une sociologie objective.   3 fr. 75
— L'Expérience des peuples et les prévisions qu'elle autorise. 1900.   10 fr.
COUTURAT (L.). Les principes des mathématiques. 1906.   5 fr.
CRÉPIEUX-JAMIN. L'Écriture et le Caractère. 4° édit. 1897.   7 fr. 50
CRESSON, doct. ès lettres. La Morale de la raison théorique. 1903.   5 fr.
DAURIAC (L.). *Essai sur l'esprit musical. 1904.   5 fr.
DE LA GRASSERIE (R.), lauréat de l'Institut. Psychologie des religions. 1899. 5 fr.
DELBOS (V.), prof. adjoint à la Sorbonne. * La philosophie pratique de Kant. 1905. (Ouvrage couronné par l'Académie française.)   12 fr. 50
DELVAILLE (J.), agr. de philosophie. La vie sociale et l'éducation. 1907. 3 fr. 75
DELVOLVE (J.), docteur ès lettres, agrégé de philosophie. *Religion, critique et philosophie positive chez Pierre Bayle. 1906.   7 fr. 50
DRAGHICESCO (D.), prof. à l'Univ. de Bucarest. L'Individu dans le déterminisme social.   7 fr. 50
— * Le problème de la conscience. 1907.   3 fr. 75
DUMAS (G.), chargé de cours à la Sorbonne. *La Tristesse et la Joie. 1900.   7 fr. 50
— Psychologie de deux messies. *Saint-Simon et Auguste Comte*. 1905.   5 fr.
DUPRAT (G. L.), docteur ès lettres. L'Instabilité mentale. 1899.   5 fr.
DUPROIX (P.), doyen de la Fac. des lettres de l'Univ. de Genève * Kant et Fichte et le problème de l'éducation. 2° édit. (Cour. par l'Acad. franç.).   5 fr.
DURAND (DE GROS). Aperçus de taxinomie générale. 1898.   5 fr.
— Nouvelles recherches sur l'esthétique et la morale. 1899.   5 fr.
— Variétés philosophiques. 2° édit. revue et augmentée. 1900.   5 fr.
DURKHEIM, prof. à la Sorbonne. *De la division du travail social. 2° édit. 1901. 7 fr. 50
— Le Suicide, *étude sociologique*. 1897.   7 fr. 50
— * L'année sociologique : 10 années parues.
  1re Année (1896-1897). — DURKHEIM : La prohibition de l'inceste et ses origines. — G. SIMMEL : Comment les formes sociales se maintiennent. — *Analyses* des travaux de sociologie publiés du 1er Juillet 1896 au 30 Juin 1897.   10 fr.
  2° Année (1897-1898). — DURKHEIM : De la définition des phénomènes religieux. — HUBERT et MAUSS : La nature et la fonction du sacrifice. — *Analyses.* 10 fr.
  3° Année (1898-1899). — RATZEL : Le sol, la société, l'État. — RICHARD : Les crises sociales et la criminalité. — STEINMETZ : Classif. des types sociaux. — *Analyses.* 10 fr.
  4° Année (1899-1900). — BOUGLÉ : Remarques sur le régime des castes. — DURKHEIM : Deux lois de l'évolution pénale. — CHARMONT : Notes sur les causes d'extinction de la propriété corporative. *Analyses.*   10 fr.
  5° Année (1900-1901). — F. SIMIAND : Remarques sur les variations du prix du charbon au XIX° siècle. — DURKHEIM : Sur le Totémisme. — *Analyses.*   10 fr.
  6° Année (1901-1902). — DURKHEIM et MAUSS : De quelques formes primitives de classification. Contribution à l'étude des représentations collectives. — BOUGLÉ : Les théories récentes sur la division du travail. — *Analyses.*   12 fr. 50

Suite de la *Bibliothèque de philosophie contemporaine*, format in-8.

7ᵉ Année(1902-1903).—HUBERTetMAUSS:Théorie générale de la magie.—*Anal.*12 fr.50
8ᵉ Année (1903-1904). — H. BOURGIN : La boucherie à Paris au XIXᵉ siècle. —
E. DURKHEIM : L'organisation matrimoniale australienne. — *Analyses.*12 fr. 50
9ᵉ Année (1904-1905).—A. MEILLET : Comment les noms changent de sens.—MAUSS
et BEUCHAT : Les variations saisonnières des sociétés eskimos. — *Anal.* 12 fr. 50
10ᵉ Année (1905-1906). — P. HUVELIN : Magie et droit industriel. — R. HERTZ :
Contribution à une étude sur la représentation collective de la mort. —
C. BOUGLÉ : Note sur le droit et la caste en Inde. — *Analyses.* 12 fr. 50

EGGER (V.), prof. à la Fac. des lettres de Paris. La parole intérieure. 2ᵉ éd. 1904. 5 fr.
ESPINAS (A.), de l'Institut, professeur à la Sorbonne. *La Philosophie sociale du
XVIIIᵉ siècle et la Révolution française. 1898. 7 fr. 50
EVELLIN (F.), de l'Institut. La Raison pure et les antinomies. Essai critique
sur la philosophie kantienne. (*Couronné par l'Institut.*). 1907. 5 fr.
FERRERO (G.). Les Lois psychologiques du symbolisme. 1895. 5 fr.
FERRI (Enrico). La Sociologie criminelle. Traduction L. TERRIER. 1905. 10 fr.
FERRI (Louis). La Psychologie de l'association, depuis Hobbes. 7 fr. 50
FINOT (J.). Le préjugé des races. 3ᵉ édit. 1908. (Récomp. par l'Institut). 7 fr. 50
— La philosophie de la longévité. 12ᵉ édit. refondue. 1908. 5 fr.
FONSEGRIVE, prof. au lycée Buffon. *Essai sur le libre arbitre. 2ᵉ édit. 1895. 10 fr.
FOUCAULT, maître de conf. à l'Univ. de Montpellier. La psychophysique. 1901 7 fr. 50
— Le Rêve. 1906. 5 fr.
FOUILLÉE (Alf.), de l'Institut. *La Liberté et le Déterminisme. 5ᵉ édit. 7 fr. 50
— Critique des systèmes de morale contemporains. 5ᵉ édit. 7 fr. 50
— *La Morale, l'Art, la Religion, d'après GUYAU. 6ᵉ édit. augm. 3 fr. 75
— L'Avenir de la Métaphysique fondée sur l'expérience 2ᵉ édit. 5 fr.
— *L'Évolutionnisme des idées-forces. 4ᵉ édit. 7 fr. 50
— *La Psychologie des idées-forces. 2 vol. 2ᵉ édit. 15 fr.
— *Tempérament et caractère. 3ᵉ édit. 7 fr. 50
— Le Mouvement positiviste et la conception sociol. du monde. 2ᵉ édit. 7 fr. 50
— Le Mouvement idéaliste et la réaction contre la science posit. 2ᵉ édit. 7 fr. 50
— *Psychologie du peuple français. 3ᵉ édit. 7 fr. 50
— *La France au point de vue moral. 3ᵉ édit. 7 fr. 50
— *Esquisse psychologique des peuples européens. 4ᵉ édit. 1903. 10 fr.
— *Nietzsche et l'immoralisme. 2ᵉ édit. 1903. 5 fr.
— *Le moralisme de Kant et l'amoralisme contemporain. 2ᵉ édit. 1905. 7 fr. 50
— *Les éléments sociologiques de la morale, 2ᵉ édit. 1905. 7 fr. 50
— *Morale des idées-forces. 1907. 7 fr. 50
FOURNIÈRE (E.). *Les théories socialistes au XIXᵉ siècle 1904. 7 fr. 50
FULLIQUET. Essai sur l'Obligation morale. 1898. 7 fr. 50
GAROFALO, prof. à l'Université de Naples La Criminologie. 5ᵉ édit. refondue. 7 fr. 50
— La Superstition socialiste. 1895. 5 fr.
GÉRARD-VARET, prof. à l'Univ. de Dijon. L'Ignorance et l'Irréflexion. 1899. 5 fr.
GLEY (Dᵣ E), professeur au Collège de France. Études de psychologie physiolo-
gique et pathologique, avec fig. 1903. 5 fr.
GOBLOT (E.), Prof. à l'Université de Lyon. *Classification des sciences. 1898. 5 fr.
GORY (G.). L'Immanence de la raison dans la connaissance sensible. 5 fr.
GRASSET (J.), prof. à l'Univ. de Montpellier. Demifous et demiresponsables.
2ᵉ édit. 1908. 5 fr.
GREEF (de), prof. à l'Univ. nouvelle de Bruxelles. Le Transformisme social. 7 fr. 50
— La Sociologie économique. 1904. 3 fr. 75
GROOS (K.), prof. à l'Université de Bâle. *Les jeux des animaux. 1902. 7 fr. 50
GURNEY, MYERS et PODMORE. Les Hallucinations télépathiques. 4ᵉ édit. 7 fr. 50
GUYAU (M.). *La Morale anglaise contemporaine. 5ᵉ édit. 7 fr. 50
— Les Problèmes de l'esthétique contemporaine. 6ᵉ édit. 5 fr
— Esquisse d'une morale sans obligation ni sanction. 9ᵉ édit. 5 fr
— L'Irréligion de l'avenir, étude de sociologie. 12ᵉ édit 7 fr. 50
— *L'Art au point de vue sociologique. 7ᵉ édit. 7 fr. 50
— *Éducation et Hérédité, étude sociologique. 10ᵉ édit. 5 fr.
HALÉVY Élie), dᵣ ès lettres. Formation du radicalisme philosoph., 3 v., chacun 7 fr.50
HAMELIN (O.). *Les éléments principaux de la Représentation. 1907. 7 fr. 50
HANNEQUIN, prof. à l'Univ. de Lyon. L'hypothèse des atomes. 2ᵉ édit. 1899. 7 fr. 50
HARTENBERG (Dʳ Paul). Les Timides et la Timidité. 2ᵉ édit. 1904. 5 fr
HÉBERT, (Marcel). L'Évolution de la foi catholique. 1905. 5 fr.
— *Le divin. *Expériences et hypothèses, études psychologiques.* 1907. 5 fr.

          F. ALCAN.

Suite de la *Bibliothèque de philosophie contemporaine*, format in-8.

HÉMON (C.), agrégé de philosophie. *** La philosophie de Sully Prudhomme.** Préface de SULLY PRUDHOMME. 1907. 7 fr. 50
HERBERT SPENCER. *** Les premiers Principes.** Traduc. Cazelles. 11ᵉ édit. 10 fr.
— ***Principes de biologie.** Traduct. Cazelles. 5ᵉ édit. 2 vol. 20 fr.
— ***Principes de psychologie.** Trad. par MM. Ribot et Espinas. 2 vol. 20 fr.
— ***Principes de sociologie.** 5 vol. : Tome I. *Données de la sociologie.* 10 fr. — Tome II. *Inductions de la sociologie. Relations domestiques.* 7 fr. 50. — Tome III. *Institutions cérémonielles et politiques.* 15 fr. — Tome IV. *Institutions ecclésiastiques.* 3 fr. 75. — Tome V. *Institutions professionnelles.* 7 fr. 50.
— *** Essais sur le progrès.** Trad. A. Burdeau. 5ᵉ éd. 7 fr. 50
— **Essais de politique.** Trad. A. Burdeau. 4ᵉ édit. 7 fr. 50
— **Essais scientifiques.** Trad. A. Burdeau. 3ᵉ édit. 7 fr. 50
— * **De l'Éducation physique, intellectuelle et morale.** 13ᵉ édit. 5 fr.
— **Justice.** Traduc. Castelot. 7 fr. 50
— **Le rôle moral de la bienfaisance.** Trad. Castelot et Martin St-Léon. 7 fr. 50
— **La Morale des différents peuples.** Trad. Castelot et Martin St-Léon. 7 fr. 50
— **Problèmes de morale et de sociologie.** Trad. H. de Varigny. 7 fr. 50
— * **Une Autobiographie.** Trad. et adaptation par H. de Varigny. 10 fr.
HIRTH (G.). *** Physiologie de l'Art.** Trad. et introd. de L. Arréat. 5 fr.
HÖFFDING, prof. à l'Univ. de Copenhague. **Esquisse d'une psychologie fondée sur l'expérience.** Trad. L. POITEVIN. Préf. de Pierre JANET. 3ᵉ éd. 1906. 7 fr. 50
— ***Histoire de la Philosophie moderne.** Préf. de V. DELBOS. 2ᵉ éd. 1908. 2 vol. Chacun. 10 fr.
— **Philosophes contemporains,** trad. Tremesaygues. 1908, 2ᵉ édit. revue. 3 fr. 75
ISAMBERT (G.), dʳ ès lettres. **Les idées socialistes en France (1815-1848).** 1905. 7 fr. 50
IZOULET, prof. au Collège de France. **La Cité moderne.** 7ᵉ édition. 1908. 10 fr.
JACOBY (Dʳ P.). **Études sur la sélection chez l'homme.** 2ᵉ édition. 1904. 10 fr.
JANET (Paul), de l'Institut. * **Œuvres philosoph. de Leibniz.** 2ᵉ édit. 2 vol. 20 50
JANET (Pierre), prof. au Collège de France. *** L'Automatisme psychologique.** 5ᵉ éd. 7 fr. 50
JAURÈS (J.), docteur ès lettres. **De la réalité du monde sensible.** 2ᵉ éd. 1902. 7 fr. 50
KARPPE (S.), doct. ès lettres. **Essais de critique d'histoire et de philosophie.** 3 fr. 75
KEIM (A.), docteur ès lettres. * *Helvétius, sa vie, son œuvre.* 1907. 10 fr.
LACOMBE (P.). **Psychologie des individus et des sociétés chez Taine.** 1906. 7 fr. 50
LALANDE (A.), maître de conférences à la Sorbonne, *** La Dissolution opposée à l'évolution,** dans les sciences physiques et morales. 1899. 7 fr. 50
LANDRY (A.), docteur ès lettres. *** Principes de morale rationnelle.** 1906. 5 fr.
LANESSAN (J.-L. de). *** La Morale des religions.** 1905. 10 fr.
LANG (A.). *** Mythes, Cultes et Religions.** Introduc. de Léon Marillier. 1896. 10 fr.
LAPIE (P.), professeur à l'Univ. de Bordeaux. **Logique de la volonté** 1902. 7 fr. 50
LAUVRIÈRE, docteur ès lettres. **Edgar Poë.** *Sa vie et son œuvre.* 1904. 10 fr.
LAVELEYE (de). *** De la Propriété et de ses formes primitives.** 5ᵉ édit. 10 fr.
— ***Le Gouvernement dans la démocratie.** 2 vol. 3ᵉ édit. 1896. 15 fr.
LE BON (Dʳ Gustave). *** Psychologie du socialisme.** 5ᵉ éd. refondue. 1907. 7 fr. 50
LECHALAS (G.). *** Études esthétiques.** 1902. 5 fr.
LECHARTIER (G.). **David Hume, moraliste et sociologue.** 1900. 5 fr.
LECLÈRE (A.), prof. à l'Univ. de Berne. **Essai critique sur le droit d'affirmer.** 5 fr.
LE DANTEC, chargé de cours à la Sorbonne. *** L'unité dans l'être vivant** 1902. 7 fr. 50
— *** Les Limites du connaissable,** *la vie et les phénom. naturels.* 3ᵉ éd. 1908. 3 fr. 75
LÉON (Xavier). *** La philosophie de Fichte,** Préf. de E. BOUTROUX, 1902. (Cour. par l'Institut.) 10 fr.
LEROY (E. Bernard). **Le Langage.** *Sa fonction normale et pathol.* 1905. 5 fr.
LÉVY (A.), professeur à l'Univ. de Nancy. **La philosophie de Feuerbach.** 1904. 10 fr.
LÉVY-BRUHL (L.), professeur à la Sorbonne. * **La Philosophie de Jacobi.** 1894. 5 fr.
— *** Lettres de J.-S. Mill à Auguste Comte,** et *les réponses de Comte et une introduction.* 1899. 10 fr.
— *** La Philosophie d'Auguste Comte.** 2ᵉ édit. 1905. 7 fr. 50
— *** La Morale et la Science des mœurs** 3ᵉ édit. 1907. 5 fr.
LIARD, de l'Institut, vice-recteur de l'Acad. de Paris. *** Descartes,** 2ᵉ éd. 1903. 5 fr.
— * **La Science positive et la Métaphysique,** 5ᵉ édit. 7 fr. 50
LICHTENBERGER (H.), maître de conférences à la Sorbonne. *** Richard Wagner, poète et penseur.** 4ᵉ édit. revue. 1907. (Couronné par l'Académie franç.) 10 fr.
— **Henri Heine penseur.** 1905. 3 fr. 75
LOMBROSO. * **L'Homme criminel.** 2ᵉ éd., 2 vol. et atlas. 1895. 36 fr.

Suite de la *Bibliothèque de philosophie contemporaine*, format in-8.

LOMBROSO. Le Crime. *Causes et remèdes.* 2ᵉ édit. **10 fr.**
LOMBROSO et FERRERO. La femme criminelle et la prostituée. **15 fr.**
LOMBROSO et LASCHI. Le Crime politique et les Révolutions. 2 vol. **15 fr.**
LUBAC, agr. de philos. *Psychologie rationnelle. Préf. de H. BERGSON. 1904. 3 fr. 75
LUQUET (G.-H.), agrégé de philosoph. *Idées générales de psychologie. 1906. 5 fr.
LYON (G.), recteur à Lille. *L'Idéalisme en Angleterre au XVIIIᵉ siècle. 7 fr. 50
— Enseignement et religion. Etudes philosophiques. **3 fr. 75**
MALAPERT (P.), docteur ès lettres, prof. au lycée Louis-le-Grand. *Les Éléments du caractère et leurs lois de combinaison. 2ᵉ édit. 1906. **5 fr.**
MARION (H.), prof. à la Sorbonne. *De la Solidarité morale. 6ᵉ édit. 1907. 5 fr.
MARTIN (Fr.). *La Perception extérieure et la Science positive. 1894. **5 fr.**
MAXWELL (J.). Les Phénomènes psychiques. Préf. de Ch. RICHET. 3ᵉ édit. 1906. 5 fr.
MULLER (Max), prof. à l'Univ. d'Oxford. *Nouvelles études de mythologie. 1898. 12 f. 50
MYERS. La personnalité humaine. *Sa survivance.* Trad. par le Dʳ JANKÉLÉVITCH. 1905. **7 fr. 50**
NAVILLE (E.), correspondant de l'Institut. La Physique moderne. 2ᵉ édit. **5 fr.**
— *La Logique de l'hypothèse. 2ᵉ édit. **5 fr.**
— *La Définition de la philosophie. 1894. **5 fr.**
— Le libre Arbitre. 2ᵉ édit. 1898. **5 fr.**
— Les Philosophies négatives. 1899. **5 fr.**
NAYRAC (J.-P.). *Physiologie et Psychologie de l'attention. Préface de Th. RIBOT. (Récompensé par l'Institut.) 1906. **3 fr. 75**
NORDAU (Max). *Dégénérescence, 7ᵉ éd. 1907. 2 vol. Tome I. 7 fr. 50. Tome II. 10 fr.
— Les Mensonges conventionnels de notre civilisation. 10ᵉ édit. 1908. **5 fr.**
— *Vus du dehors. *Essais de critique sur quelques auteurs français contemp. 1903. 5 fr.
NOVICOW. Les Luttes entre Sociétés humaines. 3ᵉ édit. 1904. **10 fr.**
— *Les Gaspillages des sociétés modernes. 2ᵉ édit. 1899. **5 fr.**
— *La Justice et l'expansion de la vie. *Essai sur le bonheur des sociétés. 1905. 7 fr. 50
OLDENBERG, prof. à l'Univ. de Kiel. *Le Bouddha, trad. par P. FOUCHER, chargé de cours à la Sorbonne. Préf. de SYLVAIN LÉVI, prof. au Collège de France. 2ᵉ éd. 7 fr. 50
— *La religion du Véda. Traduit par V. HENRY, prof. à la Sorbonne. 1903. 10 fr.
OSSIP-LOURIÉ. La philosophie russe contemporaine. 2ᵉ édit. 1905. **5 fr.**
— *La Psychologie des romanciers russes au XIXᵉ siècle. 1905. 7 fr. 50
OUVRÉ (H.). *Les Formes littéraires de la pensée grecque. (Cour. p. l'Ac. fr.) 10 fr.
PALANTE (G.), agrégé de philos. Combat pour l'individu. 1904. **3 fr. 75**
PAULHAN. L'Activité mentale et les Éléments de l'esprit. **10 fr.**
— *Les Caractères. 2ᵉ édit. **5 fr.**
— Les Mensonges du caractère. 1905. **5 fr.**
— Le mensonge de l'Art. 1907. **5 fr.**
PAYOT (J.), recteur de l'Académie d'Aix. La croyance. 2ᵉ édit. 1905. **5 fr.**
— *L'Éducation de la volonté. 29ᵉ édit. 1908. **5 fr.**
PÉRÈS (Jean), professeur au lycée de Caen. *L'Art et le Réel. 1898. **3 fr. 75**
PÉREZ (Bernard). Les Trois premières années de l'enfant. 5ᵉ édit. **5 fr.**
— L'Enfant de trois à sept ans. 4ᵉ édit. 1907. **5 fr.**
— L'Éducation morale dès le berceau. 4ᵉ édit. 1901. **5 fr.**
— *L'Éducation intellectuelle dès le berceau. 2ᵉ éd. 1901. 5 fr.
PIAT (C.). La Personne humaine. 1898. (Couronné par l'Institut). **7 fr. 50**
— *Destinée de l'homme. 1898. **5 fr.**
PICAVET (E.), chargé de cours à la Sorb. *Les Idéologues. (Cour. par l'Acad. fr.). 10 fr.
PIDERIT. La Mimique et la Physiognomonie. Trad. de l'allem. par M. Girot. 5 fr.
PILLON (F.). *L'Année philosophique. 18 années : 1890 à 1907. 18 vol. Chacun. 5 fr.
PRAT (L.), doct. ès lettres. Le caractère empirique et la personne. 1906. 7 fr. 50
PREYER, prof. à l'Université de Berlin. Éléments de physiologie. **5 fr.**
PROAL, conseiller à la Cour de Paris. *La Criminalité politique. 2ᵉ éd. 1908. 5 fr.
— *Le Crime et la Peine. 3ᵉ édit. (Couronné par l'Institut.) **10 fr.**
— Le Crime et le Suicide passionnels. 1900. (Cour. par l'Ac. franç.). **10 fr.**
RAGEOT (G.). *Le Succès. *Auteurs et Public.* 1906. **3 fr. 75**
RAUH, prof. adjoint à la Sorbonne. *De la méthode dans la psychologie des sentiments. 1899. (Couronné par l'Institut.) **5 fr.**
— *L'Expérience morale. 1903. (Récompensé par l'Institut.) **3 fr. 75**
RÉCEJAC, doct. ès lett. Les Fondements de la Connaissance mystique. 1897. 5 fr.
RENARD (G.), prof. au Collège de France. *La Méthode scient. de l'histoire litt. 10 fr.
RENOUVIER (Ch.) de l'Institut. *Les Dilemmes de la métaphysique pure. **5 fr.**

     F. ALCAN.

Suite de la *Bibliothèque de philosophie contemporaine*, format in-8.

RENOUVIER (Ch.) *Histoire et solution des problèmes métaphysiques. 7 fr. 50
— Le personnalisme, avec une étude sur la *perception externe et la force*. 1903. 10 fr.
— *Critique de la doctrine de Kant. 1906.   7 fr. 50
REY (A.), chargé de cours à l'Université de Dijon. * La Théorie de la physique
   chez les physiciens contemporains. 1907.   7 fr. 50
RIBERY, doct. ès lett. Essai de classification naturelle des caractères. 1903. 3 fr. 75
RIBOT (Th.), de l'Institut. * L'Hérédité psychologique. 8ᵉ édit.   7 fr. 50
— *La Psychologie anglaise contemporaine. 3ᵉ édit.   7 fr. 50
— *La Psychologie allemande contemporaine, 6ᵉ édit.   7 fr. 50
— La Psychologie des sentiments. 7ᵉ édit. 1908.   7 fr. 50
— L'Évolution des idées générales. 2ᵉ édit. 1904.   5 fr.
— *Essai sur l'Imagination créatrice. 3ᵉ édit. 1908.   5 fr.
— *La logique des sentiments. 2ᵉ édit. 1907.   3 fr. 75
— *Essai sur les passions. 1907.   3 fr. 75
RICARDOU (A.), docteur ès lettres. * De l'Idéal. (Couronné par l'Institut.) 5 fr.
RICHARD (G.), chargé du cours de sociologie à l'Univ. de Bordeaux. *L'idée d'évo-
   lution dans la nature et dans l'histoire. 1903. (Couronné par l'Institut.) 7 fr. 50
RIEMANN (H.), prof. à l'Univ. de Leipzig. Esthétique musicale. 1906.   5 fr.
RIGNANO (E.). Sur la transmissibilité des caractères acquis. 1906.   5 fr.
RIVAUD (A.), chargé de cours à l'Université de Poitiers. Les notions d'essence et
   d'existence dans la philosophie de Spinoza. 1906.   3 fr. 75
ROBERTY (E. de). L'Ancienne et la Nouvelle philosophie.   7 fr. 50
— *La Philosophie du siècle (positivisme, criticisme, évolutionnisme). 5 fr.
— *Nouveau Programme de sociologie. 1904.   5 fr.
ROMANES. * L'Évolution mentale chez l'homme.   7 fr. 50
ROUSSEL-DESPIERRES (Fr.). *Hors du scepticisme. *Liberté et beauté*. 1907. 7 fr. 50
RUYSSEN (Th.), pr. à l'Univ. de Dijon. *L'évolution psychologique du jugement. 5 fr.
SABATIER (A.). Philosophie de l'effort. 2ᵉ édit. 1908.   7 fr. 50
SAIGEY (E.). *Les Sciences au XVIIIᵉ siècle. La Physique de Voltaire. 5 fr.
SAINT-PAUL (Dr G.). * Le Langage intérieur et les paraphasies. 1904. 5 fr.
SANZ Y ESCARTIN. L'Individu et la Réforme sociale, trad. Dietrich. 7 fr. 50
SCHOPENHAUER. Aphor. sur la sagesse dans la vie. Trad. Cantacuzène. 9ᵉ éd. 5 fr.
— *Le Monde comme volonté et comme représentation. 5ᵉ éd. 3 vol., chac. 7 fr. 50
SÉAILLES (G.), prof. à la Sorbonne. Essai sur le génie dans l'art. 2ᵉ édit. 5 fr.
— *La Philosophie de Ch. Renouvier. *Introduction au néo-criticisme*. 1905. 7 fr. 50
SIGHELE (Scipio). La Foule criminelle. 2ᵉ édit. 1901.   5 fr.
SOLLIER. Le Problème de la mémoire. 1900.   3 fr. 75
— Psychologie de l'idiot et de l'imbécile, avec 12 pl. hors texte. 2ᵉ éd. 1902. 5 fr.
— Le Mécanisme des émotions. 1905.   5 fr.
SOURIAU (Paul), prof. à l'Univ. de Nancy. L'Esthétique du mouvement. 5 fr.
— *La Beauté rationnelle. 1904.   10 fr.
STAPFER (P.). * Questions esthétiques et religieuses. 1906.   3 fr. 75
STEIN (L.), * La Question sociale au point de vue philosophique. 1900. 10 fr.
STUART MILL. *Mes Mémoires. Histoire de ma vie et de mes idées. 5ᵉ éd. 5 fr.
— *Système de Logique déductive et inductive. 4ᵉ édit. 2 vol.   20 fr.
— *Essais sur la Religion. 4ᵉ édit. 1901.   5 fr.
— Lettres inédites à Aug. Comte et réponses d'Aug. Comte. 1899.   10 fr.
SULLY (James). Le Pessimisme. Trad. Bertrand. 2ᵉ édit.   7 fr. 50
— *Études sur l'Enfance. Trad. A. Monod, préface de G. Compayré. 1898. 10 fr.
— Essai sur le rire. Trad. Léon Terrier. 1904.   7 fr. 50
SULLY PRUDHOMME, de l'Acad. franç. La vraie religion selon Pascal. 1905. 7 fr. 50
TARDE (G.), de l'Institut.* La Logique sociale. 3ᵉ édit. 1898.   7 fr. 50
— *Les Lois de l'imitation. 5ᵉ édit. 1907.   7 fr. 50
— L'Opposition universelle. *Essai d'une théorie des contraires*. 1897. 7 fr. 50
— *L'Opinion et la Foule. 2ᵉ édit. 1904.   5 fr.
— *Psychologie économique. 1902. 2 vol.   15 fr.
TARDIEU (E.). L'Ennui. *Étude psychologique*. 1903.   5 fr.
THOMAS (P.-F.), docteur ès lettres. *Pierre Leroux, sa philosophie. 1904. 5 fr.
— *L'Éducation des sentiments. (Couronné par l'Institut.) 4ᵉ édit. 1907. 5 fr.
VACHEROT (Et.), de l'Institut. *Essais de philosophie critique.   7 fr. 50
— La Religion.   7 fr. 50
WAYNBAUM (Dr I.). La physionomie humaine. 1907.   5 fr.
WEBER (L.). *Vers le positivisme absolu par l'idéalisme. 1903.   7 fr. 50

COLLECTION HISTORIQUE DES GRANDS PHILOSOPHES

PHILOSOPHIE ANCIENNE

ARISTOTE. **La Poétique d'Aristote**, par HATZFELD (A.), et M. DUFOUR. 1 vol. in-8. 1900. 6 fr.
— **Physique, II**, trad. et commentaire par O. HAMELIN In-8 3 fr.

SOCRATE. ***Philosophie de Socrate**, par A. FOUILLÉE. 2 v. in-8. 16 fr.
— **Le Procès de Socrate**, par G. SOREL. 1 vol. in-8...... 3 fr. 50

PLATON. **La Théorie platonicienne des Sciences**, par ÉLIE HALÉVY. In-8. 1895.............. 5 fr.
— **Œuvres**, traduction VICTOR COUSIN revue par J. BARTHÉLEMY-SAINT-HILAIRE : *Socrate et Platon ou le Platonisme — Eutyphron — Apologie de Socrate — Criton — Phédon.* 1 vol. in-8. 1896. 7 fr. 50

ÉPICURE ***La Morale d'Épicure**, par M. GUYAU. In-8. 5e édit. 7 fr. 50

BÉNARD. **La Philosophie ancienne, ses systèmes.** 1 v. in-8 9 fr.

FAVRE (Mme Jules), née VELTEN. **La Morale de Socrate.** In-18. 3 50
— **Morale d'Aristote.** In-18. 3 fr. 50

OUVRÉ (H.) **Les formes littéraires de la pensée grecque.** In-8. 10 fr.

GOMPERZ. **Les penseurs de la Grèce.** Trad. REYMOND (*Trad. cour. par l'Académie franç.*).
I. *La philosophie antésocratique.* 1 vol. gr. in-8.......... 10 fr.
II. ***Athènes, Socrate et les Socratiques.* 1 vol. gr. in-8 .... 12 fr.

III. (*Sous presse*).

RODIER (G.). ***La Physique de Straton de Lampsaque.** In-8. 3 fr.

TANNERY (Paul). **Pour la science hellène.** In-8........ 7 fr. 50

MILHAUD (G.).* **Les philosophes géomètres de la Grèce.** In-8. 1900. (*Couronné par l'Inst.*). 6 fr.

FABRE (Joseph). **La Pensée antique** *De Moïse à Marc-Aurèle.* 2e éd. 5 fr.
— ***La Pensée chrétienne.** Des Evangiles à l'Imitation de J.-C.* In-8. 9 fr.

LAFONTAINE (A.). **Le Plaisir**, *d'après Platon et Aristote.* In-8. 6 fr.

RIVAUD (A.), chargé de cours à l'Un. de Poitiers **Le problème du devenir et la notion de la matière**, *des origines jusqu'à Théophraste.* In-8. 1906. 10 fr.

GUYOT (H.), docteur ès lettres. **L'infinité divine** *depuis Philon le Juif jusqu'à Plotin.* In-8. 1906.. 5 fr.
— **Les réminiscences de Philon le Juif chez Plotin.** Broch. in-8.................... 2 fr.

ROBIN (L.), prof. agrégé de philosophie au lycée d'Angers, doct. ès lettres. **La théorie platonicienne des idées et des nombres d'après Aristote.** Étude histor. et critique. In 8 (*Récomp. par l'Institt.*). 12 fr. 50
— **La théorie platonicienne de l'Amour.** 1 vol. in-8... 3 fr. 75

PHILOSOPHIES MÉDIÉVALE ET MODERNE

BULLIAT (G.), Doct. en théologie et en droit canon. **Thesaurus philosophiæ thomisticæ** seu selecti textus philosophici ex sancti Thomæ aquinat s operibus deprompti et secundum ordinem in scholis hodie usurpatum. 1 volume gr. in-8................... 6 fr

*DESCARTES, par L. LIARD, de l'Institut 2e éd. 1 vol. in-8. 5 fr.
— **Essai sur l'Esthétique de Descartes**, par E. KRANTZ. In-8. 6 fr.
— **Descartes, directeur spirituel**, par V. de SWARTE. In-16 avec pl. (*Cour. par l'Institut*)... 4 fr. 50

LEIBNIZ. ***Œuvres philosophiques**, pub. par P. JANET. 2 vol. in-8. 20 fr.
— ***La logique de Leibniz**, par L. COUTURAT. 1 vol. in-8.. 12 fr.
— **Opusc. et fragm. inédits de Leibniz**, par L. COUTURAT. in-8................... 25 fr.
— ***Leibniz et l'organisation religieuse de la Terre**, d'après des documents inédits, par JEAN BARUZI. 1 vol. in-8 (*Couronné par l'Académie Française*)... 10 fr.
— **La philosophie de Leibniz**, par RUSSEL, trad. par M. RAY, préface de M. LÉVY-BRUHL, vol. in-8. 5 fr.

PICAVET, chargé de cours à la Sorbonne. **Histoire générale et comparée des philosophies médiévales.** In-8. 2e éd.. 7 fr. 50

WULF (M. de) **Histoire de la philos. médiévale.** 2e éd In-8. 10 fr.

FABRE (Joseph). ***L'Imitation de Jésus-Christ.** Trad. nouvelle avec préface. In-8............ 7 fr.
— ***La pensée moderne.** De Luther

à Leibniz. 1908. 1 vol. in-8. 8 fr.

SPINOZA. **Benedicti de Spinoza opera**, quotquot reperta sunt. 2 forts vol. in-8 papier de Hollande................ 45 fr.

Le même en 3 volumes 18 fr.

— **Ethica** ordine geometrico demonstrata, édition J. Van Vloten et J.P. N. Land. 1 vol. gr. in-8 4 30

— **Sa philosophie**, par M -E. BRUNSCHVICG. In-8. 3 fr. 75

FIGARD (L.), docteur ès lettres. **Un Médecin philosophe au XVIe siècle**. *La Psychologie de Jean Fernel.* 1 v. in-8. 1903. 7 fr. 50

GASSENDI. **La Philosophie de Gassendi**, par P -V. THOMAS. In-8 6 fr.

MALEBRANCHE. * **La Philosophie de Malebranche**, par OLLÉ-LAPRUNE, de l'Institut. 2 v. in-8. 16 f.

PASCAL **Le scepticisme de Pascal**, par DROZ. 1 vol. in-8....... 6 fr.

VOLTAIRE. **Les Sciences au XVIIIe siècle**. Voltaire physicien, par Em. SAIGEY. 1 vol. in-8. 5 fr.

DAMIRON. **Mémoires pour servir à l'histoire de la philosophie au XVIIIe siècle**. 3 vol. in-8. 15 fr.

J.-J. ROUSSEAU* **Du Contrat social**. avec les versions primitives ; introduction par EDMOND DREYFUS-BRISAC 1 fort volume grand in-8. 12 f

ERASME. **Stultitiæ laus des. Erasmi Rot. declamatio**. Publié et annoté par J.-B. KAN, avec les figures de HOLBEIN. 1 v. in-8 6 fr. 75

WULFF (de). **Introduction à la philosophie néo-scolastique** 1904. 1 vol. gr. in-8..... 5 fr.

PHILOSOPHIE ANGLAISE

DUGALD STEWART. *Philosophie de l'esprit humain. 3 vol. 9 r.

BACON. *Sa Philosophie, par CH. ADAM. (Cour. par l'Institut). In-8............ 7 fr. 50

BERKELEY. **Œuvres choisies** *Nouvelle théorie de la vision. Dialogues d'Hylas et de Philonoüs.* Trad. par MM. BEAULAVON et PARODI. In-8................ 5 fr.

GOURG (R.), docteur ès lettres. **Le Journal philosophique de Berkeley** (*Commonplace Book*) Etude et traduction, 1 vol. gr. in-8.................. 4 fr.

— **William Godwin (1756-1836)** - Sa vie, ses œuvres principales. *La " Justice politique "* 1 vol. in-8.................. 6 fr.

PHILOSOPHIE ALLEMANDE

DUMONT (P.), doct. en philosophie. **Nicolas de Béguelin (1714-1789)**. Fragment de l'histoire des idées philosophiques en Allemagne dans la seconde moitié du XVIIIe siècle. 1 vol. gr. in-8......... 4 fr.

FEUERBACH. **Sa philosophie**, par A. LÉVY. 1 vol. in-8..... 10 fr.

JACOBI. **Sa Philosophie**, par L. LEVY-BRUHL. 1 vol. in-8........ 5 fr.

KANT. **Critique de la raison pratique**, traduct., introd. et notes, par M. PICAVET. 2e édit. In-8. 6 fr.

— ***Critique de la raison pure**, traduction par MM. PACAUD et TREMESAYGUES. In 8........ 12 fr.

— **Eclaircissements sur la Critique de la raison pure**, trad. TISSOT. 1 vol. in-8...... 6 fr.

— **Doctrine de la vertu**, traduction BARNI. 1 vol. in-8........ 8 fr.

— ***Mélanges de logique**, traduction TISSOT. 1 v. in-8..... 6 fr.

— ***Prolégomènes à toute métaphysique future**, trad. TISSOT. In-8.............. 6 fr.

KANT. *Essai sur l'Esthétique de Kant, par V. BASCH. In-8. 10 fr.

— **Sa morale**, par CRESSON. 2e éd. 1 vol. in-12......... 2 fr. 50

— **Sa philosophie pratique**, par V. DELBOS. In-8....... 12 fr. 50

— **L'Idée ou critique du Kantisme**, par C. PIAT. 2e édit. 6 fr.

KANT et FICHTE **et le problème de l'éducation**, par PAUL DUPROIX. 1 vol. in-8. 1897....... 5 fr.

SCHELLING. **Bruno, ou du principe divin**. 1 vol. in-8...... 3 fr. 50

HEGEL. *Logique. 2 vol. in-8. 14 fr.

— * **Philosophie de la nature**. 3 vol. in-8............ 25 fr.

— *Philos. de l'esprit. 2 vol. 18 fr.

— *Philos. de la religion 2 v. 20 fr.

— **La Poétique**. 2 v. in-8. 12 fr.

— **Esthétique**. 2 vol. in-8. 16 fr.

— **Antécédents de l'hégélianisme dans la philos. franç.** par E. BEAUSSIRE. In-18. 2 fr. 50

— **Introduction à la philosophie de Hegel**, par VÉRA. in-8. 6 fr. 50

— *La logique de Hegel, par Eug. NOEL. In-8......... 3 fr.

HERBART. * **Princip. œuvres pédag.**, trad. PINLOCHE. In-8. 7 fr. 50
— **La métaphysique de Herbart et la critique de Kant**, par M. MAUXION. 1 vol. in-8... 7 fr. 50
— **L'éducation par l'instruction** *et Herbart* par M. MAUXION. 2ᵉ éd. In-12 1906.......... 2 fr. 50

SCHILLER. **Sa Poétique**, par V. BASCH. 1 vol. in-8. 1902... 4 fr.

Essai sur le mysticisme spéculatif en Allemagne au XIVᵉ siècle, par DELACROIX (H.), professeur à l'Université de Caen. 1 vol. in-8. 1900...... 5 fr.

LES MAITRES DE LA MUSIQUE

Études d'histoire et d'esthétique,
Publiées sous la direction de M. JEAN CHANTAVOINE

Chaque volume in-16 de 250 pages environ.......... 3 fr. 50

Collection honorée d'une souscription du Ministre de l'Instruction publique et des Beaux-Arts.

Volumes parus :

* RAMEAU, par LOUIS LALOY. (*Vient de paraître*).
MOUSSORGSKY, par M.-D. CALVOCORESSI. (*Vient de paraître*).
* J.-S. BACH, par André PIRRO (2ᵉ *édition*).
* CÉSAR FRANCK, par Vincent D'INDY (4ᵉ *édition*).
* PALESTRINA, par Michel BRENET (2ᵉ *édition*).
* BEETHOVEN, par Jean CHANTAVOINE (3ᵉ *édition*).
* MENDELSSOHN, par CAMILLE BELLAIGUE (2ᵉ *édition*).
* SMETANA, par WILLIAM RITTER.

En préparation : Grétry, par PIERRE AUBRY. — Orlande de Lassus, par HENRY EXPERT. — Wagner, par HENRI LICHTENBERGER. — Berlioz, par ROMAIN ROLLAND. — Gluck, par JULIEN TIERSOT. — Schubert, par A. SCHWEITZER. — Haydn, par MICHEL BRENET, etc., etc.

LES GRANDS PHILOSOPHES

Publié sous la direction de M. C. PIAT

Agrégé de philosophie, docteur ès lettres, professeur à l'École des Carmes.

Chaque étude forme un volume in-8° carré de 300 pages environ.

*Kant, par M. RUYSSEN, chargé de cours à l'Université de Dijon. 2ᵉ édition. 1 vol in-8 (*Couronné par l'Institut.*) 7 fr. 50
*Socrate, par l'abbé C. PIAT. 1 vol. in-8. 5 fr.
*Avicenne, par le baron CARRA DE VAUX. 1 vol. in-8. 5 fr.
*Saint-Augustin, par l'abbé JULES MARTIN. 2ᵉ édition. 1 vol. in-8. 7 fr. 50
*Malebranche, par Henri JOLY, de l'Institut. 1 vol. in-8. 5 fr.
*Pascal, par A. HATZFELD. 1 vol. in-8. 5 fr.
*Saint-Anselme, par DOMET DE VORGES. 1 vol. in-8. 5 fr.
Spinoza, par P.-L. COUCHOUD, agrégé de l'Université. 1 vol. in-8. (*Couronné par l'Académie Française*). 5 fr.
Aristote, par l'abbé C. PIAT. 1 vol. in-8. 5 fr.
Gazali, par le baron CARRA DE VAUX. 1 vol. in-8. (*Couronné par l'Académie Française*). 5 fr.
*Maine de Biran, par Marius COUAILHAC. 1 vol. in-8. (*Récompensé par l'Institut*). 7 fr. 50
*Platon, par l'abbé C. PIAT. 1 vol. in-8. 7 fr. 50
Montaigne, par F. STROWSKI, professeur à l'Université de Bordeaux. 1 vol. in-8. 6 fr.
Philon, par l'abbé JULES MARTIN. 1 vol. in-8. 5 fr.

MINISTRES ET HOMMES D'ÉTAT

HENRI WELSCHINGER, de l'Institut. — *Bismarck. 1 v. in-16. 1900. 2 fr. 50
H. LÉONARDON. — *Prim. 1 vol. in-16. 1901.......... 2 fr. 50
M. COURCELLE. — *Disraëli. 1 vol. in-16. 1901.......... 2 fr. 50
M. COURANT. — Okoubo. 1 vol. in-16, avec un portrait. 1904.. 2 fr. 50
A. VIALLATE. — Chamberlain. Préface de E. BOUTMY. 1 vol. in-16. 2 fr. 50

BIBLIOTHÈQUE GÉNÉRALE
des
SCIENCES SOCIALES

SECRÉTAIRE DE LA RÉDACTION : DICK MAY, Secrétaire général de l'École des Hautes Études sociales.
Chaque volume in-8 de 300 pages environ, cartonné à l'anglaise, **6 fr.**

1. **L'Individualisation de la peine**, par R. SALEILLES, professeur à la Faculté de droit de l'Université de Paris et docteur en droit. 2ᵉ édit.
2. **L'Idéalisme social**, par Eugène FOURNIÈRE, professeur au Conservatoire des Arts et Métiers.
3. ***Ouvriers du temps passé** (XVᵉ et XVIᵉ siècles), par H. HAUSER, professeur à l'Université de Dijon. 2ᵉ édit.
4. ***Les Transformations du pouvoir**, par G. TARDE, de l'Institut.
5. **Morale sociale**, par MM. G. BELOT, MARCEL BERNÈS, BRUNSCHVICG, F. BUISSON, DARLU, DAURIAC, DELBET, CH. GIDE, M. KOVALEVSKY, MALAPERT, le R. P. MAUMUS, DE ROBERTY, G. SOREL, le PASTEUR WAGNER. Préface de M. E. BOUTROUX, de l'Institut.
6. ***Les Enquêtes**, pratique et théorie, par P. DU MAROUSSEM. (*Ouvrage couronné par l'Institut.*)
7. ***Questions de Morale**, par MM. BELOT, BERNÈS, F. BUISSON, A. CROISET, DARLU, DELBOS, FOURNIÈRE, MALAPERT, MOCH, PARODI, G. SOREL. (*Ec. de morale*). 2ᵉ éd.
8. **Le développement du Catholicisme** social depuis l'encyclique *Rerum novarum*, par Max TURMANN, 2ᵉ édit.
9. * **Le Socialisme sans doctrines.** *La Question ouvrière et la Question agraire en Australie et en Nouvelle-Zélande*, par Albert MÉTIN, agrégé de l'Université, professeur à l'École Coloniale.
10. * **Assistance sociale.** *Pauvres et mendiants*, par PAUL STRAUSS, sénateur.
11. ***L'Éducation morale dans l'Université.** (*Enseignement secondaire.*) Par MM. LÉVY-BRUHL, DARLU, M. BERNÈS, KORTZ, CLAIRIN, ROCAFORT, BIOCHE, Ph. GIDEL, MALAPERT, BELOT. (*Ecole des Hautes Etudes sociales*, 1900-1901).
12. ***La Méthode historique appliquée aux Sciences sociales**, par Charles SEIGNOBOS, professeur à l'Université de Paris.
13. ***L'Hygiène sociale**, par E. DUCLAUX, de l'Institut, directeur de l'instit. Pasteur.
14. **Le Contrat de travail.** *Le rôle des syndicats professionnels*, par P. BUREAU, prof. à la Faculté libre de droit de Paris.
15. ***Essai d'une philosophie de la solidarité**, par MM. DARLU, RAUH, F. BUISSON, GIDE, X. LÉON, LA FONTAINE, E. BOUTROUX (*Ecole des Hautes Études sociales*). 2ᵉ édit.
16. ***L'exode rural et le retour aux champs**, par E. VANDERVELDE.
17. ***L'Éducation de la démocratie**, par MM. E. LAVISSE, A. CROISET, Ch. SEIGNOBOS, P. MALAPERT, G. LANSON, J. HADAMARD (*Ecole des Hautes Etudes soc.*) 2ᵉ édit.
18. ***La Lutte pour l'existence et l'évolution des sociétés**, par J.-L. DE LANNESSAN, député, prof. agr. à la Fac. de méd. de Paris.
19. ***La Concurrence sociale et les devoirs sociaux**, par le MÊME.
20. ***L'Individualisme anarchiste**, Max Stirner, par V. BASCH, chargé de cours à la Sorbonne.
21. ***La démocratie devant la science**, par C. BOUGLÉ, chargé de cours à la Sorbonne. (*Récompensé par l'Institut.*)
22. ***Les Applications sociales de la solidarité**, par MM. P. BUDIN, Ch. GIDE, H. MONOD, PAULET, ROBIN, SIEGFRIED, BROUARDEL. Préface de M. Léon BOURGEOIS (*Ecole des Hautes Etudes soc.*, 1902-1903).
23. **La Paix et l'enseignement pacifiste**, par MM. Fr. PASSY, Ch. RICHET, d'ESTOURNELLES DE CONSTANT, E. BOURGEOIS, A. WEISS, H. LA FONTAINE, G. LYON (*Ecole des Hautes Etudes soc.*, 1902-1903).
24. ***Etudes sur la philosophie morale au XIXᵉ siècle**, par MM. BELOT, A. DARLU, M. BERNÈS, A. LANDRY, Ch. GIDE, E. ROBERTY, R. ALLIER, H. LICHTENBERGER, L. BRUNSCHVICG (*Ecole des Hautes Etudes soc.*, 1902-1903).
25. ***Enseignement et démocratie**, par MM. APPELL, J. BOITEL, A. CROISET, A. DEVINAT, Ch.-V. LANGLOIS, G. LANSON, A. MILLERAND, Ch. SEIGNOBOS (*Ecole des Hautes Etudes soc.*, 1903-1904).
26. ***Religions et Sociétés**, par MM. TH. REINACH, A. PUECH, R. ALLIER, A. LEROY-BEAULIEU, le baron CARRA DE VAUX, H. DREYFUS (*Ecole des Hautes Etudes soc.*, 1903-1904).
27. ***Essais socialistes.** La religion, l'art, l'alcool*, par E. VANDERVELDE.
28. ***Le surpeuplement et les habitations à bon marché**, par H. TUROT, conseiller municipal de Paris, et H. BELLAMY.
29. ***L'individu, l'association et l'état**, par E. FOURNIÈRE.
30. **Syndicats et Trusts**, par J. CHASTIN, prof. au lycée Voltaire. (*Réc. par l'Inst.*)

BIBLIOTHÈQUE
D'HISTOIRE CONTEMPORAINE

Volumes in-12 brochés à 3 fr. 50 — Volumes in-8 brochés de divers prix

Volumes parus en 1908 :

ALLIER (R.), **Le Protestantisme au Japon (1859-1907)**. 1 vol. in-18.
3 fr. 50

GUYOT (Yves), ancien ministre. **Sophismes socialistes et faits économiques**. 1 vol. in-18.
3 fr. 50

La Vie politique dans les Deux Mondes (1906-1907). Publiée sous la
direction de M. A. VIALLATE, professeur à l'Ecole des Sciences politiques. Avec la collaboration de MM. L. RENAULT, de l'Institut ; BEAU-
MONT, D. BELLET, P. BOYER, M. CAUDEL, M. COURANT, R. DOLLOT,
M. ESCOFFIER, G. GIDEL, J.-P. ARMAND HAHN, P. HENRY, A. DE LAVERGNE,
A. MARVAUD, R. SAVARY, A. TARDIEU, professeurs et anciens élèves de
l'Ecole des Sciences politiques. 1 fort vol. in-8 de 600 pages. 10 fr.

THÉNARD (L.) et GUYOT (R.). **Le Conventionnel Goujon (1766-1793)**.
1 vol. in-8.
5 fr.

VIALLATE (A.), professeur à l'Ecole des Sciences politiques. **L'Industrie
américaine**. 1 vol. in-8.
10 fr.

EUROPE

DEBIDOUR, professeur à la Sorbonne, * **Histoire diplomatique de l'Europe, de 1815 à 1878**. 2 vol. in-8. (*Ouvrage couronné par l'Institut.* 18 fr.

DOELLINGER (I. de). **La papauté, ses origines au moyen âge, son influence
jusqu'en 1870**. Traduit par A. GIRAUD-TEULON, 1904. 1 vol. in-8. 7 fr.

SYBEL (H. de). * **Histoire de l'Europe pendant la Révolution française**,
traduit de l'allemand par Mlle DOSQUET. Ouvrage complet en 6 vol. in-8. 42 fr.

TARDIEU (A.), secrétaire honoraire d'ambassade. **La Conférence d'Algé-
siras**. *Histoire diplomatique de la crise marocaine* (15 janvier-7 avril 1906).
2° édit. 1 vol. in-8. 1907.
10 fr.

— *Questions diplomatiques de l'année 1904. 1 vol. in-12. *Ouvrage
couronné par l'Académie française*.
3 fr. 50

FRANCE
Révolution et Empire

AULARD, professeur à la Sorbonne. * **Le Culte de la Raison et le Culte de
l'Être suprême**, étude historique (1793-1794). 2° édit. 1 vol. in-12. 3 fr. 50

— * **Études et leçons sur la Révolution française**. 5 v. in-12. Chacun. 3 fr. 50.

BOITEAU (P.). **État de la France en 1789**. Deuxième éd. 1 vol. in-8. 10 fr.

BONDOIS (P.), agrégé d'histoire. * **Napoléon et la société de son
temps (1793-1821)**. 1 vol. in-8.
7 fr.

BORNAREL (E.), doct. ès lettres. * **Cambon et la Révolution française**. In-8. 7 fr.

CAHEN (L.), agrégé d'histoire, docteur ès lettres. * **Condorcet et la Révolution française**. 1 vol. in-8. (*Récompensé par l'Institut.*) 10 fr.

CARNOT (H.), sénateur. * **La Révolution française**, résumé historique.
In-16.
3 fr. 50

DEBIDOUR, professeur à la Sorbonne. * **Histoire des rapports de l'Église
et de l'État en France (1789-1870)**. 1 fort vol. in-8. (*Couronné par
l'Institut.*)
12 fr.

— * **L'Église catholique et l'Etat en France sous la troisième République (1870-1906)**. — I. (1870-1889), 1 vol. in-8. 1906. 7 fr. — II. (1889-
1906), sous presse.

DESPOIS (Eug.). * **Le Vandalisme révolutionnaire**. Fondations littéraires,
scientifiques et artistiques de la Convention. 4° édit. 1 vol. in-12. 3 fr. 50

DRIAULT (E.), agrégé d'histoire. **La politique orientale de Napoléon**.
SÉBASTIANI et GARDANE (1806-1808). 1 vol. in-8. (*Récomp. par l'Institut.*) 7 fr.

— * **Napoléon en Italie (1800-1812)**. 1 vol. in-8. 1906. 10 fr.

DUMOULIN (Maurice). * **Figures du temps passé**. 1 vol. in-16. 1906. 3 fr. 50

GOMEL (G.). **Les causes financières de la Révolution française**. *Les
ministères de Turgot et de Necker*. 1 vol. in-8.
8 fr.

Les causes financières de la Révolution française. *Les derniers
Contrôleurs généraux*. 1 vol. in-8.
8 fr.

— **Histoire financière de l'Assemblée Constituante (1789-1791)**. 2 vol.
in-8, 16 fr. — Tome I : (1789), 8 fr. ; tome II : (1790-1791),
8 fr.

— **Histoire financière de la Législative et de la Convention**. 2 vol. in-8,
15 fr. — Tome I : (1792-1793), 7 fr. 50 ; tome II : (1793-1795). 7 fr. 50

ISAMBERT (G.). * **La vie à Paris pendant une année de la Révolution
(1791-1792)**. In-16. 1896.
3 fr. 50

MATHIEZ (A.), agrégé d'histoire, docteur ès lettres. *La théophilanthropie et le culte décadaire, 1796-1801. 1 vol. in-8.   12 fr.
— *Contributions à l'histoire religieuse de la Révolution française. In-16. 1906.   3 fr. 50
MARCELLIN PELLET, ancien député. Variétés révolutionnaires. 3 vol. in-12, précédés d'une préface de A. RANC. Chaque vol. séparém.   3 fr. 50
MOLLIEN (Cte). Mémoires d'un ministre du trésor public (1780-1815), publiés par M. Ch. GOMEL. 3 vol. in-8.   15 fr.
SILVESTRE, professeur à l'École des sciences politiques. De Waterloo à Sainte-Hélène (20 Juin-16 Octobre 1815). 1 vol. in-16.   3 fr. 50
SPULLER (Eug.). Hommes et choses de la Révolution. 1 vol. in-18. 3 fr. 50
STOURM, de l'Institut. Les finances de l'ancien régime et de la Révolution. 2 vol. in-8.   16 fr.
— Les finances du Consulat. 1 vol. in-8.   7 fr. 50
VALLAUX (C.). *Les campagnes des armées françaises (1792-1815). In-16, avec 17 cartes dans le texte.   3 fr. 50

Epoque contemporaine

BLANC (Louis). *Histoire de Dix ans (1830-1840). 5 vol. in-8.   25 fr.
DELORD (Taxile). *Histoire du second Empire (1848-1870). 6 vol. in-8. 42 fr.
GAFFAREL (P.), professeur à l'Université d'Aix-Marseille. *La politique coloniale en France (1789-1830). 1 vol. in-8. 1907.   7 fr.
— * Les Colonies françaises. 1 vol. in-8. 6e édition revue et augmentée.   5 fr.
GAISMAN (A.). * L'Œuvre de la France au Tonkin. Préface de M. J.-L. de LANESSAN. 1 vol. in-16 avec 4 cartes en couleurs. 1906.   3 fr. 50
LANESSAN (J.-L. de). *L'Indo-Chine française. Étude économique, politique et administrative. 1 vol. in-8. avec 5 cartes en couleurs hors texte. 15 f^r
— *L'Etat et les Eglises en France. *Histoire de leurs rapports, des origines jusqu'à la Séparation.* 1 vol. in-16. 1906.   3 fr. 50
— *Les Missions et leur protectorat. 1 vol. in-16. 1907.   3 fr. 50
LAPIE (P.), professeur à l'Université de Bordeaux. ' Les Civilisations tunisiennes (Musulmans, Israélites, Européens). In-16. 1898. (*Couronné par l'Académie française.*)   3 fr. 50
LEBLOND (Marius-Ary). La société française sous la troisième République. 1905. 1 vol. in-8.   5 fr.
NOEL (O.). Histoire du commerce extérieur de la France depuis la Révolution. 1 vol. in-8.   6 fr.
PIOLET (J.-B.). La France hors de France, notre émigration, sa nécessité, ses conditions. 1 vol. in-8 1900. (*Couronné par l'Institut.*)   10 fr.
SCHEFER (Ch.), professeur à l'Ecole des sciences politiques. *La France moderne et le problème colonial. I. (1815-1830). 1 vol. in-8.   7 fr.
SPULLER (E.), ancien ministre de l'Instruction publique. * Figures disparues, portraits contemp., littér. et politiq. 3 vol. in-16. Chacun.   3 fr. 50
TCHERNOFF (J.). Associations et Sociétés secrètes sous la deuxième République (1848-1851). 1 vol. in-8. 1905.   7 fr.
VIGNON (L.), professeur à l'Ecole coloniale. La France dans l'Afrique du nord. 2e édition. 1 vol. in-8. (*Récompensé par l'Institut.*)   7 fr.
— Expansion de la France. 1 vol. in-18. 3 fr. 50 — LE MÊME. Édition in-8.   7 fr.
WAHL, inspect. général, A. BERNARD, professeur à la Sorbonne. *L'Algérie. 1 vol. in-8. 5e édit., 1908. (*Ouvrage couronné par l'Institut.*)   5 fr.
WEILL (G.), maître de conf. à l'Univ. de Caen. Le Parti républicain en France, de 1814 à 1870. 1 vol. in-8. 1900. (*Récompensé par l'Institut.*)   10 fr.
— *Histoire du mouvement social en France (1852-1902). 1 v. in-8. 1905. 7 fr.
— L'Ecole saint-simonienne, son histoire, son influence jusqu'à nos jours. In-16. 1896.   3 fr. 50
ZEVORT (E.), recteur de l'Académie de Caen. Histoire de la troisième République :
    Tome I. *La Présidence de M. Thiers.* 1 vol. in-8. 3e édit.   7 fr.
    Tome II. * La Présidence du Maréchal.* 1 vol. in-8. 2e édit.   7 fr.
    Tome III. *La Présidence de Jules Grévy.* 1 vol. in-8. 2e édit.   7 fr.
    Tome IV. *La Présidence de Sadi Carnot.* 1 vol. in-8.   7 fr.

ANGLETERRE

MÉTIN (Albert), prof. à l'Ecole Coloniale. * Le Socialisme en Angleterre. In-16.   3 fr. 50

ALLEMAGNE

ANDLER (Ch.), prof. à la Sorbonne. *Les origines du socialisme d'État en Allemagne. 1 vol. in-8. 1897. 7 fr.

GUILLAND (A.), professeur d'histoire à l'Ecole polytechnique suisse. *L'Allemagne nouvelle et ses historiens. 1 vol. in-8. 1899. 5 fr.

MATTER (P.), doct. en droit, substitut au tribunal de la Seine. *La Prusse et la révolution de 1848. In-16. 1903. 3 fr. 50

— *Bismarck et son temps. I. *La préparation* (1815-1863). 1 vol. in-8. 10 fr. II. *L'action* (1863-1870). 1 vol. in-8. 10 fr. III. *Triomphe, splendeur et déclin* (1870-1896). 1 vol. in-8. 1907. 10 fr.

MILHAUD (E.), professeur à l'Université de Genève. *La Démocratie socialiste allemande. 1 vol. in-8. 1903. 10 fr.

SCHMIDT (Ch.), docteur ès lettres. Le grand-duché de Berg (1806-1813). 1905. 1 vol. in-8. 10 fr.

VERON (Eug.). *Histoire de la Prusse, depuis la mort de Frédéric II. In-16. 6° édit. 3 fr. 50

— *Histoire de l'Allemagne, depuis la bataille de Sadowa jusqu'à nos jours. In-16. 3° éd., mise au courant des événements par P. BONDOIS. 3 fr. 50

AUTRICHE-HONGRIE

AUERBACH, professeur à l'Université de Nancy. *Les races et les nationalités en Autriche-Hongrie. In-8. 1898. 5 fr.

BOURLIER (J.). *Les Tchèques et la Bohême contemp. In-16. 3 fr. 50

*RECOULY (R.), agrégé de l'Univ. Le pays magyar. 1903. In-16. 3 fr. 50

RUSSIE

COMBES DE LESTRADE (Vte). La Russie économique et sociale à l'avènement de Nicolas II. 1 vol. in-8. 6 fr.

ITALIE

BOLTON KING (M. A.). *Histoire de l'unité italienne. Histoire politique de l'Italie, de 1814 à 1871, introd. de M. Yves GUYOT. 2 vol. in-8. 15 fr.

COMBES DE LESTRADE (Vte). La Sicile sous la maison de Savoie. 1 vol. in-18. 3 fr. 50

GAFFAREL (P.), professeur à l'Université d'Aix. *Bonaparte et les Républiques italiennes (1796-1799). 1895. 1 vol. in-8. 5 fr.

SORIN (Élie). *Histoire de l'Italie, depuis 1815 jusqu'à la mort de Victor-Emmanuel. In-16. 1888. 3 fr. 50

ESPAGNE

REYNALD (H.). *Histoire de l'Espagne, depuis la mort de Charles III. In-16. 3 fr. 50

ROUMANIE

DAMÉ (Fr.). *Histoire de la Roumanie contemporaine, depuis l'avènement des princes indigènes jusqu'à nos jours. 1 vol. in-8. 1900. 7 fr.

SUISSE

DAENDLIKER. *Histoire du peuple suisse. Trad. de l'allem. par Mme Jules FAVRE et précédé d'une Introduction de Jules FAVRE. 1 vol. in-8. 5 fr.

SUÈDE

SCHEFER (C.). *Bernadotte roi (1810-1818-1844). 1 vol. in-8. 1899. 5 fr.

GRÈCE, TURQUIE, ÉGYPTE

BÉRARD (V.), docteur ès lettres. *La Turquie et l'Hellénisme contemporain. (*Ouvrage cour. par l'Acad. française*). In-16. 5° éd. 3 fr. 50

DRIAULT (G.), agrégé d'histoire. *La question d'Orient, préface de G. MONOD, de l'Institut. 1 vol. in-8. 3° édit. 1905. (*Couronné par l'Institut*). 7 fr.

MÉTIN (Albert), professeur à l'École coloniale. *La Transformation de l'Egypte. In-16. 1903. (Cour. par la Soc. de géogr. comm.) 3 fr. 50

RODOCANACHI (E.). *Bonaparte et les îles Ioniennes. in-8. 5 fr.

INDE

PIRIOU (E.), agrégé de l'Université. *L'Inde contemporaine et le mouvement national. 1905. 1 vol. in-16. 3 fr. 50

CHINE, JAPON

CORDIER (H.), professeur à l'Ecole des langues orientales. *Histoire des relations de la Chine avec les puissances occidentales (1860-1902), avec cartes. 3 vol. in-8, chacun séparément. 10 fr.

— *L'Expédition de Chine de 1857-58. Histoire diplomatique, notes et documents. 1905. 1 vol. in-8. 7 fr.

CORDIER (H.), prof. à l'Ecole des langues orientales. *L'Expédition de Chine de 1860. Histoire diplomatique, notes et documents. 1906. 1 vol. in-8.   7 fr.
COURANT (M.), maître de conférences à l'Université de Lyon. En Chine. *Mœurs et institutions. Hommes et faits.* 1 vol. in-16.   3 fr. 50
DRIAULT (E.), agrégé d'histoire. La question d'Extrême-Orient. 1 vol. in-8. 1907.   7 fr.

AMÉRIQUE

ELLIS STEVENS. Les Sources de la constitution des États-Unis. 1 vol. in-8.   7 fr. 50
DEBERLE (Alf.). *Histoire de l'Amérique du Sud, in-16. 3° éd. 3 fr. 50

QUESTIONS POLITIQUES ET SOCIALES

BARNI (Jules). *Histoire des idées morales et politiques en France au XVIII° siècle. 2 vol. in-16. Chaque volume.   3 fr. 50
— *Les Moralistes français au XVIII° siècle. In-16.   3 fr. 50
LOUIS BLANC. Discours politiques (1848-1881). 1 vol. in-8.   7 fr. 50
BONET-MAURY. *Histoire de la liberté de conscience (1598-1906). In-8. 2° édit.   5 fr.
BOURDEAU (J.). *Le Socialisme allemand et le Nihilisme russe. In-16. 2° édit. 1894.   3 fr. 50
— *L'évolution du Socialisme. 1901. 1 vol. in-16.   3 fr. 50
D'EICHTHAL (Eug.), de l'Institut. Souveraineté du peuple et gouvernement. In-16. 1895.   3 fr. 50
DESCHANEL (E.). *Le Peuple et la Bourgeoisie. 1 vol. in-8. 2° édit. 5 fr.
DEPASSE (Hector), député. Transformations sociales. 1894. In-16.   3 fr. 50
— Du Travail et de ses conditions. In-16. 1895.   3 fr. 50
DRIAULT (E.), agr. d'histoire *Problèmes politiques et sociaux d'histoire. In-8. 2° édit. 1906.   7 fr.
GUÉROULT (G.). *Le Centenaire de 1789. In-16. 1889.   3 fr. 50
LAVELEYE (E. de), correspondant de l'Institut. Le Socialisme contemporain. In-16. 11° édit. augmentée.   3 fr. 50
LICHTENBERGER (A.). *Le Socialisme utopique, *étude sur quelques précurseurs du Socialisme.* In-16. 1898.   3 fr. 50
— * Le Socialisme et la Révolution française. 1 vol. in-8.   5 fr.
MATTER (P.). La dissolution des assemblées parlementaires, étude de droit public et d'histoire. 1 vol. in-8. 1898.   5 fr.
NOVICOW. La Politique internationale. 1 vol. in-8.   7 fr.
PAUL LOUIS. L'ouvrier devant l'Etat. Etude de la législation ouvrière dans les deux mondes. 1904. 1 vol. in-8.   7 fr.
— Histoire du mouvement syndical en France (1789-1906). 1 vol in-16. 1907.   3 fr. 50
REINACH (Joseph), député. Pages républicaines. In-16.   3 fr. 50
— *La France et l'Italie devant l'histoire. 1 vol. in-8.   5 fr.
SPULLER (E.).* Éducation de la démocratie. In-16. 1892.   3 fr. 50
— L'Évolution politique et sociale de l'Église. 1 vol. in-12. 1893. 3 fr. 50

PUBLICATIONS HISTORIQUES ILLUSTRÉES

*DE SAINT-LOUIS A TRIPOLI PAR LE LAC TCHAD, par le lieutenant-colonel MONTEIL. 1 beau vol. in-8 colombier, précédé d'une préface de M. DE VOGÜÉ, de l'Académie française, illustrations de RIOU. 1895. *Ouvrage couronné par l'Académie française (Prix Montyon),* broché 20 fr., relié amat.,   28 fr.
*HISTOIRE ILLUSTRÉE DU SECOND EMPIRE, par Taxile DELORD. 6 vol. in-8, avec 500 gravures. Chaque vol. broché,   8 fr.

TRAVAUX DE L'UNIVERSITÉ DE LILLE

PAUL FABRE. La polyptyque du chanoine Benoît. In-8.   3 fr. 50
A. PINLOCHE. *Principales œuvres de Herbart.   7 fr. 50
A. PENJON. Pensée et réalité, de A. SPIR, trad. de l'allem. In-8.   10 fr.
— L'énigme sociale. 1902. 1 vol. in-8.   2 fr. 50
G. LEFÈVRE. *Les variations de Guillaume de Champeaux et la question des Universaux. Étude suivie de documents originaux. 1898.   3 fr.
J. DEROCQUIGNY. Charles Lamb. *Sa vie et ses œuvres.* 1 vol. in-8 12 fr.

26. BRUCKE et HELMHOLTZ. * Principes scientifiques des beaux-arts. 1 vol. in-8, avec 39 figures. 4e édition. 6 fr.
27. WURTZ, de l'Institut. * La Théorie atomique. 1 vol. in-8, 9e éd. 6 fr.
28-29. SECCHI (le père). * Les Étoiles. 2 vol. in-8, av. fig. et pl. 3e éd. 12 fr.
30. JOLY. * L'Homme avant les métaux. Épuisé.
31. A. BAIN. * La Science de l'éducation. 1 vol. in-8. 9e édit. 6 fr.
32-33. THURSTON (R.). * Histoire de la machine à vapeur. 2 vol. in-8, avec 140 fig. et 16 planches hors texte. 3e édition 12 fr.
34. HARTMANN (R.). * Les Peuples de l'Afrique. Épuisé.
35. HERBERT SPENCER. * Les Bases de la morale évolutionniste. 1 vol. in-8. 6e édition. 6 fr.
36. HUXLEY. * L'Écrevisse, introduction à l'étude de la zoologie. 1 vol. in-8, avec figures. 2e édition. 6 fr.
37 DE ROBERTY. * La Sociologie. 1 vol. in-8. 3e édition. 6 fr.
38. ROOD. * Théorie scientifique des couleurs. 1 vol. in-8, avec figures et une planche en couleurs hors texte. 2e édition. 6 fr.
39. DE SAPORTA et MARION. * L'Évolution du règne végétal (les Cryptogames). Épuisé.
40-41. CHARLTON BASTIAN. * Le Cerveau, organe de la pensée chez l'homme et chez les animaux. 2 vol, in-8, avec figures. 2e éd. 12 fr.
42. JAMES SULLY. * Les Illusions des sens et de l'esprit. 3e éd. 6 fr.
43 YOUNG. * Le Soleil. Épuisé.
44. DE CANDOLLE. * L'Origine des plantes cultivées. 4e éd. 1 v in-8. 6 fr.
45-46. SIR JOHN LUBBOCK. * Fourmis, abeilles et guêpes. Épuisé.
47. PERRIER (Edm.), de l'Institut. La Philosophie zoologique avant Darwin. 1 vol. in-8. 3e édition. 6 fr.
48 STALLO. * La Matière et la Physique moderne. in-8. 3e éd. 6 fr.
49. MANTEGAZZA. La Physionomie et l'Expression des sentiments. 1 vol. in-8. 3e édit., avec huit planches hors texte. 6 fr.
50. DE MEYER. * Les Organes de la parole et leur emploi pour la formation des sons du langage. In-8, avec 51 fig. 6 fr.
51. DE LANESSAN. * Introduction à l'Étude de la botanique (le Sapin). 1 vol. in-8. 2e édit., avec 143 figures. 6 fr.
52-53. DE SAPORTA et MARION. * L'Évolution du règne végétal (les Phanérogames). 2 vol. Épuisé.
54 TROUESSART, prof. au Muséum. * Les Microbes, les Ferments et les Moisissures. 1 vol. in-8. 2e édit., avec 107 figures. 6 fr.
55 HARTMANN (R.). * Les Singes anthropoïdes. Épuisé.
56. SCHMIDT (O.). * Les Mammifères dans leurs rapports avec leurs ancêtres géologiques. 1 vol. in-8, avec 51 figures 6 fr.
57 BINET et FÉRÉ. Le Magnétisme animal. 1 vol. in-8. 5e édit. 6 fr.
58-59. ROMANES. * L'Intelligence des animaux. 2 v. in-8 3e édit 12 fr.
60. LAGRANGE (F.). Physiol. des exerc. du corps. 1 v. in-8 7e éd 6 fr.
61. DREYFUS * Évolution des mondes et des sociétés. 1 v. in-8. 6 fr.
62. DAUBRÉE, de l'Institut * Les Régions invisibles du globe et des espaces célestes. 1 v. in-8, avec 85 fig. dans le texte. 2 édit. 6 fr.
63-64. SIR JOHN LUBBOCK. * L'Homme préhistorique. 2 vol. Épuisé.
65. RICHET (Ch.), professeur à la Faculté de médecine de Paris. La Chaleur animale 1 vol. in-8, avec figures. 6 fr.
66. FALSAN (A.). * La Période glaciaire. Épuisé.
67. BEAUNIS (H.). Les Sensations internes. 1 vol. in-8. 6 fr.
68. CARTAILHAC (E.). La France préhistorique, d'après les sépultures et les monuments. 1 vol. in-8, avec 162 figures. 2e édit. 6 fr.
69. BERTHELOT, de l'Institut. * La Révolution chimique, Lavoisier. 1 vol. in-8. 2e éd. 6 fr.
70. SIR JOHN LUBBOCK. * Les Sens et l'instinct chez les animaux, principalement chez les insectes. 1 vol. in-8, avec 150 figures. 6 fr.
71. STARCKE. * La Famille primitive. 1 vol. in-8. 6 fr.
72. ARLOING, prof. à l'Ecole de méd. de Lyon. * Les Virus. In-8. 6 fr.
73. TOPINARD. * L'Homme dans la Nature. 1 vol. In-8, avec fig. 6 fr.

74. BINET (Alf.).***Les Altérations de la personnalité.** In-8, 2ᵉ éd. 6 fr.
75. DE QUATREFAGES (A.). ***Darwin et ses précurseurs français.** 1 vol. in-8. 2ᵉ édition refondue.   6 fr.
76. LEFÈVRE (A.). * **Les Races et les langues.** *Épuisé.*
77-78. DE QUATREFAGES (A.), de l'Institut. ***Les Émules de Darwin.** 2 vol. in-8, avec préfaces de MM. Edm. PERRIER et HAMY.   12 fr.
79. BRUNACHE (P.). ***Le Centre de l'Afrique. Autour du Tchad.** 1 vol. in-8, avec figures.   6 fr.
80. ANGOT (A.), directeur du Bureau météorologique. ***Les Aurores polaires.** 1 vol. in-8, avec figures.   6 fr.
81. JACCARD. * **Le pétrole, le bitume et l'asphalte** au point de vue géologique. 1 vol. in-8, avec figures.   6 fr.
82. MEUNIER (Stan.), prof. au Muséum. ***La Géologie comparée.** 2ᵉ éd. in-8, avec fig.   6 fr.
83. LE DANTEC, chargé de cours à la Sorbonne. ***Théorie nouvelle de la vie.** 4ᵉ éd. 1 v. in-8, avec fig.   6 fr.
84. DE LANESSAN. * **Principes de colonisation.** 1 vol. in-8.   6 fr.
85. DEMOOR, MASSART et VANDERVELDE. ***L'évolution régressive en biologie et en sociologie.** 1 vol. in-8, avec gravures.   6 fr.
86. MORTILLET (G. de). * **Formation de la Nation française.** 2ᵉ édit. 1 vol. in-8, avec 150 gravures et 18 cartes.   6 fr.
87. ROCHÉ (G.). ***La Culture des Mers** (piscifacture, pisciculture, ostréiculture). 1 vol. in-8, avec 81 gravures.   6 fr.
88. COSTANTIN (J.), prof. au Muséum. ***Les Végétaux et les Milieux cosmiques** (adaptation, évolution). 1 vol. in-8, avec 171 grav. 6 fr.
89. LE DANTEC. **L'évolution individuelle et l'hérédité.** 1 vol. in-8. 6 fr.
90. GUIGNET et GARNIER. * **La Céramique ancienne et moderne.** 1 vol., avec grav.   6 fr.
91. GELLÉ (E.-M.). ***L'audition et ses organes.** 1 v. in-8, avec grav. 6 fr.
92. MEUNIER (St.).***La Géologie expérimentale.** 2ᵉ éd. in-8, av. gr. 6 fr.
93. COSTANTIN (J.). ***La Nature tropicale.** 1 vol. in-8, avec grav. 6 fr.
94. GROSSE (E.). ***Les débuts de l'art.** 1 vol. in-8, avec grav.   6 fr.
95. GRASSET (J.), prof. à la Faculté de méd. de Montpellier. **Les Maladies de l'orientation et de l'équilibre.** 1 vol. in-8, avec grav. 6 fr.
96. DEMENŸ (G.). ***Les bases scientifiques de l'éducation physique.** 1 vol. in-8, avec 198 gravures. 3ᵉ édit.   6 fr.
97. MALMÉJAC (F.).***L'eau dans l'alimentation.** 1 v. in-8, avec grav. 6 fr.
98. MEUNIER (Stan.). ***La géologie générale.** 1 v. in-8, avec grav. 6 fr.
99. DEMENŸ (G). **Mécanisme et éducation des mouvements.** 2ᵉ édit. 1 vol. in-8, avec 565 gravures.   9 fr.
100. BOURDEAU (L.). **Histoire de l'habillement et de la parure.** 1 vol. in-8.   6 fr.
101. MOSSO (A.).***Les exercices physiques et le développement intellectuel.** 1 vol. in-8.   6 fr.
102. LE DANTEC (F.). **Les lois naturelles.** 1 vol. in-8, avec grav. 6 fr.
103. NORMAN LOCKYER. ***L'évolution inorganique.** Avec grav. 6 fr.
104. COLAJANNI (N.). ***Latins et Anglo-Saxons.** 1 vol. in-8.   9 fr.
105. JAVAL (E.), de l'Académie de médecine. ***Physiologie de la lecture et de l'écriture.** 1 vol in-8, avec 96 gr. 2ᵉ éd.   6 fr.
106. COSTANTIN (J.). ***Le Transformisme appliqué à l'agriculture.** 1 vol. in-8, avec 105 gravures.   6 fr.
107. LALOY (L.).***Parasitisme et mutualisme dans la nature.** Préface de M. le Pʳ A. GIARD, de l'Institut. 1 vol. in-8, avec 82 gravures. 6 fr.
108 CONSTANTIN (Capitaine). **Le rôle sociologique de la guerre et le sentiment national.** Suivi de la traduction de *La guerre, moyen de sélection collective,* par le Dʳ STEINMETZ. 1 vol.   6 fr.

RÉCENTES PUBLICATIONS
HISTORIQUES, PHILOSOPHIQUES ET SCIENTIFIQUES
qui ne se trouvent pas dans les collections précédentes.

Volumes parus en 1908:

ASLAN (G.). **Le jugement chez Aristote.** Broch. in-18.   1 fr.

CAUDRILLIER (G.), doct. ès lettres, prof. agrégé d'histoire au Lycée de Bordeaux. **La trahison de Pichegru et les intrigues royalistes dans l'Est avant fructidor.** 1 vol. gr. in-8.   7 fr. 50

COTTIN (Cte P.), ancien député. **Positivisme et anarchie.** Agnostiques français. *Auguste Comte, Littré, Taine.* Br. in-18.   2 fr.

Essai sur la méthode dans les sciences par MM. P.-F. Thomas, docteur ès lettres, professeur de philosophie au lycée Hoche. — Émile Picard, de l'Institut. — P. Tannery, de l'Institut. — Painlevé, de l'Institut. — Bouasse, professeur à la Faculté des Sciences de Toulouse. — Job, professeur à la Faculté des Sciences de Toulouse. — Giard, de l'Institut. — Le Dantec, chargé de cours à la Sorbonne. — Pierre Delbet, professeur agrégé à la Faculté de médecine de Paris. — Th. Ribot, de l'Institut. — Durkheim, professeur à la Sorbonne. — Lévy-Bruhl, professeur à la Sorbonne. — G. Monod, de l'Institut. 1 vol. in-16.   3 fr. 50

LECLÈRE (A.), professeur à l'Université de Berne. **La morale rationnelle** dans ses relations avec la philosophie générale. 1 vol. in-8. 7 fr. 50

MORIN (Jean), archéologue. **Archéologie de la Gaule et des pays circonvoisins** *depuis les origines jusqu'à Charlemagne,* suivie d'une description raisonnée de la collection Morin. 1 vol. in-8 avec 74 fig. dans le texte et 26 pl. hors texte.   6 fr.

THOMAS (P.-F.), prof. de philosophie au lycée de Versailles. **L'éducation dans la famille.** *Les péchés des parents.* 1 vol. in-16.   3 fr. 50

VAN BIERVLIET. **La psychologie quantitative.** 1 vol. in-8.   4 fr.

Précédemment parus :

ALAUX. **Esquisse d'une philosophie de l'être.** In-8.   1 fr.

— **Les Problèmes religieux au XIXe siècle.** 1 vol. in-8.   7 fr. 50

— **Philosophie morale et politique.** In-8. 1893.   7 fr. 50.

— **Théorie de l'âme humaine.** 1 vol. in-8. 1895.   10 fr.

— **Dieu et le Monde.** *Essai de phil. première.* 1901. 1 vol. in-12. 2 fr. 50

AMIABLE (Louis). **Une loge maçonnique d'avant 1789.** 1 v. in-8. 6 fr.

ANDRÉ (L.), docteur ès lettres. **Michel Le Tellier et l'organisation de l'armée monarchique** 1 vol. in-8 (*couronné par l'Institut*). 1906. 14 fr.

— **Deux mémoires inédits de Claude Le Pelletier.** In-8. 1906. 3 fr. 50

ARMINJON (P.), prof. à l'École Khédiviale de Droit du Caire. **L'enseignement, la doctrine et la vie dans les universités musulmanes d'Égypte.** 1 vol. in-8. 1907.   6 fr. 50

ARRÉAT. **Une Éducation intellectuelle.** 1 vol. in-18.   2 fr. 50

— **Journal d'un philosophe.** 1 vol. in-18. 3 fr. 50 (Voy. p. 2 et 6).

Autour du monde, par les Boursiers de voyage de l'Université de Paris. (Fondation Albert Kahn). 1 vol. gr. in-8. 1904.   5 fr.

ASLAN (G.). **La Morale selon Guyau.** 1 vol. in-16. 1906.   2 fr.

ATGER (F.). **Hist. des doctrines du Contrat social.** 1 v. in-8. 1906. 8 fr.

BACHA (E.). **Le Génie de Tacite.** 1 vol. in-18.   4 fr.

BELLANGER (A.), docteur ès lettres. **Les concepts de cause et l'activité intentionnelle de l'esprit.** 1 vol. in-8. 1905.   5 fr.

BENOIST-HANAPPIER (L.), docteur ès lettres. **Le drame naturaliste en Allemagne.** In-8. *Couronné par l'Académie française.* 1905. 7 fr. 50

BERNATH (de). **Cléopâtre**. *Sa vie, son règne.* 1 vol in-8. 1903.   3 fr.

BERTON (H.), docteur en droit. **L'évolution constitutionnelle du second empire.** Doctrines, textes, histoire. 1 fort vol. in-8. 1900.   12 fr.

BOURDEAU (Louis). **Théorie des sciences. 2 vol. in-8.**   20 fr.
— **La Conquête du monde animal.** In-8.   5 fr.
— **La Conquête du monde végétal.** In-8. 1893.   5 fr.
— **L'Histoire et les historiens.** 1 vol. in-8.   7 fr. 60
— ***Histoire de l'alimentation.** 1894. 1 vol. in-8.   5 fr.

BOUTROUX (Em.), de l'Institut. ***De l'Idée de loi naturelle.** in-8. 2 fr. 50.

BRANDON-SALVADOR (Mme). **A travers les moissons.** *Ancien Test. Talmud. Apocryphes. Poètes et moralistes juifs du moyen âge.* In-16. 1903. 4 fr.

BRASSEUR. **La question sociale.** 1 vol. in-8. 1900.   7 fr. 50
— **Psychologie de la force.** 1 vol. in-8. 1907.   3 fr. 75

BROOKS ADAMS. **Loi de la civilisation et de la décadence.** In-8. 7 fr. 50

BROUSSEAU (K.). **Éducation des nègres aux États-Unis.** In-8. 7 fr. 50

BÜCHER (Karl). **Études d'histoire et d'économie polit.** In-8. 1901. 6 fr.

BUDÉ (E. de). **Les Bonaparte en Suisse.** 1 vol. in-12. 1905. 3 fr. 50

BUNGE (C.-O.). **Psychologie individuelle et sociale.** In-16. 1904. 3 fr.

CANTON (G.). **Napoléon antimilitariste.** 1902. In-16.   3 fr. 50

CARDON (G.). ***La Fondation de l'Université de Douai.** In-8.   10 fr.

CHARRIAUT (H.). **Après la séparation.** In-12. 1905.   3 fr. 50

CLAMAGERAN. **La Réaction économique et la démocratie.** In-18. 1 fr. 25
— **La lutte contre le mal.** 1 vol. in-18. 1897.   3 fr. 50
— **Études politiques, économiques et administr.** in-8.   10 fr.
— **Philosophie religieuse.** *Art et voyages.* 1 vol. in-12. 1904. 3 fr. 50
— **Correspondance (1849-1902).** 1 vol. gr. in-8. 1905.   10 fr.

COLLIGNON (A.). **Diderot.** 2ᵉ édit. 1907. In-12.   3 fr. 50

COMBARIEU (J.), chargé de cours au Collège de France. ***Les rapports de la musique et de la poésie.** 1 vol. in-8. 1893.   7 fr. 50

Congrès de l'Éducation sociale, Paris 1900. 1 vol. in-8. 1901. 10 fr.

IVᵉ Congrès international de Psychologie, Paris 1900. In-8. 20 fr.

COSTE. **Économie polit. et physiol. sociale.** In-18. 3 fr. 50 (V. p. 2 et 7).

COUBERTIN (P. de). **La gymnastique utilitaire.** 2ᵉ édit. In-12. 2 fr. 50

DANTU (G.), docteur ès lettres. **Opinions et critiques d'Aristophane sur le mouvement politique et intellectuel à Athènes.** 1 vol. gr. in-8. 1907.   3 fr.
— **L'éducation d'après Platon.** 1 vol. gr. in-8. 1907.   6 fr.

DANY (G.), docteur en droit. ***Les Idées politiques en Pologne à la fin du XVIIIᵉ siècle.** *La Constit. du 3 mai 1793.* In-8. 1901.   6 fr.

DAREL (Th.). **Le peuple-roi.** *Essai de sociologie universaliste.* In-8. 1904. 3 f. 50

DAURIAC. **Croyance et réalité.** 1 vol. in-18. 1889.   3 fr. 50
— **Le Réalisme de Reid.** In-8.   1 fr.

DEFOURNY (M.). **La sociologie positiviste.** *Auguste Comte.* In-8. 1902. 6 fr.

DERAISMES (Mˡˡᵉ Maria). **Œuvres complètes.** 4 vol. Chacun.   3 fr. 50

DESCHAMPS. **Principes de morale sociale.** 1 vol. in-8. 1903. 3 fr. 50

DICRAN ASLANIAN. **Les principes de l'évolution sociale.** 1 vol. in-8. 1907.   5 fr.

DOLLOT (R.), docteur en droit. **Les origines de la neutralité de la Belgique (1609-1830).** 1 vol. in-8. 1902.   10 fr.

DUBUC (P.). ***Essai sur la méthode en métaphysique.** 1 vol. in-8. 5 fr.

DUGAS (L.). ***L'amitié antique.** 1 vol. in-8.   7 fr. 50

DUNAN. ***Sur les formes a priori de la sensibilité.** 1 vol. in-8. 5 fr.

DUNANT (E.). **Les relations diplomatiques de la France et de la République helvétique (1798-1803).** 1 vol. in-8. 1902.   20 fr.

DUPUY (Paul). **Les fondements de la morale.** In-8. 1900.   5 fr.
— **Méthodes et concepts.** 1 vol. in-8. 1903.   5 fr.

***Entre Camarades**, par les anciens élèves de l'Université de Paris. *Histoire, littérature, philologie, philosophie.* 1901. In-8.   10 fr.

ESPINAS (A.), de l'Institut. ***Les Origines de la technologie.** in-8. 5 fr.

FERRÈRE (F.). **La situation religieuse de l'Afrique romaine depuis**
la fin du IV° siècle jusqu'à l'invasion des Vandales. 1 v. in-8. 1898. **7 fr. 50**

Fondation universitaire de Belleville (La). Ch. GIDE. *Travail intellect.*
et travail manuel; J BARDOUX. *Prem. efforts et prem. année.* In-16. **1 fr. 50**

GELEY (G.). **Les preuves du transformisme.** In-8. 1901.   **6 fr.**

GILLET (M). **Fondement intellectuel de la morale.** In-8.   **3 fr. 75**

GIRAUD-TEULON. **Les origines de la papauté.** In-12. 1905.   **2 fr.**

GOURD, Prof. Univ. de Genève. **Le Phénomène.** 1 vol. in-8. **7 fr. 50**

GREEF (Guillaume de). **L'évolution des croyances et des doctrines**
politiques. In-12. 1895. 4 fr. (V. p. 3 et 8.)

GRIVEAU (M.). **Les Éléments du beau.** In-18.   **4 fr. 50**
— **La Sphère de beauté,** 1901. 1 vol. in-8.   **10 fr.**

GUEX (F.), professeur à l'Université de Lausanne. **Histoire de l'instruc-**
tion et de l'Éducation In-8 avec gravures, 1906.   **6 fr.**

GUYAU. **Vers d'un philosophe.** In-18. 3° édit.   **3 fr. 50**

HALLEUX (J.). **L'Evolutionnisme en morale** (*H. Spencer*). In-12. 3 fr. 50

HALOT (C.). **L'Extrême-Orient.** In-16. 1905.   **4 fr.**

HARTENBERG (D' P.). **Sensations païennes.** 1 vol. in-16. 1907.   **3 fr.**

HOCQUART (E.). **L'Art de juger le caractère des hommes sur leur**
écriture, préface de J. CRÉPIEUX-JAMIN. Br. in-8. 1898.   **1 fr.**

HÖFFDING (H.), prof. à l'Université de Copenhague. **Morale.** *Essai sur les*
principes théoriques et leur application aux circonstances particulières de
la vie, traduit d'après la 2° éd. allemande par L POITTEVIN, prof. de philos.
au Collège de Na tua. 2° édit. 1 vol in-8 1907.   **10 fr.**

HORVATH, KARDOS et ENDRODI. ***Histoire de la littérature hongroise,**
adapté du hongrois par J. KONT. Gr. in-8, avec gr. 1900.   **10 fr.**

ICARD. **Paradoxes ou vérités.** 1 vol. in-12. 1895.   **3 fr. 50**

JAMES (W.). **L'Expérience religieuse,** traduit par F. ABAUZIT, agrégé
de philosophie. 1 vol. in-8°. 2° éd. 1908. Cour. par l'Acad. française.   **10 fr.**
— *** Causeries pédagogiques,** trad. par L. PIDOUX, préface de M. PAYOT,
recteur de l'Académie d'Aix. 1 vol. in-16. 1907.   **2 fr. 50**

JANSSENS E). **Le néo-criticisme de Ch. Renouvier.** In-16. 1904. 3 fr. 50
— **La philosophie et l'apologétique de Pascal.** 1 vol. in-16.   **4 fr.**

JOURDY (Général). **L'instruction de l'armée française,** de 1815 à
1902. 1 vol. in-16. 1903.   **3 fr. 50**

JOYAU. **De l'invention dans les arts et dans les sciences.** 1 v. in-8. 5 fr.
— **Essai sur la liberté morale.** 1 vol. in-18.   **3 fr. 50**

KARPPE (S.), docteur ès lettres. **Les origines et la nature du Zohar,**
précédé d'une *Etude sur l'histoire de la Kabbale.* 1901. In-8. 7 fr. 50

KAUFMANN. **La cause finale et son importance.** In-12.   **2 fr. 50**

KEIM (A) **Notes de la main d'Helvétius,** publiées d'après un manuscrit
inédit avec une introduction et des commentaires. 1 v. in-8. 1907.   **3 fr.**

KINGSFORD (A.) et MAITLAND (E.). **La Voie parfaite ou le Christ éso-**
térique, précédé d'une préface d'Edouard SCHURÉ. 1 vol. in-8. 1892 6 fr.

KOSTYLEFF. **Évolution dans l'histoire de la philosophie.** In-16. 2 fr. 50
— **Les substituts de l'âme dans la psychologie mod.** In-8. 4 fr.

LABROUE (H.), prof., agrégé d'histoire au Lycée de Toulon. **Le conven-**
tionnel Pinet, d'après ses mémoires inédits. Broch. in-8. 1907.   **3 fr.**
— **Le Club Jacobin de Toulon (1799-1796).** Broch. gr. in-8 1907. 2 fr.

LACOMBE (C' de). **La maladie contemporaine.** *Examen des principaux*
problèmes sociaux au point de vue positiviste. 1 vol. in-8. 1906   **3 fr. 50**

LALANDE (A.), agrégé de philosophie. *** Précis raisonné de morale**
pratique par questions et réponses. 1 vol. in-18. 1907.   **1 fr.**

LANESSAN (de), ancien ministre de la Marine. **Le Programme mari-**
time de 1902-1905. In-12. 2° éd. 1903.   **3 fr. 50**
— ***L'éducation de la femme moderne.** 1 vol. in-16. 1907. 3 fr. 50

LASSERRE (A.). **La participation collective des femmes à la**
Révolution française. In-8. 1905.   **5 fr.**

LAVELEYE (Em. de). **De l'avenir des peuples catholiques.** In-8. 25 c.

LAZARD (R.). **Michel Goudchaux (1797-1862)**, ministre des Finances en 1848. Son œuvre et sa vie politique. 1 vol. gr. in-8. 1907.   10 fr.

LEMAIRE (P.). **Le cartésianisme chez les Bénédictins.** In-8. 6 fr. 50

LETAINTURIER (J.). **Le socialisme devant le bon sens.** In-18. 1 fr. 50

LEVY (L.-G.), docteur ès lettres. **La famille dans l'antiquité israélite.** 1 vol. in-8. 1905. Couronné par l'Académie française.   5 fr.

LEVY-SCHNEIDER (L.), professeur à l'Université de Nancy. **Le conventionnel Jeanbon Saint-André (1749-1813).** 1901. 2 vol. in-8. 15 fr.

LICHTENBERGER (A.). **Le socialisme au XVIII° siècle.** In-8. 7 fr. 50

MABILLEAU (L.). ***Histoire de la philos. atomistique.** In-8. 1895. 12 fr.

MAGNIN (E.). **L'art et l'hypnose.** In-8 avec grav. et pl. 1906.   20 fr.

MAINDRON (Ernest). ***L'Académie des sciences.** In-8 cavalier, 53 grav., portraits, plans. 8 pl. hors texte et 2 autographes.   6 fr.

MANDOUL (J.) **Un homme d'État italien: Joseph de Maistre.** In-8. 8 fr.

MARIÉTAN (J.). **La classification des sciences, d'Aristote à saint Thomas.** 1 vol. in-8. 1901.   3 fr.

MATAGRIN. **L'esthétique de Lotze.** 1 vol. in-12. 1900.   2 fr.

MERCIER (Mgr). **Les origines de la psych. contemp.** In-12. 1898. 5 fr.

MILHAUD (G.) ***Le positiv. et le progrès de l'esprit.** In-16. 1902. 2 fr. 50

MILLERAND, FAGNOT, STROHL. **La durée légale du travail.** In-12. 2 fr. 50

MODESTOV (B.). ***Introduction à l'Histoire romaine.** *L'ethnologie préhistorique, les influences civilisatrices à l'époque préromaine et les commencements de Rome*, traduit du russe sur MICHEL DELINES. Avant-propos de M. SALOMON REINACH, de l'Institut. 1 vol. in-4 avec 36 planches hors texte et 27 figures dans le texte. 1907.   15 fr.

MONNIER (Marcel). ***Le drame chinois.** 1 vol. in-16. 1900.   2 fr. 50

NEPLUYEFF (N. de). **La confrérie ouvrière et ses écoles,** in-12. 2 fr.

NODET (V.). **Les agnosies, la cécité psychique.** In-8. 1899.   4 fr

NORMAND (Ch.), docteur ès lettres, prof., agrégé d'histoire au lycée Condorce‘. **La Bourgeoisie française au XVII° siècle.** *La vie publique. Les idées et les actions politiques* (1604-1661). Études sociales 1 vol. gr. in-8, avec 8 pl. hors texte. 1907.   12 fr.

NOVICOW (J.). **La Question d'Alsace-Lorraine.** In-8. 1 fr. (V. p. 4, 10 et 19.

— **La Fédération de l'Europe.** 1 vol. in-18. 2° édit. 1901.   3 fr. 50

— **L'affranchissement de la femme.** 1 vol. in-16. 1903.   3 fr.

PARIS (Comte de). **Les Associations ouvrières en Angleterre** (Trades-unions). 1 vol. in-18. 7° édit. 1 fr. — Édition sur papier fort. 2 fr. 50

PARISET (G.), professeur à l'Université de Nancy. **La Revue germanique de Dolfus et Nefftzer.** In-8. 1906.   2 fr.

PAUL-BONCOUR (J.). **Le fédéralisme économique,** préf. de WALDECK-ROUSSEAU. 1 vol. in-8. 2° édition. 1901.   6 fr.

PAULHAN (Fr.). **Le Nouveau mysticisme.** 1 vol. in-18.   2 fr. 50

PELLETAN (Eugène). ***La Naissance d'une ville (Royan).** In-18. 2 fr

— ***Jarousseau, le pasteur du désert.** 1 vol. in-18.   2 fr.

— ***Un Roi philosophe,** *Frédéric le Grand.* In-18.   3 fr. 50

— **Droits de l'homme.** In-16.   3 fr. 50

— **Profession de foi du XIX° siècle.** In-16.   3 fr. 50

PEREZ (Bernard). **Mes deux chats.** In-12, 2° édition.   1 fr. 50

— **Jacotot et sa Méthode d'émancipation intellect.** In-18. 3 fr.

— **Dictionnaire abrégé de philosophie.** 1893. in-12. 1 fr. 50 (V. p. 10).

PHILBERT (Louis). **Le Rire.** In-8. (Cour. par l'Académie française.) 7 fr. 50

PHILIPPE (J.). **Lucrèce dans la théologie chrétienne.** In-8. 2 fr. 50

PIAT (C.). **L'Intellect actif.** 1 vol. in-8.   4 fr.

— **L'Idée ou critique du Kantisme.** 2° édition 1901. 1 vol. in-8. 6 fr.

— **De la croyance en Dieu.** 1 vol. in-18. 1907.   3 fr. 50

PICARD (Ch.). **Sémites et Aryens** (1893). In-18.   1 fr. 50

PICTET (Raoul). **Étude critique du matérialisme et du spiritualisme par la physique expérimentale.** 1 vol. gr. in-8. 10 fr.

PILASTRE (E.). **Vie et caractère de Madame de Maintenon**, d'après les œuvres du duc de Saint-Simon et des documents anciens ou récents, avec une introduction et des notes. 1 vol. in-8, avec portraits, vues et autographe. 1907. 5 fr.

PINLOCHE (A.), professeur hon^re de l'Univ. de Lille. ***Pestalozzi et l'éducation populaire moderne.** In-16. 1902. *(Cour. par l'Institut.)* 2 fr. 50

POEY. **Littré et Auguste Comte.** 1 vol. in-18. 3 fr. 50

PRAT (Louis), docteur ès lettres. **Le mystère de Platon.** in-8. 3 fr.
— **L'Art et la beauté.** 1 vol. in-8. 1903. 5 fr.

Protection légale des travailleurs (La). (1re, 2e et 3e séries), 3 vol. in-12. 1re et 3e séries 3 fr. 50, 2e série. 2 fr. 50

REGNAUD (P.). **Origine des idées et science du langage.** In-12. 1 fr. 50

RENOUVIER, de l'Inst. **Uchronie.** *Utopie dans l'Histoire.* 2e éd. 1901. In-8. 7 50

ROBERTY (J.-E.) **Auguste Bouvier,** pasteur et théologien protestant. 1826-1893. 1 fort vol. in-12. 1901. 3 fr. 50

ROISEL. **Chronologie des temps préhistoriques.** In-12. 1900. 1 fr.

ROTT (Ed.). **La représentation diplomatique de la France auprès des cantons suisses confédérés.** T. I (1498-1559). 12 fr. — T. II (1559-1610). 15 fr. — T. III (1610-1626). 20 fr. *(Récompensé par l'Institut.)*

SABATIER (C.). **Le Duplicisme humain.** 1 vol. in-18. 1906. 2 fr. 50

SAUSSURE (L. de). **Psychol. de la colonisation franç.** In-12. 3 fr. 50

SAYOUS (E.). ***Histoire des Hongrois.** 2e édit. ill. Gr. in-8. 1900. 15 fr.

SCHILLER (Études sur), par MM. SCHMIDT, FAUCONNET, ANDLER, XAVIER LÉON, SPENLÉ, BALDENSPERGER, DRESCH, TIBAL, EHRHARD, Mme TALAYRACH D'ECKARDT, H. LICHTENBERGER, A. LÉVY. In-8. 1906. 4 fr.

SCHINZ. **Problème de la tragédie en Allemagne.** In-8. 1903. 1 fr. 25

SECRÉTAN (H.). **La Société et la morale.** 1 vol. in-12. 1897. 3 fr. 50

SEIPPEL (P.), professeur à l'École polytechnique de Zurich. **Les deux Frances et leurs origines historiques.** 1 vol. in-8. 1906. 7 fr. 50

SIGOGNE (E.). **Socialisme et monarchie.** In-16. 1906. 2 fr. 50

SKARZYNSKI (L.). ***Le progrès social à la fin du XIXe siècle.** Préface de M. LÉON BOURGEOIS. 1901. 1 vol. in-12. 4 fr. 50

SOREL (Albert), de l'Acad. franç. **Traité de Paris de 1815.** In-8 4 fr. 50

TARDE (G.), de l'Institut. **Fragments d'histoire future.** In-8. 5 fr.

VALENTINO (D^r Ch.). **Notes sur l'Inde.** In-16. 1906. 4 fr.

VAN BIERVLIET (J.-J.). **Psychologie humaine.** 1 vol. in-8. 8 fr.
— **La Mémoire.** Br. in-8. 1893. 2 fr.
— **Etudes de psychologie.** 1 vol. in-8. 1901. 4 fr.
— **Causeries psychologiques.** 2 vol. in-8. Chacun. 3 fr.
— **Esquisse d'une éducation de la mémoire.** 1904. In-16. 2 fr.

VAN OVERBERGH. **La réforme de l'enseignement.** 2 vol. 1906. 10 fr.

VERMALE (F.). **La répartition des biens ecclésiastiques nationalisés dans le département du Rhône.** In-8. 1906. 2 fr. 50

VITALIS. **Correspondance polit. de Dominique de Gabre.** In-8. 12 fr. 50

WYLM (D^r). **La morale sexuelle.** 1 vol. in-8. 1907. 5 fr.

ZAPLETAL. **Le récit de la création dans la Genèse.** In-8. 3 fr. 50

ZOLLA (D.). **Les questions agricoles.** 1894 (1re série). Vol. in-12. 3 fr. 50

TABLE ALPHABÉTIQUE DES AUTEURS

Adam — 6, 13
Alaux — 2, 26
Aiglave — 23
Allier — 2, 16
Amiable — 26
André — 26
Andler — 18
Angot — 25
Aristote — 12
Arloing — 24
Arminjon — 26
Arréat — 2, 6, 26
Aslan — 2, 26
Atger — 26
Aubry — 6
Auerbach — 18
Aulard — 16
Bacha — 26
Bacon — 13
Bagehot — 23
Bain (Alex.) — 6, 23, 24
Ballet (Gilbert) — 2
Baldwin — 6
Balfour Stewart — 23
Bardoux — 6, 28
Barni — 19
Barthélemy St-Hilaire — 6, 12
Baruzi — 12
Barzelotti — 6
Basch — 13, 14, 15
Bayet — 2, 6
Bazaillas — 6
Beaunis — 24
Beaussire — 2, 13, 19
Bellaigue — 14
Bellamy — 15
Bellanger — 26
Bémont (Ch.) — 22
Belot — 6
Benard — 12
Benoist-Hanappier — 26
Bérard (V.) — 18
Bergson — 2, 6
Berkeley — 13, 23
Bernard (A.) — 17
Bernath (de) — 27
Bernstein — 23
Berthelot — 23, 24
Berthelot (R.) — 6
Berton — 27
Bertrand — 7
Binet — 2, 7, 24, 25
Blanc (Louis) — 17, 19
Blaserna — 23
Bloch (L.) — 6
Blondel — 2
Boirac — 6, 7
Boiteau — 16
Bolton King — 18
Bondois — 16
Bonet-Maury — 19
Bornarel — 16
Bos — 2
Boucher — 2
Bouglé — 2, 6, 7, 15
Bourdeau (J.) — 2, 19
Bourdeau (L.) — 7, 25, 27
Bourdon — 7
Bourgeois (E.) — 21
Bourlier — 18
Boutroux (E.) — 2, 7, 27
Boutroux (P.) — 20
Brandon-Salvador — 27
Braunschvig — 7
Brasseur — 27
Bray — 7
Brenet — 14
Brochard — 7
Broda (R.) — 22
Brooks Adams — 27
Brousseau — 27
Brucke — 24
Brunache — 25
Brunschvicg — 2, 7, 13
Bücher (Karl) — 27
Budé — 27
Bulliat (G.) — 13
Bunge (C. O.) — 27
Burdin — 21
Bureau — 15

Caben (L.) — 16
Caix de St-Aymour — 21
Calvocoressi — 14
Candolle — 24
Canton — 27
Cardon — 27
Carnot — 16
Carra de Vaux — 14
Carrau — 7
Cartailhac — 24
Cartault — 20
Caudrillier (G.) — 26
Chabot — 7
Chantavoine — 14
Charriaut — 27
Charlton Bastian — 23, 24
Chastin — 15
Chide (A.) — 6
Clamageran — 27
Clay — 7
Coignet (C.) — 2
Colajanni — 25
Collignon — 27
Collins — 7
Combarieu — 27
Combes de Lestrade — 18
Constantin — 23, 25
Cooke — 23
Cordier — 18, 19
Cosentini — 7
Costantin — 25
Coste — 2, 7, 27
Cottin (Cte P.) — 26
Couailhac — 14
Coubertin — 27
Couchoud — 14
Courant — 14, 19
Courcelle — 14
Couturat — 7, 12
Crépieux-Jamin — 7
Cresson — 3, 7, 13
Daendliker — 18
Damé — 18
Damiron — 13
Dantu (G.) — 27
Danville — 3
Dany — 27
Darel (Th.) — 27
Daubrée — 24
Dauriac — 3, 7, 27
Dauzat (A.) — 20
Deberle — 19
Debidour — 16
Defourny — 27
Delacroix — 6, 14
De la Grasserie — 7
Delbos — 7, 13
Delord — 17, - 19
Delvaille — 7
Delvolve — 3, 7
Demeny — 25
Demoor — 25
Depasse — 19
Deraismes — 27
Derocquigny — 19
Deschamps — 27
Deschanel — 19
Despois — 16
Dick May — 15
Dicran Aslanian — 27
D'Indy — 14
Doellinger — 16
Dollot — 27
Domet de Vorges — 14
Draghicesco — 7
Draper — 23
Dreyfus (C.) — 24
Dreyfus-Brisac — 13
Driault — 16, 18, 19
Droz — 13
Dubuc — 27
Duclaux — 15
Dufour (Médéric) — 12
Dugald-Stewart — 13
Dugas — 3, 27
Duguy — 2
Du Maroussem — 15
Dumas (G.) — 3, 7, 22
Dumont (L.) — 23
Dumont (P.) — 13
Dumoulin — 16

Dunan — 3, 27
Dunant (E.) — 27
Duprat — 3, 7
Duproix — 7, 13
Dupuy — 27
Durand (de Gros) — 3, 7
Durkheim — 3, 7
Dwelshauvers — 6
Egger — 8
Eichthal (d') — 3, 19
Ellis Stevens — 19
Encausse — 3
Endrodi — 28
Enriquez — 6
Erasme — 13
Espinas — 3, 8, 27
Evellin (F.) — 8
Fabre (J.) — 12
Fabre (P.) — 19
Fagnot — 29
Faivre — 3
Farges — 21
Favre (Mme J.) — 12
Féré — 3, 24
Ferrère — 28
Ferrero — 8, 10
Ferri (Enrico) — 3, 8
Ferri (L.) — 8
Fierens-Gevaert — 3
Figard — 13
Finot — 8
Fleury (de) — 3
Fonsegrive — 3, 8
Foucault — 8
Fouillée — 3, 8, 12
Fournière — 3, 8, 15
Fuchs — 23
Fulliquet — 8
Gaffarel — 17, 18
Gaisman — 17
Garnier — 25
Garofalo — 8
Gauckler — 3
Geffroy — 21
Geley — 3, 28
Gellé — 25
Gérard-Varet — 8
Gide — 28
Gillet — 28
Giraud-Teulon — 28
Gley — 8
Goblot — 3, 8
Godfernaux — 3
Gemel — 16
Gomperz — 12
Gory — 8
Gourd — 28
Gourg (R.) — 13
Grasset — 3, 6, 8, 25
Greef (de) — 3, 8, 28
Griveau — 28
Groos — 8
Grosse — 25
Guéroult — 19
Guex — 28
Guilland — 18
Guignet — 25
Guiraud — 20
Gurney — 8
Guyau — 3, 8, 12, 28
Guyot (H.) — 12
Guyot (R.). Voyez Thénard.
Guyot (Y.) — 16
Halévy (Elie) — 8, 12
Halleux — 28
Halot — 28
Hamelin — 6, 12
Hannequin — 6, 8
Hanotaux — 21
Hartenberg — 6, 23
Hartmann (E. de) — 3
Hatzfeld — 12, 14
Hauser — 15
Hauvette — 20
Hébert — 8
Hegel — 13
Helmholtz — 23, 24
Hémon — 9
Henry (Victor) — 20
Herbart — 14

Herbert Spencer. Voy. Spencer.
Herckenrath — 3
Hirth — 9
Hocquart — 28
Höffding — 6, 9, 28
Horric de Beaucaire — 21
Horvath — 28
Huxley — 24
Icard — 28
Iotoyko et Stefanowska — 6
Isambert — 9, 16
Izoulet — 9
Jaccard — 25
Jacoby — 9
Jaell — 3
James — 8, 28
Janet (Paul) — 3, 9, 12
Janet (Pierre) — 9, 22
Janssens — 28
Jankelewitch — 3
Jastrow (J.) — 6
Jaurès — 2
Javal — 25
Joly (H.) — 14
Jourdy — 28
Joyau — 28
Kant — 13
Kardos — 28
Karppe — 9, 28
Kauffmann — 28
Kaulek — 21
Keim — 9, 28
Kingsford — 28
Kostyleff — 28
Krantz — 12
Labroue — 28
Lachelier — 3
Lacombe — 9
Lacombe (de) — 28
Lafaye — 20
Lafontaine (A.) — 12
Lagrange — 24
Laisant — 3
Lalande — 9, 28
Lalo (Ch.) — 6
Laloy — 25
Laloy (L.) — 14
Lampérière — 3
Landry — 3, 9
Lanessan (de) — 6, 9, 15, 17, 24, 25, 28
Lang — 9
Lange — 3
Langlois — 20
Lanson — 20
Lapie — 4, 9, 17
Laschi — 10
Lasserre — 28
Laugel — 4, 17
Lauvrière — 9
Laveleye (de) — 9, 19, 29
Lazard (R.) — 29
Leblond (M.-A.) — 17
Lebon (A.) — 21
Le Bon (G.) — 4, 9
Léchalas — 4, 9
Lechartier — 9
Leclère (A.) — 9, 26
Le Dantec — 4, 9, 25
Lefèvre (G.) — 4, 19
Lefèvre-Pontalis — 21
Lemaire — 29
Leon (Xavier) — 9
Léonardon — 14, 21
Leroy (Bernard) — 9
Letainturier — 29
Lévy (A.) — 9, 13
Lévy-Bruhl — 9, 12
Lévy (L.-G.) — 29
Lévy-Schneider — 29
Liard — 4, 9, 12
Lichtenberger (A.) — 19, 29
Lichtenberger (H.) — 4, 9
Lodge (O.) — 4
Lœb — 23
Lombard — 20
Lombroso — 4, 9, 10
Lubac — 10
Lubbock — 4, 24

Luchaire ... 20
Luquet ... 10
Lyon (Georges) ... 4, 10
Mabilleau ... 29
Magnin ... 29
Maindron ... 29
Malapert ... 10
Malmejac ... 25
Mandoul ... 29
Mantegazza ... 24
Marguery ... 4
Mariétan ... 29
Marion ... 10
Martin-Chabot ... 20
Martin (F.) ... 10
Martin (J.) ... 14
Massard ... 25
Matagrin ... 29
Mathiez ... 17
Matter ... 18, 19
Maudsley ... 23
Mauxion ... 4, 14
Maxwell ... 10
Mercier (Mgr) ... 29
Métin ... 15, 17, 18
Meunier (Stan.) ... 25
Meyer (de) ... 24
Meyerson (E.) ... 6
Milhaud (E.) ... 18
Milhaud (G.) ... 4, 12, 29
Mill. Voy. Stuart Mill.
Millerand ... 29
Modestov ... 29
Molinari (G. de) ... 22
Mollien ... 17
Monnier ... 29
Monod (G.) ... 22
Monteil ... 19
Morel-Fatio ... 21
Morin (Jean) ... 26
Mortillet (de) ... 35
Mosso ... 4, 25
Muller (Max) ... 10
Murisier ... 4
Myers ... 8, 10
Naville (A.) ... 4
Naville (Ernest) ... 10
Nayrac ... 10
Nepluyeff ... 29
Niewenglowski ... 23
Nodet ... 29
Noël (E.) ... 13
Noel (O.) ... 17
Nordau (Max) ... 4, 10
Normand (Ch.) ... 29
Norman Lockyer ... 25
Novicow ... 4, 10, 19, 29
Oldenberg ... 10
Ollé-Laprune ... 13
Ossip-Lourié ... 2, 4, 10

Ouvré ... 10, 12
Palante ... 4, 10
Papus ... 3
Paris (Cte de) ... 29
Pariset ... 29
Paul-Boncour (J.) ... 4, 29
Paul Louis ... 19
Paulhan ... 4, 10, 29
Payot ... 10
Pellet ... 17
Pelletan ... 29
Perljon ... 19
Perès ... 10
Perez (Bernard) ... 10, 29
Perrier ... 24
Pettigrew ... 23
Philbert ... 29
Philippe (J.) ... 4, 29
Piat ... 10, 13, 14, 26, 29
Picard (Ch.) ... 29
Picavet ... 10, 12, 13
Pictet ... 30
Piderit ... 10
Pilastre (E) ... 30
Pillon ... 4, 6, 10
Pinloche ... 14, 19, 30
Pioger ... 4
Piolet ... 17
Piriou ... 18
Pirro ... 14
Plantet ... 21
Platon ... 12
Podmore ... 8
Poey ... 30
Prat ... 10, 30
Preyer ... 10
Proal ... 4
Puech ... 20
Quatrefages (de) ... 23, 25
Queyrat ... 4
Rageot ... 4
Rambaud (A.) ... 21
Rauh ... 10
Recéjac ... 10
Recouly ... 14
Regnaud ... 4, 30
Reinach (J.) ... 19, 21
Renard ... 5, 10
Renouvier ... 6, 10, 11, 30
Revault d'Allonnes ... 6
Réville ... 5
Rey (A.) ... 5, 11
Reynald ... 18
Ribéry ... 11
Ribot (Th.) ... 5, 11, 22
Ricardou ... 11
Richard ... 5, 11
Richet ... 5, 24
Riemann ... 11
Rignano ... 11

Ritter (W.) ... 14
Rivaud (de) ... 11, 12
Roberty (de) ... 5, 6, 11, 24
Roberty ... 30
Robin (L.) ... 12
Roché ... 25
Rodier ... 12
Rodocanachi ... 18
Rœhrich (E) ... 5
Rogues de Fursac (J.) ... 5
Roisel ... 5, 30
Romanes ... 11, 24
Rood ... 24
Rott ... 30
Rousseau (J.-J.) ... 12
Roussel - Despierres (Fr.) ... 5, 11
Russell ... 6, 12
Ruyssen ... 11, 14
Rzewuski ... 2
Sabatier (G.) ... 30
Sabatier (A.) ... 11
Saigey ... 11, 12
Saint-Paul ... 11
Saleilles ... 15
Sanz y Escartin ... 11
Saussure ... 30
Sayous ... 30
Scheffer ... 17, 12
Schelling ... 12
Schinz ... 30
Schmidt ... 23, 24
Schmidt (Ch.) ... 18
Schopenhauer ... 2, 5, 11
Schutzenberger ... 23
Séailles ... 11
Secchi ... 24
Secrétan (H.) ... 30
Seignobos ... 15
Seippel ... 30
Sighele ... 11
Sigogne ... 30
Silvestre ... 17
Skarzynski ... 30
Socrate ... 12
Sollier ... 5, 11
Sorel (A.) ... 12, 21, 30
Sorin ... 18
Souriau ... 5, 11
Spencer ... 3, 9, 23, 24
Spinoza ... 12
Spuller ... 17, 19
Staffer ... 11
Stallo ... 24
Starcke ... 24
Stefanowska. Voy. Ioteyko.
Stein ... 11
Stourm ... 17
Strauss ... 15

Strothl ... [illegible]
Strowski ... [illegible]
Stuart Mill ... 5, [illegible]
Sully (James) ... 11, [illegible]
Sully Prudhomme ... 5, [illegible]
Swarte (de) ... [illegible]
Swift ... [illegible]
Sybel (H. de) ... [illegible]
Tannery ... [illegible]
Tanon ... [illegible]
Tarde ... 5, 11, 15, [illegible]
Tardieu (E.) ... 11
Tardieu (A.) ... 14
Taussat (J.) ... 2
Tausserat-Radel ... 24
Tchernoff ... 17
Thamin ... [illegible]
Thénard et Guyot ... 12
Thomas (A.) ... [illegible]
Thomas (P.-F.) ... 5, 11, 12, 24
Thurston ... [illegible]
Tissié ... [illegible]
Topinard ... [illegible]
Trouessart ... [illegible]
Turmann ... [illegible]
Turot ... [illegible]
Tyndall ... [illegible]
Vacherot ... [illegible]
Valentino ... [illegible]
Vallaux ... [illegible]
Van Beneden ... [illegible]
Van Biervliet ... 26, [illegible]
Vandervelde ... 15, [illegible]
Van Overbergh ... [illegible]
Vermale ... [illegible]
Véra ... [illegible]
Véron ... [illegible]
Viallate ... 14, 16, 19, [illegible]
Vidal de la Blache ... [illegible]
Vie politique ... 16
Vignon ... 17
Vitalis ... [illegible]
Vriès (H. de) ... [illegible]
Waddington ... [illegible]
Wahl ... [illegible]
Waynbaum ... 11, [illegible]
Weber ... [illegible]
Weill (G.) ... 17
Welschinger ... [illegible]
Whitney ... [illegible]
Wulff (de) ... 12, [illegible]
Wundt ... [illegible]
Wurtz ... [illegible]
Wylm ... 30
Zaplotal ... [illegible]
Zeller ... 5
Zevort ... 17
Ziegler ... [illegible]
Zivy ... [illegible]
Zolla ... [illegible]

TABLE DES AUTEURS ÉTUDIÉS

Albéroni ... 21
Aristophane ... 27
Aristote ... 12, 14, 26, 29
Anselme (Saint) ... 14
Augustin (Saint) ... 14
Avicenne ... 14
Bach ... 14
Bacon ... 13
Barthélemy ... 21
Baur (Christian) ... 5
Bayle (P.) ... 7
Beethoven ... 14
Béguelin (N. de) ... 13
Bernadotte ... 18
Bismarck ... 14, 16, 18
Bonaparte ... 18
Bouvier (Aug.) ... 30
Cambon ... 16
César Franck ... 14
Chamberlain ... 14
Comte (Aug.) 5, 6. 7. 9, 11, 26
Condorcet ... 16
Cousin ... 2
Darwin ... 4, 24, 25
Descartes ... 9, 12, 20

Diderot ... 27
Disraëli ... 14
Epicure ... 12
Erasme ... 13
Fernel (Jean) ... 13
Feuerbach ... 9, 13
Fichte ... 7, 9, 13
Gassendi ... 13
Gazali ... 14
Godwin ... 13
Goujon ... 17
Guyau ... 8, 26, 27
Hegel ... 13
Heine ... 9
Helvétius ... 9, 26
Herbart ... 14, 19
Hobbes ... 4
Horace ... 20
Hume ... 9
Ibsen ... 4
Jacobi ... 9, 13
Kant ... 3, 7, 8, 11, 13, 14
Lamarck ... 4
Lamb (Charles) ... 20
Lamennais ... 3

Lavoisier ... 24
Leibniz ... 9, 12
Leroux (Pierre) ... 11
Littré ... 26, 30
Lotz ... 29
Lucrèce ... 20
Maine de Biran ... 14
Maistre (J. de) ... 29
Malebranche ... 13, 14
Mendelssohn ... 14
Montaigne ... 14
Moussorgsky ... 14
Napoléon ... 16, 27
Newton ... 6
Nietzsche ... 4, 5, 8
Okoubo ... 14
Ovide ... 20
Palestrina ... 14
Pascal ... 11, 13, 14, 28
Pestalozzi ... 30
Philon ... 12, 14
Pichegru ... 26
Platon ... 12, 14, 26, 30
Plotin ... 12
Poë ... 9

Prim ... 14
Rameau ... [illegible]
Reid ... 27
Renan ... 2
Renouvier ... 11, 28
Saint-Simon ... 7
Schiller ... 14, 26
Schopenhauer ... 5
Secrétan ... 4
Smetana ... 14
Straton de Lampsaque ... 12
Simonide ... 30
Socrate ... 12, 14
Spencer (Herbert) ... 7
Spinoza ... 7, 11, 12
Stuart Mill ... 9
Sully Prudhomme ... 9
Tacite ... 27
Taine ... 4, 9, 26
Tatien ... 20
Thomas (Saint) ... 14
Tibulle ... 4
Tolstoï ... [illegible]
Voltaire ... 12
Wagner (Richard) ... 14

8201. — Imp. Motteroz et Martinet, rue Saint-Benoît, 7, Paris.